"十四五"职业教育人工智能技术应用专业系列教材

工业机器人技术与应用

周斌斌　周　苏 / 主编

中国铁道出版社有限公司
CHINA RAILWAY PUBLISHING HOUSE CO., LTD.

内容简介

本书针对职业院校人才培养需求，根据人工智能技术和工业机器人技术的最新发展，依托国家对新职业的规范要求编写而成。全书共分15课，包括机器人的概述、工业机器人技术基础、专业生产工具、岗位安全操作、职业管理法律常识、机械装配准备、机械系统总装、识别系统部件、系统操作与设置、示教与再现、控制工业机器人、工业机器人操作指令、工业机器人系统保养、工业机器人系统维护、常见故障处理等。

本书理论与实践并进，结合大量实用易懂的案例进行讲解，重视培养读者的学习方法，可使读者切实理解和掌握工业机器人的相关知识与应用技能。

本书适合作为高等职业教育人工智能技术应用专业的教材，也可作为中等职业教育工业机器人技术应用专业的教材，还可供对人工智能相关领域感兴趣的读者阅读参考。

图书在版编目（CIP）数据

工业机器人技术与应用/周斌斌，周苏主编.—北京：中国铁道出版社有限公司，2024.12

“十四五”职业教育人工智能技术应用专业系列教材

ISBN 978-7-113-30939-8

Ⅰ.①工… Ⅱ.①周… ②周… Ⅲ.①工业机器人-高等职业教育-教材 Ⅳ.①TP242.2

中国国家版本馆CIP数据核字（2024）第049417号

书　　名：工业机器人技术与应用

作　　者：周斌斌　周　苏

策　　划：汪　敏　　**编辑部电话：**（010）51873135

责任编辑：汪　敏　彭立辉

封面设计：郑春鹏

责任校对：苗　丹

责任印制：赵星辰

出版发行：中国铁道出版社有限公司（100054，北京市西城区右安门西街8号）

网　　址：https://www.tdpress.com/51eds

印　　刷：河北宝昌佳彩印刷有限公司

版　　次：2024年12月第1版　2024年12月第1次印刷

开　　本：787 mm × 1 092 mm　1/16　**印张：**16.75　**字数：**416千

书　　号：ISBN 978-7-113-30939-8

定　　价：49.80元

前言

工业机器人，即面向工业领域的机器人，是广泛用于工业领域的多关节机械手或多自由度的机器装置。它具有一定的自动性，可对三个或三个以上的轴进行重复编程，可依靠自身的动力能源和控制能力实现各种工业加工制造功能。工业机器人是多用途的固定或移动式操作机，工业机器人系统是由工业机器人、末端执行器以及使机器人完成其任务所需的任何机械、设备、装置、外部辅助轴或传感器构成。

为规范从业者的工作行为，引导职业教育培训的方向，为职业技能鉴定提供依据，依据《中华人民共和国劳动法》，适应经济社会发展和科技进步的客观需要，立足培育智能制造高技能应用人才，人力资源和社会保障部、工业和信息化部制定了《工业机器人系统操作员国家职业技能标准（2020年版）》和《工业机器人系统运维员国家职业技能标准（2020年版）》（以下统称“标准”）。标准依据有关规定将工业机器人操作员职业、工业机器人运维员职业划分为四级/中级工、三级/高级工、二级/技师、一级/高级技师四个等级。

标准对工业机器人系统操作员的职业定义是：使用示教器、操作面板等人机交互设备及相关机械工具，对工业机器人及其工作站或系统进行装配、编程、调试、工艺参数更改、工装夹具更换及其他辅助作业的人员。工业机器人系统运维员的职业定义是：使用工具、量具、检测仪器及设备，对工业机器人及其工作站或系统进行数据采集、状态监测、故障分析与诊断、维修及预防性维护与保养作业的人员。

从事本职业岗位工作的能力特征包括：具有较强的学习、表达、计算、操作和逻辑思维能力，具有一定的空间感、形体知觉，色觉正常，手指、手臂灵活，动作协调性强。

本书主要根据标准规定的四级/中级工和三级/高级工的工业机器人操作员和工业机器人运维员组织学习内容。本书涉及内容广泛，知识结构新颖，符合标准对岗位的知识和能力要求，比较系统、全面地介绍了工业机器人技术与应用知识和技能，包括机器人概述、工业机器人技术基础、专业生产工具、岗位安全操作、职业管理法律常识、机械装配准备、机械系统总装、识别系统部件、系统操作与设置、示教与再现、控制工业机器人、工业机器人操作指令、工业机器人系统保养、工业机器人系统维护、常见故障处理等共15课。

本书每课都做了以下安排：

（1）解释基本原理，让读者切实理解和掌握工业机器人的相关知识与应用技能。

（2）通过实用易懂的案例，丰富读者的基本理论知识，重视培养学习方法。

（3）理论与实践并进，为读者提供可自我评价的作业和实训操作。附录给出了作业参考答案。

■ 课程进度安排

本课程的教学进度设计见《课程教学进度表》，供教师授课和读者学习参考。

■ 建议测评手段

本课程的教学评测可以从以下几方面入手：

（1）结合每课的课后作业（四选一标准选择题每课20道，15组）进行测评。

（2）结合每课的课后实训操作（15项）进行测评。

（3）结合平时学习考勤记录进行测评。

（4）任课老师认为必要的其他考核方法。

本书中的工业机器人操作指令及其相关操作界面以埃斯顿ER系列工业机器人为例进行讲解。各种不同型号的工业机器人产品都有丰富的指令系统，但它们在功能实现上基本一致，仅在指令格式上略有差异。

本书由周斌斌、周苏任主编。在编写过程中，编者得到嘉兴技师学院、浙大城市学院、浙江安防职业技术学院、嘉善技师学院、加西贝拉科技服务有限公司、杭州汇萃智能科技有限公司等多所院校、企业同仁的支持，孟祥宇、原瑞彬、裘浙东、戴黄峰、虞嘉丞、浦建峰、王鹏飞、夏群良、胡根林、王金超、王晨超、董正桥、李向阳、林晗清、贺彬等参与了本书的部分编写工作，在此一并表示感谢！

由于时间仓促，加之编者水平有限，书中疏漏与不妥之处在所难免，恳请读者批评指正。欢迎教师索取本书配套教学资料并进行交流（E-mail: zhousu@qq.com；QQ：81505050）。

编　者

2024 年 1 月

课程教学进度表

（20　—20　学年第　　学期）

课程号：______　课程名称：工业机器人技术与应用　学分：3　周学时：4（2+2）

总学时：64　（其中理论学时：32　实践学时：32　）

主讲教师：________________

序号	校历周次	课程（或实训、习题课等）内容	学时（课内 + 课外）	教学方法	课后作业布置
1	1	引言 第 1 课　机器人概述	4+2	理论知识	作业 实训操作
2	2	第 2 课　工业机器人技术基础	2+2		
3	3	第 3 课　专业生产工具	2+2		
4	4	第 4 课　岗位安全操作	2+2		
5	5	第 5 课　职业管理法律常识	2+2		
6	6	第 6 课　机械装配准备	2+2		
7	7	第 7 课　机械系统总装	2+2		
8	8	第 8 课　识别系统部件	2+2		
9	9	第 9 课　系统操作与设置	2+2		
10	10	第 10 课　示教与再现	2+2		
11	11	第 11 课　控制工业机器人	2+2		
12	12	第 12 课　工业机器人操作指令	2+2		
13	13	第 13 课　工业机器人系统保养	2+2		
14	14	第 14 课　工业机器人系统维护	2+2		
15	15	第 15 课　常见故障处理	2+4		

填表人（签字）：　　　　　　　　　　日期：

系主任（签字）：　　　　　　　　　　日期：

目 录

第1课 机器人概述

学习目标

（1）熟悉机器人的发展历史，了解工业机器人工作内容。

（2）熟悉机器人的定义，理解机器人三原则，重视职业伦理素养。

（3）熟悉机器人的基本分类，认识现代机器人的手、眼睛与识别能力等的基本结构。

学习难点

（1）机器人的定义。

（2）机器人三原则的知识内涵。

1.1 机器人的发展

1886年，法国作家利尔·亚当在他的小说《未来夏娃》中将外表像人的机器起名为“安德罗丁”（Android），它由四部分组成：

（1）生命系统（平衡、步行、发声、身体摆动、感觉、表情、运动调节等）。

（2）造型解质（关节能自由运动的金属覆盖体，一种盔甲）。

（3）人造肌肉（盔甲上有肉体、静脉、性别等身体的各种形态）。

（4）人造皮肤（含有肤色、机理、轮廓、头发、视觉、牙齿、手爪等）。

1920年，捷克斯洛伐克作家卡雷尔·恰佩克发表了科幻剧本《罗梭的万能工人》。在剧本中，恰佩克把捷克语“Robota（奴隶）”写成“Robot”。该剧预告了发展机器人对人类社会的影响，引起社会的广泛关注，这也被当成“机器人”一词的起源。

在该剧中，机器人按照主人的命令默默地工作，没有感觉和感情，以呆板的方式从事繁重的劳动（见图1-1）。恰佩克提出了机器人的安全、感知和繁衍问题。

图 1-1　罗梭的万能工人

“机器人”一词的出现和世界上第一台工业机器人的问世都是近几十年的事，然而人们对机器人的幻想与追求已有上千年的历史。几个世纪以来，人类设计的机器人一直迷恋人类的思想，从古代石人的故事到现代科幻小说无一不是。人类希望制造出一种像人一样的机器，以便代替人类完成各种工作。

1.1.1 古代机器人

亚里士多德是最早考虑自动化工具以及这些工具如何影响整个社会的伟大思想家之一。公元前400年，人类第一台自动机器是由阿奇塔斯设计的，他被认为是数学力学之父。阿奇塔斯设计的机器鸽子是一款蒸汽动力自动飞行器（见图1-2），它的木质结构是根据鸽子的解剖结构设计的，里面装有一个密封的锅炉，用于生产蒸汽，蒸汽的压力最终超过结构的阻力，驱动机器鸟可以飞行。

公元前250年，泰斯比乌斯创造了一个漏壶（滴漏）或称水钟（见图1-3），它有许多精密的自动装置。尽管世界各地的水钟已经使用了几个世纪，但正是在这段时间里，希腊和罗马的发明家开始更新钟表的基本设计，如钟、锣和移动的小雕像等。泰斯比乌斯的设计允许将指针触碰到响亮的锣上，这就诞生了第一个闹钟，成为早期自动机设计的一个例子。

图 1-2 阿奇塔斯的机器鸽子

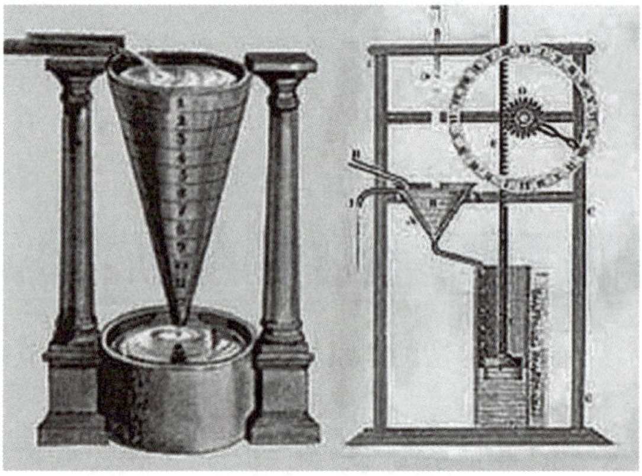

图 1-3 泰斯比乌斯的漏壶

有关中国古代自动机的记载也很多。据公元前3世纪《列子》的记载，西周时期我国的能工巧匠偃师就用木材和皮革制造出了一个为周穆王表演唱歌和歌舞的机器人，这是我国最早记载的机器人。据《墨经》记载，春秋后期，我国著名的木匠鲁班在机械方面也是一位发明家，他曾制造过一只木鸟，能在空中飞行“三日不下”。

1.1.2 机器马车

在汉代，大科学家张衡不仅发明了地动仪，还发明了“记里鼓车”（见图1-4）。“记里鼓车”每行一里，车上木人击鼓一下，每行十里击钟一下。

后汉三国时期，蜀国丞相诸葛亮成功造出了用于运送军粮的“木牛流马”（见图1-5）。

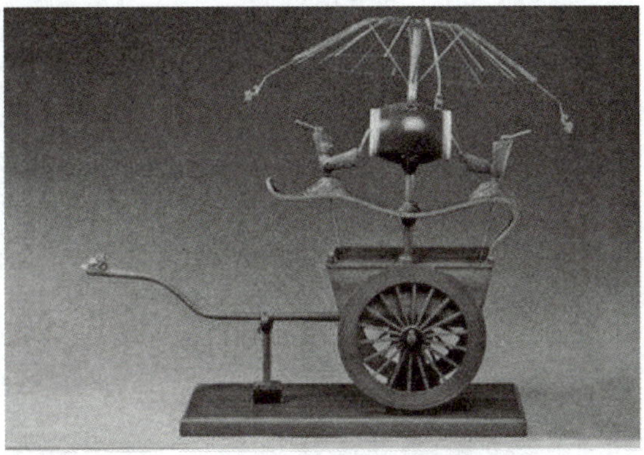

图 1-4　张衡发明的“记里鼓车”

图 1-5　木牛流马复原图

1.1.3　达・芬奇的人形机器人

自主技术的发展一直持续到11世纪。这一时期最重要的发明家之一是伊斯梅尔・贾扎里，他创造了分段齿轮，被许多人认为是机器人之父。他的许多机器人作品都是由水驱动的。

意大利著名艺术家和画家达・芬奇后期的工作受伊斯梅尔・贾扎里的影响尤其明显。1495年，他设计了一个自主骑士（见图1-6），其中设有一系列滑轮和齿轮，使其能够移动其胳膊和下巴，还能坐起来。达・芬奇将自己对人体解剖学的研究应用到了人形机器人上。

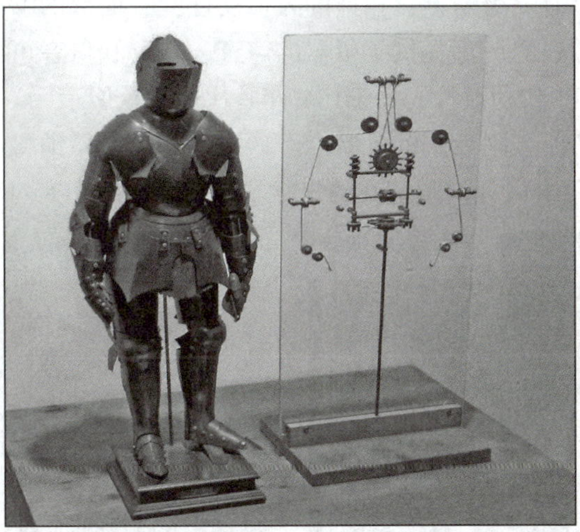

图 1-6　达・芬奇的自主骑士

1.1.4　娱乐机器人

娱乐机器人是指为娱乐目的而设计的机器人，在16世纪和18世纪之间很流行。尽管这些机器人是为娱乐而设计的，但设备中使用的许多技术为后来更复杂的机器人铺平了道路。其中一种是由德国数学家约翰内斯・米勒冯・柯尼斯堡制造的鹰，它是在1530年的某个时候，由木头和铁制成的。

1662年，竹田近江利用钟表技术发明了自动机器玩偶，并在大阪的道顿堀演出。

1737年，沃坎松制作了长笛演奏者，这是一个真人大小的类人机器人，可以在长笛上演奏12首不同的歌曲，如图1-7所示。这个机器人用一系列波纹管“呼吸”，并有一个移动的嘴和舌，可以改变气流，使其能够演奏乐器。然而，沃坎松最令人难忘的成就是他的觅食鸭。这只鸭子会嘎嘎叫，会游泳和喝水，还会进食和下蛋。它经常被认为是利用橡皮管的第一个装置，其本意是想把生物的功能加以机械化而进行医学上的分析。

图 1-7　沃坎松创作的长笛演奏者、觅食鸭和锤鼓者

19世纪，自动机器人成为旅游景点吸引游客的噱头。当时，一台非凡的会说话的机器“悦耳”（见图1-8）由奥地利数学家和发明家约瑟夫·费伯创造，这是通过一种早期的文本到语音技术进行操作的。这台机器有一个与键盘相连的人形女性脸，面部的嘴唇、下巴和舌头可以被控制。一根风箱和一根象牙白的芦苇提供了机器的声音，音调和口音可以通过鼻子上的螺钉来改变。这台机器是费伯25年工作的巅峰，并于1846年首次向观众展示。

20世纪初，诞生了第一个国际象棋机器人。1912年，由莱昂纳多·托雷斯和克韦多建造的“棋手”（见图1-9）被一些人认为视频游戏的先驱。该装置能够和人对弈，通过电路和一个磁铁系统移动棋子。它在1914年的巴黎世界博览会上首次亮相，引起了极大的轰动。

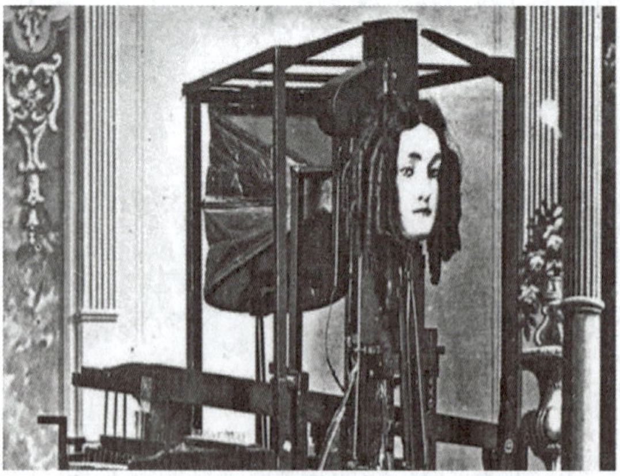

图 1-8　悦耳

图 1-9　棋手

在自动玩偶的设计者中，最杰出的是瑞士的钟表匠杰克·道罗斯父子。1773年，他们连续推出了自动书写玩偶、自动演奏玩偶等，这些都是利用齿轮和发条原理制成的。它们有的拿着画笔和颜色绘画，有的拿着鹅毛蘸墨水写字，结构巧妙，服装华丽，在欧洲风靡一时。由于当时

技术条件的限制，这些玩偶其实是身高一米的巨型玩具。在瑞士努萨蒂尔历史博物馆里保留下来其中最早的机器人少女玩偶，它制作于200多年前，两只手的十个手指可以按动风琴的琴键而弹奏音乐，现在还定期演奏供参观者欣赏，展示了古代人的智慧。

19世纪中叶，自动玩偶分为两个流派，即科学幻想派和机械制作派，并各自在文学艺术和近代技术中找到了自己的位置。1831年，歌德发表的《浮士德》塑造了人造人“荷蒙克鲁斯”，1870年霍夫曼出版了以自动玩偶为主角的作品《葛蓓莉娅》，1883年科洛迪的《木偶奇遇记》问世，1886年《未来的夏娃》问世。在机械实物制造方面，1893年摩尔制造了“蒸汽人”，靠蒸汽驱动双腿沿圆周走动。

1928年，英国第一个机器人埃里克问世，如图1-10所示。埃里克是由工程师和一位老兵共同创造的，它由两个人操作，可以移动头部和手臂，并通过无线电信号进行通话。它的动作由一系列齿轮、绳索和滑轮控制，据报道，机器人能从嘴里喷出火花。为了向卡雷尔·恰佩克在1920年创作的剧作《罗梭的万能工人》致敬，机器人埃里克的胸部刻上了字母R.U.R.。

图 1-10　机器人埃里克

进入20世纪，机器人的研究与开发得到更多人的关心与支持，一些实用化的机器人相继问世。1927年，美国西屋公司工程师温兹利制造的第一个机器人“电报箱”在纽约举行的世界博览会上展出，它是一个装有无线电发报机的固定电动机器人，可以回答一些问题。

1.1.5　家庭机器人

20世纪80年代，机器人正式进入主流消费市场。随着制造业的发展，工业机器人在发达国家走向普及，并向高速、高精度、轻量化、系列化和智能化方向发展，以满足多品种、少批量的需要。当时的机器人大多是简单玩具，其中最受欢迎的机器人玩具是遥控的“万能机器人2000”（见图1-11），配有一个托盘用来供应饮料和零食。这一时期另一个备受追捧的机器人玩具是任天堂娱乐系统的R.O.B机器人播放器，它可以对六个不同的命令做出响应，这些指令通过CRT屏幕上的闪光灯进行通信。

1999年出现了20世纪的标志性机器人——索尼的爱宝（AIBO）宠物机器狗（见图1-12），它配有两个摄像头和空间映射功能，可以对语音指令做出回应。

图 1-11　万能机器人 2000（遥控）

图 1-12　爱宝机器狗

随着机器人技术的普及，许多家庭都有了自己的自动清洁地板机器人吸尘器，也有了从军队到物流运输等各个领域的无人机应用，其中，尤其重要的是机器人索菲亚和波士顿动力狗。2017年10月，由汉森机器人公司开发的安卓机器人索菲亚（见图1-13）获得沙特阿拉伯公民身份。一个月后，她成为第一位由非人类女性担任的联合国开发计划署创新大使。索菲娅的人工智能是基于云的，能够深度学习，可以识别和复制各种各样的人类面部表情。

波士顿动力公司不断创新现代机器人技术，成为潮流的引领者。其中最著名的是“波士顿动力狗”（见图1-14），它在2005年推出时吸引了全世界的关注。它最初是设计成一个军用机器人，身上安装了50个传感器，能够承载150 kg的质量，能以6.4 km/h的速度奔跑。

机器人技术的发展已经经历了一段漫长而又传奇的历史，人们对此充满着期待。

图 1-13　机器人索菲亚

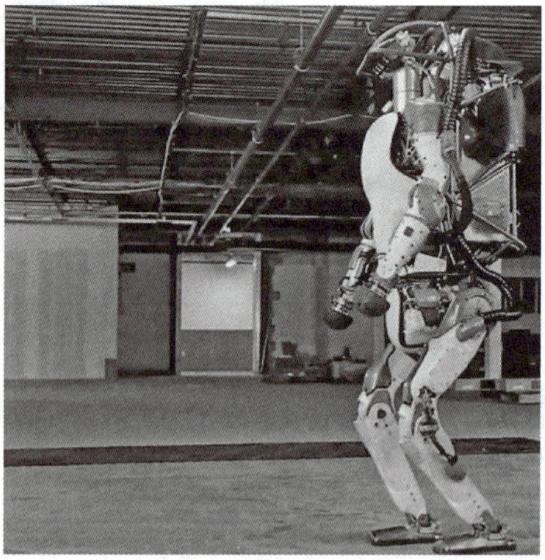

图 1-14　“波士顿动力狗”机器人

1.2　机器人的定义

机器人的出现及高速发展是社会和经济发展的必然，其目的是提高社会的生产水平和人类的生活质量。机器人问世几十年来，还没有统一的定义。原因之一是机器人还在发展，新的机型、新的功能不断涌现，而根本原因是因为机器人涉及了人的概念，成为一个难以回答的哲学问题。就像机器人一词最早诞生于科幻小说中一样，人们对机器人充满了幻想。但正是由于机器人定义的模糊，才给了人们充分的想象和创造空间。

1967年，在日本召开的第一届国际机器人学术会议上，提出了两个有代表性的定义：

一是森政弘与合田周平提出的："机器人是一种具有移动性、个体性、智能性、通用性、半机械半人性、自动性、奴隶性等7个特征的柔性机器。"从这一定义出发，森政弘又提出了用自动性、智能性、个体性、半机械半人性、作业性、通用性、信息性、柔性、有限性、移动性等十个特性来表示机器人的形象。

另一个是加藤一郎提出的，具有如下3个条件的机器被称为机器人：

（1）具有脑、手、脚等三要素的个体。

（2）具有非接触传感器（用眼、耳接收远方信息）和接触传感器。

（3）具有平衡觉（因身体移动而引起的感觉）和固有觉（例如思维定式）的传感器。

该定义强调了自主机器人应当仿人的含义，即它靠手进行作业，靠脚实现移动，由脑来完成统一指挥的作用。非接触传感器和接触传感器相当于人的五官，使机器人能够识别外界环境，而平衡觉和固有觉则是机器人感知本身状态所不可缺少的传感器。

机器人的定义多种多样，原因还在于许多这样那样的要素动物一般也具备。所以，在把机器人理解为仿人机器的同时，也可以广义地把机器人理解为仿动物的机器。

1988年，法国的埃斯皮奥的定义是："机器人学是指设计能根据传感器信息实现预先规划好的作业系统，并以此系统的使用方法作为研究对象。"

1987年，国际标准化组织的定义是："工业机器人是一种具有自动控制的操作和移动功能，能完成各种作业的可编程操作机。"

我国科学家提出的一个定义是："机器人是一种自动化的机器，所不同的是这种机器具备一些与人或生物相似的智能能力，如感知能力、规划能力、动作能力和协同能力，是一种具有高度灵活性的自动化机器。"

在研究和开发未知及不确定环境下作业的机器人的过程中，人们逐步认识到机器人技术的本质是感知、决策、行动和交互技术的结合。随着人们对其智能化本质认识的加深，机器人技术开始不断地向人类活动的各个领域渗透。结合这些领域的应用特点，研发出了各式各样的具有感知、决策、行动和交互能力的特种机器人和各种智能机器，如移动机器人、微机器人、水下机器人、医疗机器人、军用机器人、空间机器人、娱乐机器人等。对不同任务和特殊环境的适应性，也是机器人与一般自动化装备的重要区别。这些机器人从外观上已脱离了最初仿人型机器人和工业机器人所具有的形状，更加符合各种不同应用领域的特殊要求，其功能和智能程度也大幅增强，从而为机器人技术开辟出更加广阔的发展空间。

机器人学的进步和应用是20世纪自动控制最有说服力的成就，是当代最高意义上的自动化。机器人技术综合了多学科的发展成果。

1.3 图灵测试

20世纪40年代出现了第一个人工神经网络。1943年，沃伦·麦卡洛克和沃尔特·皮茨创建了一个使用电路的基本神经网络，以更好地理解神经元是如何在大脑中运作的，他们的实验为第一个能够显示复杂行为的自主机器人铺平了道路。1948年和1949年，威廉·格雷·沃尔特创造了两个昵称为“乌龟”的机器人埃尔默和埃尔西，它们可以对光线做出反应，并在电池电量不足的情况下引导自己到充电站。

机器人历史上的另一个里程碑发生在1950年，当时，阿兰·图灵概述了他对机器人工智能的测试。作为现在人工智能的基准，图灵提出的“图灵测试”用来以最简单的形式测试机器的智能与人类的智能区分的程度，测试的目的是确定机器是否可以思考。图灵的工作为1956年达特茅斯会议对人工智能定义提供了必要的框架。

1.4 机器人三原则

科幻作家艾萨克·阿西莫夫于1942年在其发表的短篇小说《跑来跑去》中创造了robotics（机器人技术）这个词。在该小说中，为了防止机器人伤害人类，阿西莫夫列出了他的著名的机器人三原则：

（1）机器人不应伤害人类。

（2）机器人应遵守人类的命令，与第一条违背的命令除外。

（3）机器人应能保护自己，与第一条相抵触者除外。

尽管这些定律是虚构的，但其为许多围绕机器人和自主技术的伦理问题提供了研究的基础。如今，机器人学术界一直将这三条原则作为机器人开发的准则。

1.5 机器人的分类

关于机器人有各种分类方法，例如按控制方式分，按负载重量分，按自由度数量分，按结构分，按应用领域分等。按所实现的技术手段区分，可将机器人分为如下不同类型：

（1）操作型机器人：能自动控制，可重复编程，多功能，有几个自由度，可固定或运动，用于相关自动化系统中。

（2）程控型机器人：按预先要求的顺序及条件，依次控制机器人的机械动作。

（3）示教再现型机器人：通过引导，先教会动作，输入工作程序，再自动重复进行作业。

（4）数控型机器人：通过数值、语言等对机器人示教，然后根据示教的信息开展作业。

（5）感觉控制型机器人：利用传感器获取的信息控制机器人的动作。

（6）适应控制型机器人：机器人能适应环境的变化，控制其自身的行动。

（7）学习控制型机器人：机器人能“体会”工作的经验，具有一定的学习功能，并将所“学”经验用于工作中。

（8）智能机器人：以人工智能决定其行动的机器人。

在我国，机器人专家从应用环境出发将机器人分为两大类：工业机器人和特种机器人。工业机器人是面向工业领域的多关节机械手或多自由度机器人；特种机器人则是除工业机器人之外的、用于非制造业并服务于人类的各种先进机器人，包括服务机器人、水下机器人、娱乐机器人、军用机器人、农业机器人、机器人化机器等。在特种机器人中，有些分支发展很快，如服务机器人、水下机器人、军用机器人、微操作机器人等。

国际上的机器人学者也从应用环境出发，将机器人分为两类：制造环境下的工业机器人（见图1-15）和非制造环境下的服务与仿人型机器人。

图 1-15　汽车加工现场：激光焊接机器人

1.6 现代机器人

现代机器人的研究始于20世纪中期，其技术背景是计算机和自动化的发展，以及原子能的开发利用。作为20世纪人类最伟大的发明之一，机器人技术自60年代初问世以来，经历40余年的发展，取得了长足的进步。工业机器人已经成为现代制造业中不可或缺的核心装备。

1.6.1 机器人的手

机器人要模仿动物的一部分行为特征，自然应该具有脑子的部分功能。仅有计算机发号施令还不行，还需要给机器人装上各种感觉器官。机器人必须有“手”和“脚”，这样才能根据计算机发出的命令动作。“手”和“脚”不仅是执行命令的机构，还应该具有识别功能，这就是通常所说的“触觉”。动物对物体的软、硬、冷、热等的感觉就是靠触觉器官。大脑要控制手、脚去完成指定的任务，也需要有触觉所获得的信息反馈到大脑里，以调节动作，使动作适当。因此，给机器人装上的应该是一双会“摸”、有识别能力的灵巧的“手”。

机器人的手一般由方形的手掌和节状的手指组成，如图1-16所示。为了使它具有触觉，在手掌和手指上都装有带弹性触点的触敏元件（如灵敏的弹簧测力计）。如果要感知冷暖可以装上热敏元件，当触及物体时触敏元件发出接触信号。在各指节的连接轴上装有精巧的电位器（一种利用转动来改变电路的电阻而输出电流信号的元件），它能把手指的弯曲角度转换成“外形弯曲信息”。把外形弯曲信息和各指节产生的“接触信息”一起送入计算机，通过计算就能迅速判断机械手所抓的物体的形状和大小。

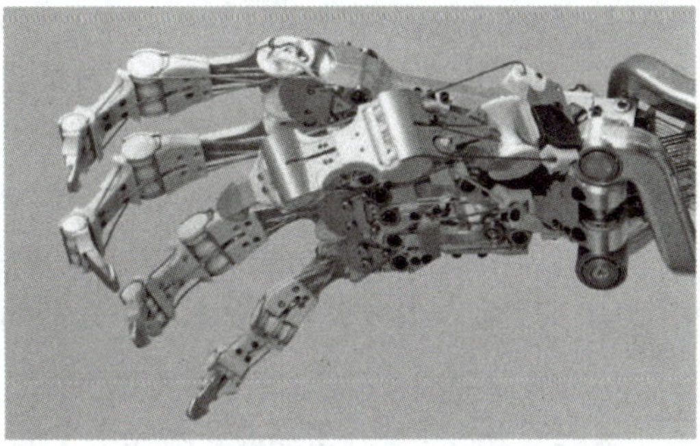

图 1-16　机器人的“手”

现在，机器人的手已经具有了灵巧的指、腕、肘和肩胛关节，能灵活自如地伸缩摆动，手腕也会转动弯曲。通过手指上的传感器还能感觉出抓握的东西的重量，可以说已经具备了人手的许多功能。

实际上，许多时候并不一定需要复杂的多节人工指，而只需要能从各种不同的角度触及并搬动物体的钳形指。1967年，美国飞船“探测者三号”把一台遥控操作的机器人送上月球，它在地球上人的控制下，可以在两平方米左右的范围内挖掘月球表面40 cm深处的土壤样品，并且放到规定的位置，还能对样品进行初步分析，如确定土壤的硬度、重量等，它为“阿波罗”载人飞船登月当了开路先锋。

1.6.2 机器人的眼睛

人的眼睛是感觉之窗，人有80%以上的信息是靠视觉获取的。能否造出“人工眼”让机器也能像人那样识文断字、看东西，是智能自动化的重要课题。关于机器识别的理论、方法和技术称为模式识别。所谓模式是指被判别的事件或过程，它可以是物理实体，如文字、图片等，也可以是抽象的虚体，如气候等。机器识别系统与人的视觉系统类似，由信息获取、信息处理与特征抽取、判决分类等部分组成，如图1-17所示。

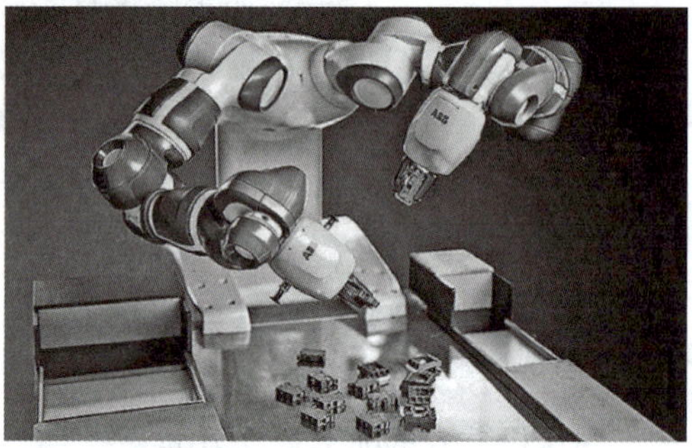

图 1-17 机器识别系统

1.6.3 机器识别物体

机器识别物体即三维识别系统，一般是以电视摄像机作为信息输入系统。根据人识别景物主要靠明暗信息、颜色信息、距离信息等原理，机器识别物体的系统也是输入这三种信息，只是方法有所不同。由于电视摄像机拍摄的方向不同，可以得到各种图形，如抽取出棱数、顶点数、平行线组数等立方体的共同特征，参照事先存储的物体特征表，便可以识别立方体。

物体识别主要用于工业产品外观检查，工件的分选和装配等方面。

作 业

1. 1886年，法国作家利尔亚当在他的小说《未来夏娃》中将外表像人的机器起名为“安德罗丁”（Android），它由四部分组成，即造型解质和（　　）。

①生命系统　②艳丽服饰　③人造肌肉　④人造皮肤

A. ①②④　B. ②③④　C. ①③④　D. ①②③

2. 1920年，捷克斯洛伐克作家在其发表的科幻剧本中，把捷克语“Robota（奴隶）”写成“（　　）”，被人们当成今日机器人一词的起源。

A. Robot　B. Unimate　C. JAKA　D. ROKAE

3. 1920年，（　　）在其科幻剧本中提出的是机器人的安全、感知和自我繁殖问题。科学技术的进步很可能引发人类不希望出现的问题。

A. 罗伯特　B. 密特朗　C. 欧文斯　D. 恰佩克

4. 虽然“机器人”一词的出现和世界上第一台工业机器人的问世都是近几十年的事。然而，人们对机器人的幻想与追求甚至可以追溯到（　　）历史。

A. 数十年　　B. 近百年　　C. 上千年　　D. 上百年

5. 春秋后期，我国著名的（　　）在机械方面也是一位发明家，他曾制造过一只木鸟，能在空中飞行“三日不下”。

A. 铁匠张飞　　B. 木匠鲁班　　C. 石匠愚公　　D. 军师孔明

6. 后汉三国时期，蜀国丞相诸葛亮成功地创造出了“（　　）”，用其运送军粮，支援前方战争。

A. 神行飞车　　B. 四轮大车　　C. 独轮小车　　D. 木牛流马

7. 1737年，雅克·德·沃坎松制作了真人大小的类人机器人长笛演奏者，它可以在长笛上演奏12首不同的歌曲，本意是（　　）。

A. 娱乐游戏　　B. 学习声乐　　C. 观察气流　　D. 尝试计数

8. 机器人问世已有几十年，但其定义仍然没有一个统一的意见，根本原因主要是因为机器人涉及（　　），成为一个难以回答的哲学问题。

A. 思想问题　　B. 意识形态　　C. 社会发展　　D. 人的概念

9. 就像机器人一词最早诞生于科幻小说之中一样，人们对机器人充满了（　　）。也许正是由于机器人定义的模糊，才给了人们充分的想象和创造空间。

A. 幻想　　B. 理想　　C. 寄托　　D. 信心

10. 1967年，在（　　）召开的第一届机器人学术会议上，森政弘与合田周平提出的定义是：“机器人是一种具有移动性、个体性、智能性、通用性、半机械半人性、自动性、奴隶性等七个特征的柔性机器”。

A. 中国　　B. 日本　　C. 德国　　D. 美国

11. 1967年，在第一届机器人学术会议上，加藤一郎提出的机器人定义是：具有（　　）三个条件的机器称为机器人。

①具有语言功能，能说会道，交互能力强

②具有脑、手、脚等三要素的个体

③具有非接触传感器（用眼、耳接收远方信息）和接触传感器

④具有平衡觉（因身体移动而引起的感觉）和固有觉（例如思维定式）的传感器

A. ①②④　　B. ①③④　　C. ①②③　　D. ②③④

12. 1987年（　　）对工业机器人进行了定义是：“工业机器人是一种具有自动控制的操作和移动功能，能完成各种作业的可编程操作机。”

A. 美国国家标准计量局　　B. 日本标准株式会社

C. 国际标准化组织　　D. 中国国家标准局

13. 机器人历史上的里程碑之一发生在1950年，当时，（　　）概述了他对机器人工智能的测试，用来测量机器的智能与人类的智能相同还是无法区分的程度。

A. 阿奇舒勒　　B. 阿兰·图灵　　C. 冯·诺依曼　　D. 沃尔特·皮茨

14. 为了防止机器人伤害人类，科幻作家阿西莫夫于1942年提出了“机器人三原则”（　　），这是给机器人赋予的伦理性纲领。

①机器人不应伤害人类

②机器人应自主发展，进化意识

③机器人应遵守人类的命令，与第一条违背的命令除外

④机器人应能保护自己，与第一条相抵触者除外

A. ①③④　　B. ②③④　　C. ①②④　　D. ①②③

15. (　　) 型机器人：能自动控制，可重复编程，多功能，有几个自由度，可固定或运动，用于相关自动化系统中。

A. 数控　　B. 示教再现　　C. 程控　　D. 操作

16. (　　) 型机器人：按预先要求的顺序及条件，依次控制机器人的机械动作。

A. 数控　　B. 示教再现　　C. 程控　　D. 操作

17. (　　) 型机器人：通过引导或其他方式，先教会机器人动作，输入工作程序，机器人则自动重复进行作业。

A. 数控　　B. 示教再现　　C. 程控　　D. 操作

18. (　　) 型机器人：通过数值、语言等对机器人进行示教，机器人根据示教后的信息开展作业。

A. 数控　　B. 示教再现　　C. 程控　　D. 操作

19. (　　) 型机器人：机器人能适应环境的变化，控制其自身的行动。

A. 学习控制　　B. 智能　　C. 感觉控制　　D. 适应控制

20. 作为20世纪人类最伟大的发明之一，工业机器人在经历了诞生—成长—成熟期后，已成为制造业中不可或缺的 (　　) 装备。

A. 独立　　B. 先进　　C. 核心　　D. 成熟

【实训操作】熟悉机器人及其发展

在本书中，我们结合各课的教学任务，讲述在工业机器人领域中，人们是如何工作、生活的，着眼于“如何灵活应用这一技术”，来“开动对未来的想象力”。

(1) 请思考并简述，所谓现世兼容和铁轨计划，它们在本质上的区别是什么？

答:____

____

(2) 请简单列举现世兼容和铁轨计划发展的不同产品案例。

答:____

____

(3) 简单阐述你对机器人未来发展的看法，是依赖云端还是发展超级终端？

答:____

____

(4) 通过学习小组活动，结合【导读案例】开展讨论。请记录小组讨论的主要观点，推选代表在课堂上简单阐述你们的观点。

活动记录:____

____

实训评价 (教师):____

____

第2课 工业机器人技术基础

学习目标

（1）熟悉工业机器人的发展历史。

（2）了解工业机器人的类型、关键技术及其应用场景。

（3）关注工业机器人技术发展方向，掌握专业技能学习方法。

学习难点

（1）工业机器人的关键技术。

（2）工业机器人的发展趋势。

2.1 工业机器人的历史

工业机器人是广泛用于工业领域的多关节机械手或多自由度的机器装置（见图2-1），它能自动执行工作，是靠自身动力和控制能力来实现各种工业加工制造功能的一种机器。它可以接受人类指挥，也可以按照预先编排的程序运行，还可以根据人工智能技术制定的原则行动。

图 2-1 多关节机械手

说明：在本书中，我们将选用一些知名品牌的工业机器人产品作为应用实例。鉴于各种不同品牌机器人之间的高度兼容性，所介绍的知识具有普遍意义。

2.1.1 工业机器人诞生

1954年，乔治·德沃尔申请的第一个工业机器人技术专利的要点，是借助伺服技术控制机器人的关节，利用人手对机器人进行动作示教，机器人能实现动作的记录和再现，这就是所谓的示教再现机器人。现有的机器人差不多都采用这种控制方式。

伺服系统又称随动系统，是用来精确地跟随或复现某个过程的反馈控制系统，是使物体的位置、方位、状态等输出被控量能够跟随输入目标（或给定值）的任意变化的自动控制系统。它的主要任务是按控制命令的要求、对功率进行放大、变换与调控等处理，使驱动装置输出的力矩、速度和位置控制非常灵活方便。在很多情况下，伺服系统专指被控制量（系统的输出量）是机械位移或位移速度、加速度的反馈控制系统，其作用是使输出的机械位移（或转角）准确地跟踪输入的位移（或转角），其结构组成和其他形式的反馈控制系统没有原则上的区别。

1956年，乔治·德沃尔和恩格尔伯格成立了世界上第一家生产机器人的公司尤尼梅特。1959年第一台工业机器人——尤尼梅特可编程、圆坐标机器人（见图2-2）诞生，1961年在通用汽车的生产车间里开始使用。这种革命性的装置改变了制造业的面貌。

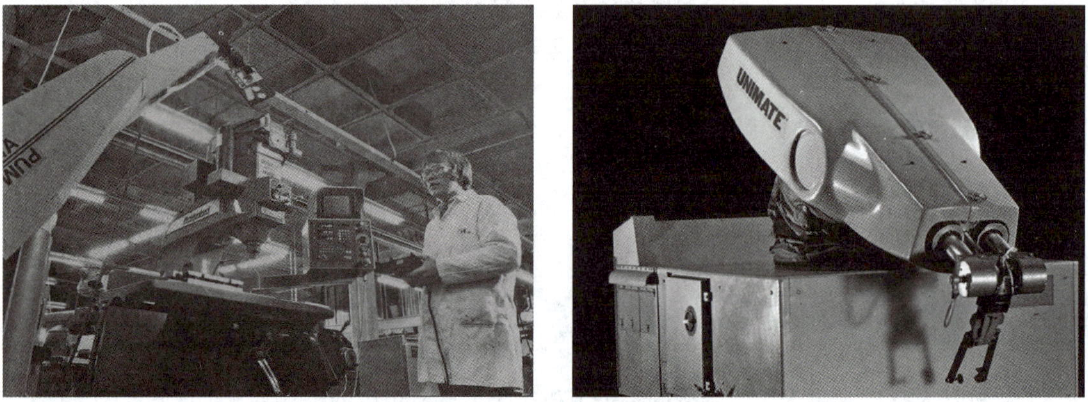

图 2-2　第一台工业机器人尤尼梅特

作为通用转移设备，尤尼梅特最初的构造比较简单，所完成的功能也是捡拾汽车零件并放置到传送带上，与其他作业环境没有交互。它使用液压驱动器，并在关节中进行坐标编程，即各关节的角度在示教阶段存储进去，按照预定的基本程序精确地完成同一重复动作，精确到1/10 000英寸以内。

20世纪60年代，工业机器人发展迎来黎明期。传感器的应用提高了机器人的可操作性，包括恩斯特采用的触觉传感器；托莫维奇和博尼在世界上最早的“灵巧手”上用到了压力传感器；麦卡锡对机器人进行改进，加入视觉传感系统，并帮助麻省理工学院推出了世界上第一个带有视觉传感器并能识别和定位积木的机器人系统。此外，利用声呐系统、光电管等技术，工业机器人可以通过环境识别来校正自己的准确位置。

1968年，麻省理工学院人工智能实验室的联合创始人马文·明斯基发明了一种“触手臂”——一个由液压装置驱动的12节机械手臂，可以通过操纵杆进行控制。明斯基的机器人触手臂很容易就能绕过障碍物。他的研究为今天出现的许多软机器人技术创新铺平了道路。

自20世纪60年代中期开始，麻省理工学院、斯坦福大学、爱丁堡大学等陆续成立了机器人实验室，兴起研究第二代带传感器的、“有感觉”的机器人，并向人工智能进发。

1969年，维克多·沙因曼在斯坦福大学发明了斯坦福机械臂，如图2-3所示。就像当时用磁鼓操作的尤尼梅特一样。这台完全由斯坦福大学人工智能实验室完成的全电动六轴关节机械臂，被认为是最早由计算机控制的机器人之一。虽然主要用于教育目的，但斯坦福手臂标志着可通过计算机控制的工业机器的重大突破。

图 2-3　斯坦福机械臂

斯坦福机械臂可以像人的手臂一样运动，这使得它能够精确地在空间中遵循任意路径，并将机器人的潜在用途扩展到更复杂的领域，如组装和焊接。然后，维克多·沙因曼在麻省理工学院 人工智能实验室设计了第二个机械臂。维克多·沙因曼获得尤尼梅逊公司的研究资助，并将这些设计出售给尤尼梅逊公司。尤尼梅逊公司在通用汽车的支持下进一步开发这些设计，后来将其生产为可编程通用装配机（PUMA）并销售。

2.1.2　工业机器人创新发展

20世纪70年代，随着计算机和人工智能技术的发展，机器人进入了实用化时代。例如，日立公司推出的具有触觉、压力传感器，七轴交流电动机驱动的机器人；美国米拉克龙公司推出的世界第一台小型计算机控制的机器人，由电液伺服驱动，可跟踪移动物体，用于装配和多功能作业；适用于装配作业的机器人还有日本山梨大学发明的SCARA平面关节型机器人等。

20世纪70年代初，由东京早稻田大学的加藤一郎发明的世界上第一个全面拟人化机器人——WABOT-1问世（见图2-4）。WABOT-1有一个视觉和肢体控制系统，可以自行导航和自由移动，它甚至可以测量物体之间的距离。它的手具有触觉传感器，这意味着能抓住和运输物体。它的智力与18个月大的人类相当，标志着人形机器人技术的重大突破。

工业机器人在欧洲迅速发展。1973年，ABB机器人和库卡机器人都向市场推出了机器人。前瑞典通用电机公司推出的ABB机器人IRB6，是世界上第一个市场上可买到的全电动微处理器控制机器人。首批两个IRB6机器人被出售给瑞典的马格努松，用于打磨和抛光弯管。同年，德国库卡（KUKA）机器人公司制造了FAMULUS机器人，这是第一个拥有六个机电驱动轴的关节机器人。

1978年，由日本山梨大学牧野博教授开发了SCARA（选择性顺从组装机械臂，又称斯卡拉）机器人（见图2-5），它的手臂可以沿四轴移动，并在20世纪80年代早期成为装配线上的常见设备。

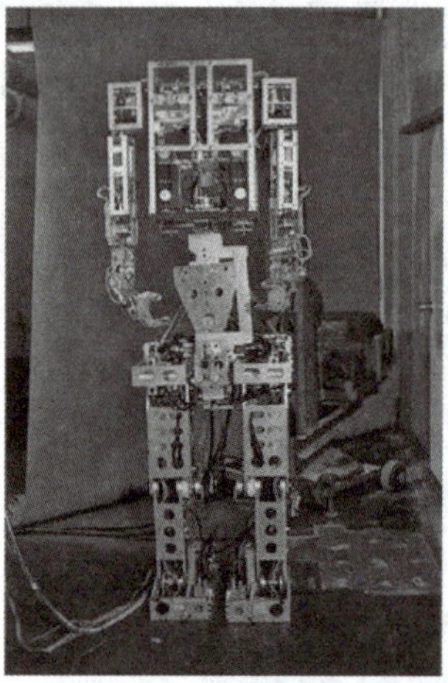

图 2-4　第一个拟人化机器人 WABOT-1

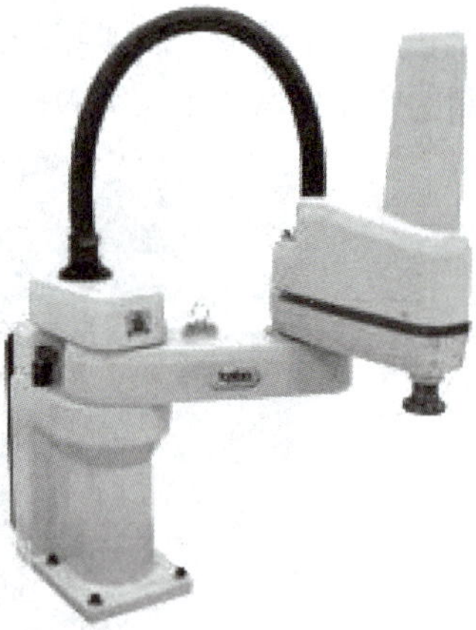

图 2-5　SCARA 工业机器人

20世纪70年代末，人们对机器人技术的兴趣增加。许多美国公司进入了这个领域，包括通用电气和通用汽车这样的大公司（它们和FANUC日本有限公司组成了合资企业FANUC机器人公司），还有美国的初创公司Automatix和Adept Technology。在1984年机器人产业的鼎盛时期，尤尼梅逊公司被西屋公司以1.07亿美元收购。1988年，西屋公司把尤尼梅逊公司出售给了法国的Staubi Faverges SCA公司，该公司仍在为一般工业和洁净室应用生产机器人，2004年末，甚至还买下了博世的机器人部门。

只有少数公司最终设法在这个市场上生存下来，主要是Adept Technology、史努比、瑞典-瑞士公司ABB、德国库卡机器人公司和意大利公司柯马。此后，工业机器人领域有了进一步的发展。

2.1.3　太空机器人

1976年，第一批登陆火星的机器人是维京1号和维京2号（见图2-6）。这两个机器人都是由放射性同位素热电供电，发电机通过衰变钚释放的热量产生能量。尽管这两个登陆器收集的数据很模糊，但它们是今天火星探测器的官方先行者。

图 2-6　第一批登陆火星的维京机器人

1981年，随哥伦比亚号航天飞机发射，由加拿大制造的机械臂长15.2 m，有6个连接点，它可以由控制站的一名机组成员控制，在服役期间成功执行了90次任务。

1989年，麻省理工学院研究人员制造的六足机器人“成吉思汗”（见图2-7）被认为是现代历史上最重要的机器人之一。

20世纪80年代末至90年代初期，美国国家航空航天局（NASA）曾一度陷入太空探索机器人普遍庞大、昂贵及行动缓慢的困境。随后，NASA从“成吉思汗”机器人中获得灵感。由于其体积小，材料便宜，被认为可以缩短未来空间机器人设计的生产时间和成本，由此研制出更为小巧和敏捷的，由12个伺服电机和22个传感器组成的穿越岩石地形的“旅居者号”火星车（见图2-8），打破了当时的研发僵局。1997年7月，旅居者火星车这个轻型机器人被探路者号着陆器带到火星，成功着陆于火星表面，首次实现了人类对于火星的探索。

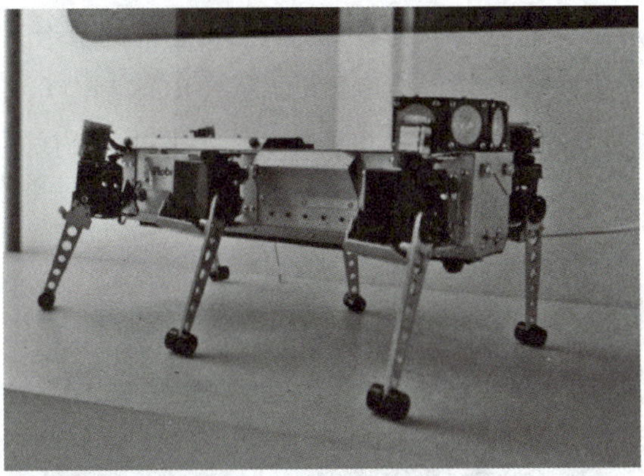

图 2-7　六足机器人“成吉思汗”

图 2-8　旅居者号火星车

在火星期间，旅居者号探索了250 m^2土地，拍摄550张图片。基于其收集的信息，科学家们确定火星曾经有温暖潮湿的气候。

2.1.4　射波刀机器人

到了20世纪90年代，随着技术的进步和发展，具有视觉、触觉、高灵巧手指、能行走等一定感觉功能的机器人实用化并走向应用。

图 2-9　射波刀机器人

20世纪90年代初，射波刀机器人（见图2-9）进入手术室。由斯坦福大学神经学教授约翰·R·阿德勒开发的射波刀是一种非侵入性的手术工具，又称“立体定位射波手术平台”，是一种全身放射外科治疗设备，可以跟踪和瞄准肿瘤，聚焦辐射束较窄，用于手术治疗全身各部位的肿瘤，是唯一综合“无伤口、无痛苦、无流血、无麻醉、恢复期短”等优势的全身放射手术形式，患者术后即可回家。

2.1.5　国产工业机器人发展

根据国际机器人联合会（国际财务报告准则）2022年世界机器人报告，从2020年到2021年，全球工业机器人安装量达51.7万台。在亚洲和欧美地区，机器人安装量都达到了新的高峰。据统计，工业机器人的最大行业客户是汽车工业，占33%的市场份额；然后是电气/电子工业，占32%；金属和机械工业，占12%；橡胶和塑料工业，占5%；食品工业，占3%。

中国是世界上最大的工业机器人市场。据国家统计局发布的《2022年国民经济和社会发展统计公报》，2022年我国工业机器人产量44.3万套，比上年增长21.0%。

作为“制造业皇冠上明珠”的工业机器人以更高的生产效率、流水线生产而日益广泛应用。而且，工业机器人能有效解决劳动力短缺、用人成本上升等问题，拥有巨大的发展前景，如今已经成为我国制造业转型的强大推动力。

2013年以来，中国一直是全球最大的工业机器人消费市场，背靠如此庞大的市场，不少中国机器人企业展现出不错的发展潜力。图2-10所示为上海节卡机器人有限公司生产的节卡工业机器人。例如，专攻工业机器人、柔性协作机器人及智能装备的珞石机器人（ROKAE）（见图2-11）成立于2014年，经过多年不断探索，已经是当前我国为数不多能实现同水平进口替代的机器人巨头，具备研发、生产与销售一体化能力。

图 2-10　节卡工业机器人

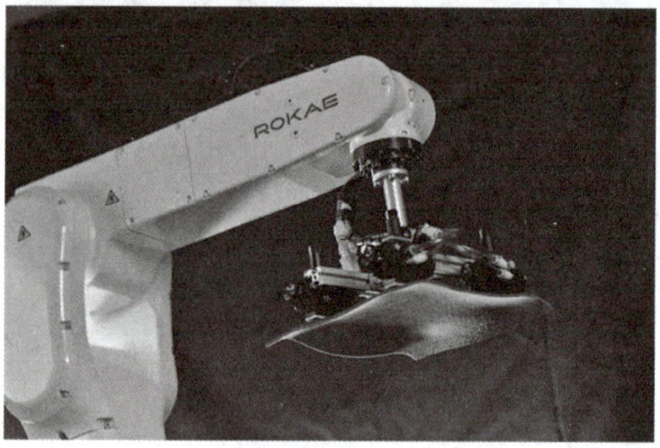

图 2-11　珞石工业机器人

针对不同场景、不同客户，珞石机器人做了深度适配，推出多种行业解决方案。例如，针对“磨剪刀”这一场景，为了获取老师傅的磨刀经验与技术，珞石机器人需要程序员首先做的并不是编程，而是学磨刀技术。同时，针对不同剪刀规格、不同品牌、不同型号的产品，珞石机器人进行深度调整，为此，珞石机器人磨了数百万把刀，花费了大量的时间、精力。在缝纫、传统制造业、3C电子（计算机、通信、消费类电子产品三者结合，亦称“信息家电”）等场景中，珞石机器人也进行深度适配，推动珞石机器人技术的提升。

2.2　工业机器人的特点

随着工业机器人结构标准化、整合一体化关节、自组装与自修复等技术的改善，机器人的易用性与稳定性不断提高，其应用产业领域迅速延展，不断拓展的工业机器人的新功能会突破复杂工作的技术瓶颈。

（1）工业机器人的易用性。广泛应用于制造业，如电子、汽车、航天飞机、军用装备、高铁，甚至小到圆珠笔的生产制造也在应用。由于机器人技术发展迅速，与传统工业设备相比，不仅产品的价格差距越来越小，而且产品的个性化程度高，因此，在一些工艺复杂的产品制造过程中，用工业机器人替代传统设备，可以在很大程度上提高经济效率。

（2）智能化水平高。随着计算机控制技术的不断进步，工业机器人逐渐能够明白人类的语言，可以让工人免除复杂操作。工业生产中焊接机器人系统（见图2-12）不仅能实现空间焊缝的自动实时跟踪，而且还能实现焊接参数的在线调整和焊缝质量的实时控制，满足技术产品复杂的焊接工艺及其焊接质量、效率的迫切要求。

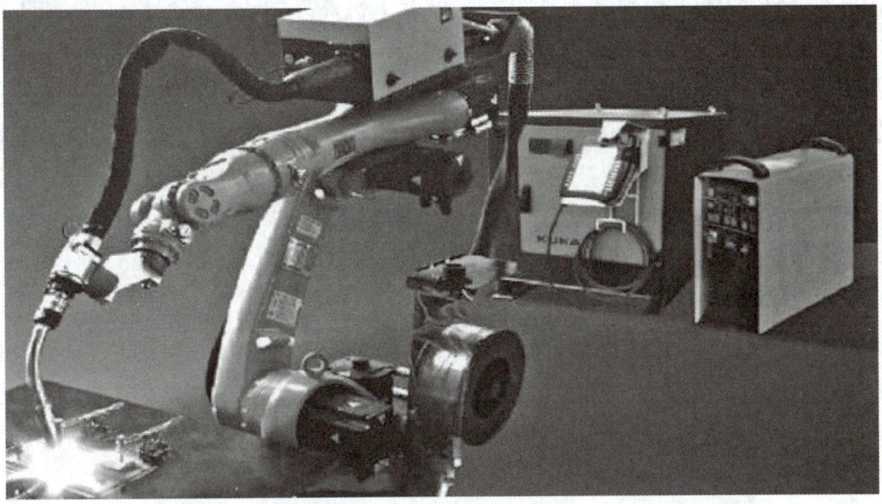

图 2-12 焊接机器人系统

随着人类探索空间的扩展，在极端环境如太空、深水以及核环境下，工业机器人也能顺利完成任务。

（3）生产效率及安全性高。通过仿照人类作业方式制造出来的机械手，其生产一件产品耗时是固定的。同样的生存周期内，使用机械手的产量也是固定的，不会忽高忽低，并且每一件产品生产时间是固定的，产品的成品率也高。

在生产过程中采用工业机器人可以解决很多安全方面的问题，避免由于个人原因造成不熟悉工作流程、工作疏忽、疲劳工作等安全生产隐患。

（4）易于管理，经济效益显著。由于企业可以很清晰地知道自己的产能，可以根据产能去接收订单和生产商品，不会盲目预估产量或者生产过多产品造成浪费。工厂对工业机器人的管理也会比管理员工简单得多。

工业机器人可以24小时循环工作，实现产线的最大产量，并且无须增加加班的工时费用。生产线换用工业机器人后，企业生产只需要留下少数操作维护工业机器人的员工进行维护作业即可，经济效益非常显著。

针对工业机器人，通常会区分本体厂商和系统集成厂商。国内的机器人相关企业中，88%是系统集成厂商。系统集成商处于机器人产业链的下游应用端，为客户端提供具体的应用设计方案。作为本体厂商与应用企业的“中间人”，国内外工业机器人本体企业对系统集成商的依赖性较高。在应用领域中，同样的工业机器人由不同集成商来构建应用，其效果可能会是天壤之别。

2.3 工业机器人常用类型

工业机器人有很多类型，例如直角坐标系机器人、圆柱坐标系机器人等。随着时间推移和技术发展，如今市场上的工业机器人产品的类型以关节型机器人（垂直关节型机器人）、并联（Delta）机器人、SCARA（选择性顺从组装机械臂）机器人为主。按照机器人学的定义，大多数类型的机器人都属于机械臂的范畴。

（1）关节型机器人，是最主流的工业机器人类型（见图2-13），一般有6个关节轴，每个轴由回转和旋转的自由度构成。它模仿人手臂的结构：从下往上，以1~2轴构成下臂，而以3~6轴构成上臂。因为关节型机器人的作业范围大、动作灵活，应用十分广泛。

作为对照，如果不统计手腕关节带来的6个自由度，那么人类手的整体自由度为21个。一个机械人单腿有6个自由度，一个机械臂一般是7个自由度。可见，人类手的21个自由度需要多么复杂的设计才能实现。

（2）并联机器人，主要用于物料搬运，如食品包装行业的抓取、包装、码垛和机床的上下料（见图2-14）等。它高精度、高效率、高寿命，一般有3个、4个、6个关节轴，具有结构简单、速度快、定位精度高、占地小等特点。配合机器视觉、传送线跟踪，可以打造极具柔性的物料搬运生产线。

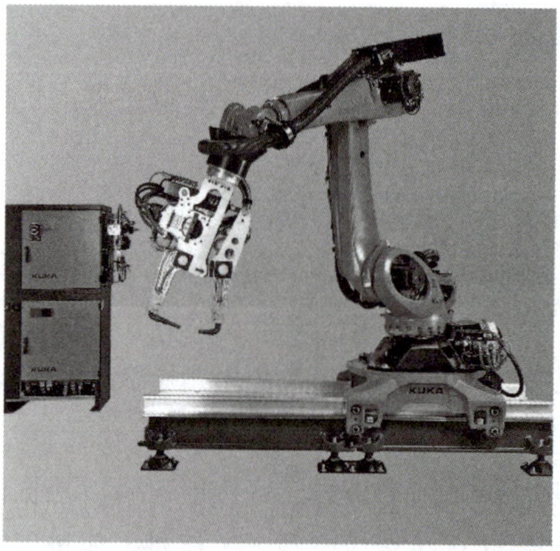

图 2-13　关节型机器人

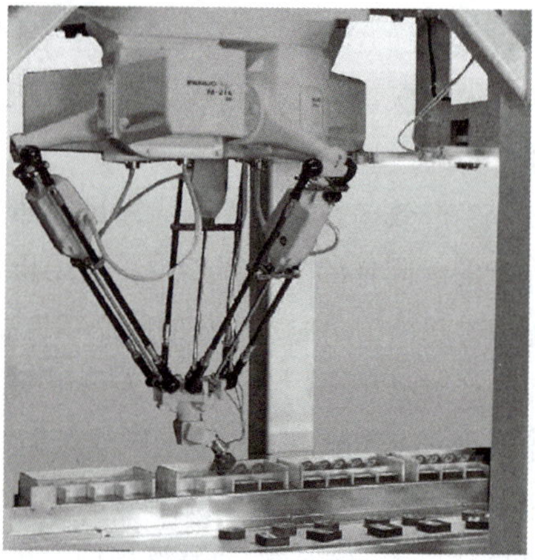

图 2-14　并联机器人

（3）SCARA机器人，主要用于物料搬运和组装应用，一般有4个关节轴、3个旋转轴和一个上下移动的关节轴组成，具有动作灵活、结构简单、速度快、定位精度高等特点。

（4）工业机器人被编程后，一般会忠实地一遍又一遍地执行特定的高精度动作（重复动作）。这些动作由指定一系列协调运动的方向、加速度、速度、减速度和距离的程序来设置。有一些机器人在操作对象的方向上或者在对象本身上执行的任务上更加灵活。例如，为了获得更精确的导航，工业机器人通常包含机器视觉子系统，连接到强大的计算机或控制器上。

2.4 工业机器人关键技术

工业机器人是集机械、电子、控制、计算机、传感器及人工智能等多学科先进技术于一体的现代制造业重要的自动化装备。其关键技术主要包括本体设计、电机伺服、控制技术以及故障诊断与维护技术。工业机器人的故障诊断与安全维护技术是通过各种信息对故障进行诊断，并进行相应维护，是保证安全性的关键技术。

2.4.1 本体设计技术

工业机器人本体的设计技术主要包括以下几方面：

（1）传动结构设计：拟定总体方案，确定工业机器人的结构形式，并据此进行初步的传动结构设计、零件结构设计、三维建模。要求设计者对工业机器人常见的结构形式、常见的传动原理和传动结构、减速器的类型和特点非常熟悉和了解，要有较强的结构设计能力和经验。

（2）减速器选型：要对减速器的结构类型、性能参数的含义有深刻理解，会对减速器进行选型和计算校核。要会对减速器进行检测、测试，检测的内容主要包括噪声、抖动、输出扭矩、扭转刚度、背隙、重复定位精度和定位精度等。减速器的振动会引起机器人末端的抖动，降低机器人的轨迹精度。减速器振动有多种原因，其中共振是共性问题。

（3）电机选型：要熟悉电机的工作特性，会对电机扭矩、功率、惯量进行计算和校核。

（4）仿真分析：进行静力学和动力学的仿真分析，对电机、减速器的选型进行校核，对本体零部件进行强度、刚度校核，降低本体重量，提高工业机器人工作效率，降低成本。对三维模型进行模态分析，计算出固有频率，有助于进行共振抑制。

（5）可靠性设计：结构设计采用最简化设计原则；本体铸铁件采用综合性能较好的球墨铸铁材料，铸铝件采用流动性好的铸造材料，采用金属模铸造；装配要有详细的装配工艺指导书，装配过程中有部件和单轴的测试；装配完后要有整机性能测试和耐久拷机测试；提高整机的防护等级设计，提高电柜的抗干扰能力，以适应不同工作环境的使用。

2.4.2 电机伺服技术

工业机器人的电机伺服技术如下：

（1）电机技术：包括轻量化、高速和直接驱动等技术。

①轻量化：对工业机器人来说，电机的尺寸和重量非常敏感，通过高磁性材料优化、一体化优化设计、加工装配工艺优化等技术的研究，提高伺服电机的效率，减小电机空间尺寸和降低电机重量，是工业机器人电机的关键技术之一。

②高速：在减速比不能较大调整的情况下，电机的最高转速直接影响着工业机器人的末端速度和工作节拍；而且速比太低会影响电机的惯量匹配。因此，提高电机的最高转速也是工业机器人电机的关键技术之一。

③直驱驱动：随着协作机器人的不断成熟和推广，工业机器人结构的轻量化、紧凑化要求提高，发展高力矩直接驱动电机、盘式中空电机等工业机器人专用电机是未来的趋势。

（2）伺服技术。此项技术包含的内容如下：

①快速响应，精确定位：伺服的响应时间直接影响到工业机器人的快速起停效果，影响工作效率和节拍。

②无传感器方式实现弹性碰撞：安全性是衡量工业机器人性能的一个重要指标。加入力或力矩传感器会使结构更复杂，成本更高，基于编码器、电机电流耦合关系的无传感弹性碰撞技

术，可以在不改变本体结构，不增加本体成本的条件下，在一定程度上提高安全性。

③驱动多合一、驱控一体：即多核CPU多轴驱控一体化集成技术，提高系统性能，降低驱动体积与成本。

④在线自适应抖振抑制：工业机器人悬臂结构极易在多轴联动、重载及快速起停时引起抖动。工业机器人本体刚度要与电机伺服刚度参数相匹配，刚度过高，会造成振动，刚度过低会造成起停反应缓慢。工业机器人在不同的位置和姿态，以及在不同的工装负载下刚度都不一样，很难通过提前设置伺服刚度值能满足所有工况的需求。在线自适应抖振抑制技术，提出免参数调试的智能控制策略，同时兼顾刚度匹配、抖振抑制的需求，可以抑制工业机器人末端抖动，提高末端定位精度。

2.4.3 控制技术

控制技术的主要任务就是控制工业机器人在工作空间中的运动位置、姿态和轨迹、操作顺序及动作的时间等，具有编程简单、软件菜单操作、友好的人机交互界面、在线操作提示和使用方便等特点。

工业机器人控制技术由以下几方面构成：

（1）开放性模块化的控制系统体系结构：采用分布式CPU计算机结构，分为工业机器人运动控制器、光电隔离控制板、传感器处理板和编程示教盒等。

（2）模块化层次化的控制器软件系统：软件系统建立在基于开源的实时多任务操作系统上，采用分层和模块化结构设计，以实现软件系统的开放性。整个控制器软件系统分为3个层次：硬件驱动层、核心层和应用层。

（3）网络化机器人控制器技术：当前机器人的应用工程由单台机器人工作站向机器人生产线发展，机器人控制器的联网技术变得越来越重要。控制器上具有串口、现场总线及以太网的联网功能。可用于机器人控制器之间和机器人控制器同上位机的通信，便于对机器人生产线进行监控、诊断和管理。

应用工业机器人控制技术，需要解决的问题包含以下几方面：

（1）运动解算及轨迹规划：运动求解得到最佳路径规划，提高工业机器人的运动精度和工作效率。

（2）动力学补偿：一般工业机器人是一个串联悬臂式结构，刚性弱，运动复杂，容易发生变形和抖动，这涉及运动学和动力学相结合。为了改善工业机器人的动态性能和提高运动精度，控制系统必须建立动力学模型，进行动力学补偿。补偿的内容主要包括重力补偿、惯量补偿、摩擦补偿、耦合补偿等。

（3）标定补偿：工业机器人机械本体由于加工误差和装配误差的原因，难免会和理论数学模型存在偏差，这会降低机器人TCP（工具中心点）精度和轨迹精度，例如在焊接和离线编程使用时会受到严重影响。通过检测和算法标定补偿机器人的模型参数，可以较好地解决此问题。

（4）工艺包完善：控制系统要与实际工程应用相结合，系统除不断升级、功能更加强大外，还要根据行业应用的需求不断开发和完善工艺包，有利于积累行业工艺经验，对客户来说使用更方便，操作更简单，效率更高。

2.5 工业机器人核心应用

工业机器人是一项快速进步的技术，在短短几十年时间里，它已经在世界范围内成为工厂里的普遍装置，可进行产业线的生产加工，如图2-15所示。工业机器人的五大应用是指搬运、焊接、装配、喷涂、打磨（或机械加工）。

图 2-15 工业机器人进行产业线的生产加工

（1）打磨（机械加工应用）：机械加工行业机器人应用量占比较低，其原因是因为还有许多其他的自动化设备可以胜任这项工作。机械加工机器人主要的应用领域包括零件铸造（见图2-16）、打磨（见图2-17）以及水射流切割等。

图 2-16 铸造机器人

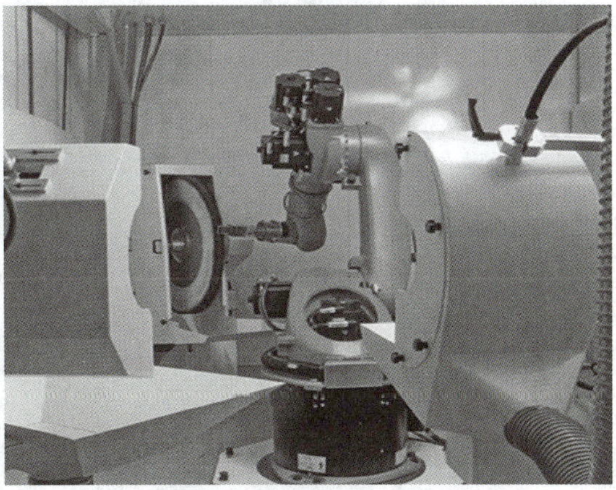

图 2-17 打磨机器人

（2）喷涂：主要是指涂装、点胶、喷漆等工作，如图2-18所示。

（3）装配：主要从事零部件的安装、拆卸以及修复等工作，如图2-19所示。零件装配是工业生产中一件工程量极大的工作，需要大量的劳动力。人力装配因为出错率高，效率低而逐渐被工业机器人代替。装配机器人的研发，结合通信、自动控制、光学、微电子等多种技术。研发人员根据装配流程，编写合适的程序，应用于具体的装配工作。装配机器人最大的特点是安装精度高、灵活性大、耐用程度高。由于电子零件、汽车精细部件等的装配工作复杂精细，现在大都采用装配机器人来进行安装。

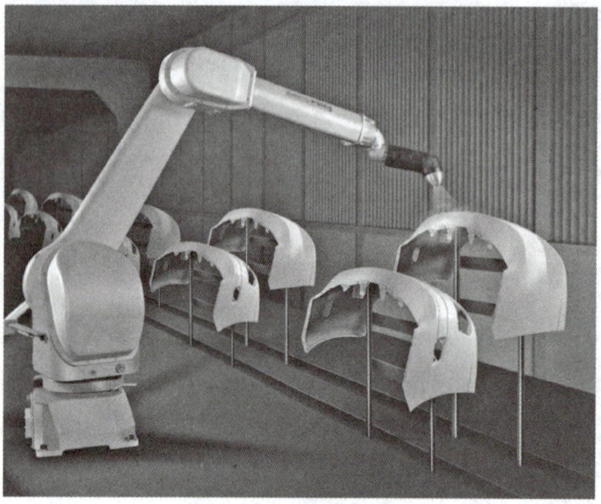

图 2-18　喷涂机器人

图 2-19　装配机器人

（4）焊接：主要承担焊接工作，不同工业领域有着不同的工业需求，常见的焊接机器人有点焊、弧焊和激光等，如图2-20所示。汽车制造行业是焊接机器人应用最广泛的行业。引入焊接机器人实现自动化焊接作业，在焊接难度、焊接数量、焊接质量等方面都有着人工焊接无法比拟的优势。

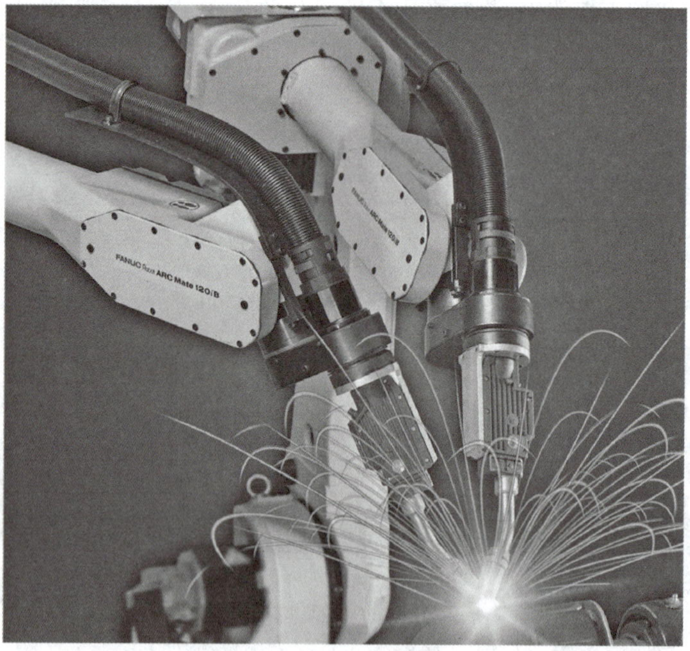

图 2-20　焊接机器人

（5）搬运，又称码垛：这是工业机器人的第一大应用领域（见图2-21）。在工厂的各类码垛作业中，人工码垛工作强度大，耗费人力，员工不仅需要承受巨大的压力，而且工作效率低。自动化程度极高的搬运机器人能够根据搬运物件的特点以及搬运物件所归类的位置，在保持形状和物件性质不变的基础上，进行高效的分类搬运，使设备能够高效完成码垛作业，在生产线上下料、集装箱的搬运等方面发挥及其重要的作用。

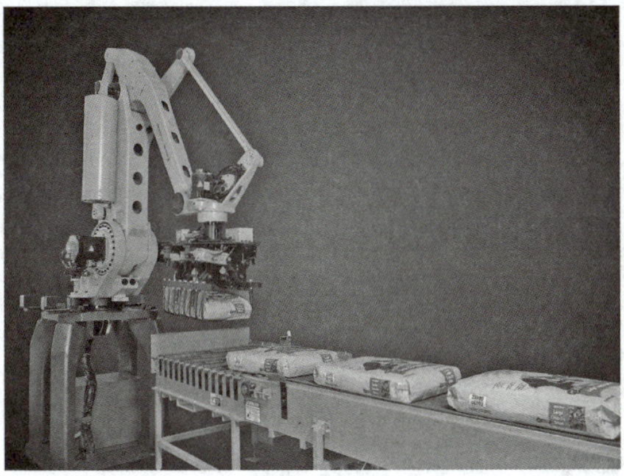

图 2-21　搬运（码垛）机器人

许多自动化生产线需要使用机器人进行上下料、搬运以及码垛等操作。随着协作机器人的兴起，搬运机器人的市场份额一直呈增长态势。

此外，由于工业机器人具有多维度的附加功能，在检测领域也有较丰富的应用。工业机器人能够代替人工在特殊岗位上的工作，如高危领域如核污染区域、有毒区域、未知区域进行探测。还有人类无法具体到达的地方，如病人患病部位的探测、工业瑕疵的探测、在地震救灾现场的生命探测等。

2.6　工业机器人发展趋势

美国机器人产业协会（RIA）曾经预测工业机器人的六大发展趋势：

（1）工业物联网（IIoT）技术的应用。工业机器人会在生产的最前沿应用智能传感器，采集制造商以前无法获得的数据。

（2）优先考虑工业网络安全。工业机器人与内部系统的联网越来越多，网络安全风险不断增加。制造商必须解决生产工艺中的缺陷，在网络安全方面加大投资，确保安全、可靠地生产。

（3）大数据分析成为竞争优势。工业机器人成为生产信息的主要来源之一。制造商必须实施组织和分析采集到的所有数据，以便采取有效的行动，提升企业的竞争优势。

（4）实施开放式的自动化架构。随着自动化应用越来越广泛，对开放式自动化架构的需求相应增加。大型的行业参与者将与行业机构一起制定标准和开放式文档，工业机器人集成更加容易，兼容性会变得更好。工业机器人从预编程、示教再现控制、直接控制、遥控操作等被操纵作业模式向自主学习、自主作业方向发展。智能化机器人可根据工况或环境需求，自动设置和优化轨迹路径、自动避开奇异点、进行干涉与碰撞的预判并避障等。

（5）虚拟解决方案增加。这会成为工业机器人的一个主要部分。越来越多的3D视觉、力传感器会使用到工业机器人上，使其变得越来越智能化。随着传感与识别系统、人工智能等技术进步，工业机器人从被单向控制向自己存储、自己应用数据方向发展，逐渐信息化。随着多机器人协同、控制、通信等技术进步，工业机器人从独立个体向相互联网、协同合作方向发展。

（6）协作机器人将更受欢迎。由于可以在人类身边安全工作，协作机器人在严苛的工业环境中将变得更加有效，对投资回报率有严格要求的制造商会更多地采用协作机器人。

随着工业机器人从与人保持距离作业向与人自然交互并协同作业方面发展。拖动示教、人工教学技术的成熟，使得编程更简单易用，降低了对操作人员的专业要求，熟练技工的工艺经验更容易传递。

作　业

1. 人类历史上第一个工业机器人技术专利是乔治·德沃尔在（　　）年申请的，该专利的要点是借助伺服技术控制机器人的关节，经过动作示教，机器人实现动作的记录和再现。

A. 1946　　B. 1949　　C. 1954　　D. 1956

2. 全球第一家生产机器人的公司尤尼梅逊成立于1956年的美国。1959年第一台工业机器人Unimate诞生，这种革命性的装置永远改变了制造业的面貌。当时，这台机器被称为（　　）。

A. 通用转移设备　　B. 成吉思汗
C. WABOT-1　　D. 斯坦福机械臂

3. 1969年，维克多·沙因曼发明了（　　），这台全电动六轴关节设备被认为是最早由计算机控制的机器人之一，标志着可通过计算机控制的工业机器的重大突破。

A. 通用转移设备　　B. 成吉思汗
C. WABOT-1　　D. 斯坦福机械臂

4. 20世纪70年代初，第一个拟人化机器人（　　）问世，它有一个视觉和肢体控制系统，可以自行导航和自由移动，手具有触觉传感器，智力与18个月大的人类相当，标志着人形机器人技术的重大突破。

A. 通用转移设备　　B. 成吉思汗
C. WABOT-1　　D. 斯坦福机械臂

5. 1978年，由日本山梨大学牧野博教授开发了（　　），即选择性顺从组装机械臂，它的手臂可以沿4轴移动，并在80年代早期成为装配线上的常见设备。

A. 索菲亚　　B. SCARA　　C. 波士顿　　D. ROKAE

6. 1989年麻省理工学院研究人员制造的六足机器人“（　　）”被认为是现代历史上最重要的机器人之一，NASA从其中取得灵感，研制出更为小巧和敏捷的“探路者号”火星车。

A. 通用转移设备　　B. 成吉思汗
C. WABOT-1　　D. 斯坦福机械臂

7. 1997年7月，（　　）这个轻型机器人由探路者号飞船带到火星，成功着陆于火星表面，首次实现了人类对于火星的探索。

A. 旅居者　　B. 达·芬奇　　C. 火星号　　D. 未来号

8. 随着工业机器人应用产业领域迅速地延展至更广泛的制造领域，工业机器人的（　　）等特点会得到更好的发挥。会突破应用复杂工作的技术瓶颈。

① 易用性　　② 智能水平高　　③ 成本低廉　　④ 生产效率高

A. ②③④　　B. ①②③　　C. ①②④　　D. ①③④

9. 机器人技术发展迅速。与传统工业设备相比，不仅产品的价格差距越来越小，而且产品的（　　）程度高，因此可以在很大程度上提高经济效率。

A. 复杂化　　B. 重复性　　C. 简单化　　D. 个性化

10. 在生产过程中采用工业机器人，可以解决很多（　　）方面的问题，避免由于个人原因造成的不熟悉工作流程、工作疏忽、疲劳工作等生产隐患。

A. 复杂性　　B. 效率　　C. 安全　　D. 成本

11. 针对工业机器人产业链，通常会区分（　　）厂商，且多数为后者。

A. 本体和系统集成　　B. 设计和制造

C. 本体集成与末端组合　　D. 本体设计和系统制造

12. 国内外工业机器人企业对（　　）的依赖性较高。同样的工业机器人由不同企业来构建应用，其效果可能会是天壤之别。

A. 本体制造商　　B. 产线设计师　　C. 方案供应商　　D. 系统集成商

13. 最常用的机器人构型是（　　）机器人、SCARA机器人、Delta机器人和直角坐标系机器人。

A. 关节型　　B. 机械臂　　C. 自动机　　D. 程控台

14. 一般情况下，按照机器人学的定义，大多数类型的机器人都属于（　　）的范畴，表现出不同程度的自主性。

A. 关节型　　B. 机械臂　　C. 自动机　　D. 程控台

15. 在工业机器人发展中，（　　）的应用使机器人会在生产的最前沿应用智能传感器，采集制造商以前无法获得的数据。

A. 大数据分析　　B. 自动化架构

C. 工业物联网技术　　D. 工业网络安全

16. 在工业机器人发展中，应优先考虑（　　），解决生产工艺中的缺陷，并在网络安全方面加大投资，确保安全、可靠的生产。

A. 大数据分析　　B. 自动化架构

C. 工业互联网技术　　D. 工业网络安全

17. 在工业机器人发展中，（　　）成为竞争优势。机器人成为工厂车间的主要信息来源之一。制造商必须实施系统来组织和分析采集到的所有数据，以便采取有效行动，提升企业竞争优势。

A. 大数据分析　　B. 自动化架构

C. 工业互联网技术　　D. 工业网络安全

18. 在工业机器人发展中，实施开放式的（　　）越来越广泛，对开放式自动化架构的需求相应增加。大型的行业参与者将与行业机构一起制定标准和开放式文档。

A. 大数据分析　　B. 自动化架构

C. 工业互联网技术　　D. 工业网络安全

19. 在工业机器人发展中，（　　）将增加，会成为工业机器人的一个主要部分。

A. 虚拟解决方案　　B. 多媒体架构

C. 社交互联网　　D. 协作机器人

20. 在工业机器人发展中，(　　) 将更受欢迎，它可以在人类身边安全地工作。

A. 虚拟解决方案　　B. 多媒体架构

C. 社交互联网　　D. 协作机器人

【实训操作】考察工业机器人及其发展

请思考：

（1）一个在当初并不起眼的发明"程序化物品转移"，成就了现代社会的一个伟大的事业——"工业机器人"。请简要说明你对机器人手臂发明者乔治·德沃尔的看法。

答：______________________________

____

（2）德沃尔是机器人手臂的发明者，但"机器人之父"的头衔却属于恩格尔伯。对当今世界上这种常见的合作结果，请简单谈谈你的见解。

答：______________________________

____

（3）机器人手臂的发明之花诞生在美国，却盛开在日和欧洲，美国人丧失了"先发优势"。你认为其中的原因有哪些？

答：______________________________

____

若有条件，建议学校组织学生参观现代化工业企业，实地观察工业机器人的生产场景、生产作业和人机协同。请在参观过程中，严格遵守工厂规则，注意确保人身和生产安全。

受条件限制不能前往工业机器人作业生产现场的，建议教师组织学生观看工业机器人生产的影片、视频作品，体会视频作品中的生产场景、工匠精神等。

小组活动：请阅读本课的【导读案例】，讨论：

（1）机器人一定是拟人的吗？为什么常常以机器人代称"机械臂"？

（2）人类第一台机械臂的发明者是谁？在他身上是如何体现"工匠精神"的？

（3）举例说明：以"机械臂"为主要特点的工业机器人已经成为现代工业的核心装备。

活动记录：______________________________

____

实训评价（教师）：______________________________

____

第3课

专业生产工具

学习目标

（1）了解使用专业生产工具的必要性。

（2）熟悉专业生产常用电工工具及仪表。

（3）认识工业机器人本体和控制柜维护工具。

学习难点

（1）工业机器人本体保养维修专用生产工具。

（2）工业机器人控制柜保养维修专用生产工具。

3.1 电工常用工具及仪表

电工常用工具是指一般专业电工经常使用的工具。工业机器人维护人员应该熟悉和掌握电工工具的结构、性能、使用方法和规范操作，这将直接影响工作效率和工作质量，以及自己或他人的人身安全。

工业机器人维修中常用的一些维修工具及测试仪器如下：

（1）电工仪表：按照其测量功能分为电流表、电压表、万用表、兆欧表等。

（2）电工工具：钢丝钳、尖嘴钳、斜口钳、剥线钳、电烙铁、电工刀、活扳手等。

3.1.1 低压验电器

低压验电器又称试电笔（见图3-1），是检验导线、电器设备是否带电的一种常用工具，检测范围为50～500 V，有钢笔式、旋具式和组合式多种。低压验电器由笔尖、降压电阻、氖管、弹簧、笔尾金属体等部分组成。

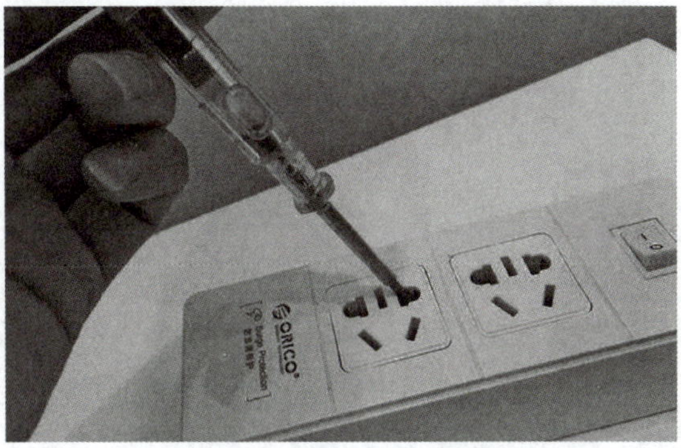

图3-1　试电笔的使用方法

在使用前，应先在有电的导体上检查电笔是否正常发光，检验其可靠性，防止因氖管损坏而造成误判。使用时，金属笔尖接触被测电路或带电体，手指须接触笔顶端的金属部分，这样电路或带电体与电阻、氖管、人体和大地形成导电回路。

低压验电器的使用方法和注意事项如下：

（1）在明亮的光线下往往不容易看清氖管的辉光，应注意避光。

（2）电笔的笔尖虽与螺钉起子形状相同，但它只能承受很小的扭矩，不能像起子那样使用，否则会损坏。

（3）低压验电器可以用来区分相线和中性线，氖泡发亮的是相线，不亮的是中性线。低压验电器也可用来判别接地故障，如果在三相四线制电路中发生单相接地故障，用电笔测试中性线时，氖泡会发亮；在三相三线制线路中，用电笔测试三根相线，如果两相很亮，另一相不亮，则这一相可能有接地故障。

（4）低压验电器可用来判断电压的高低。氖泡越暗表明电压越低；氖泡越亮表明电压越高。

3.1.2 电工钳子

电工施工过程中要用到的钳子种类简单归纳如下：

（1）钢丝钳（见图3-2）：电工作业中钢丝钳用途广泛，钳口可用来弯绞或钳夹导线线头，齿口可用来紧固或起松螺母，刀口可用来剪切导线或钳削导线绝缘层，侧口可用来铡切导线线芯、钢丝等较硬线材，如图3-3所示。使用前要检查钢丝钳是否绝缘良好，以免带电作业时造成触电事故。

图 3-2　钢丝钳

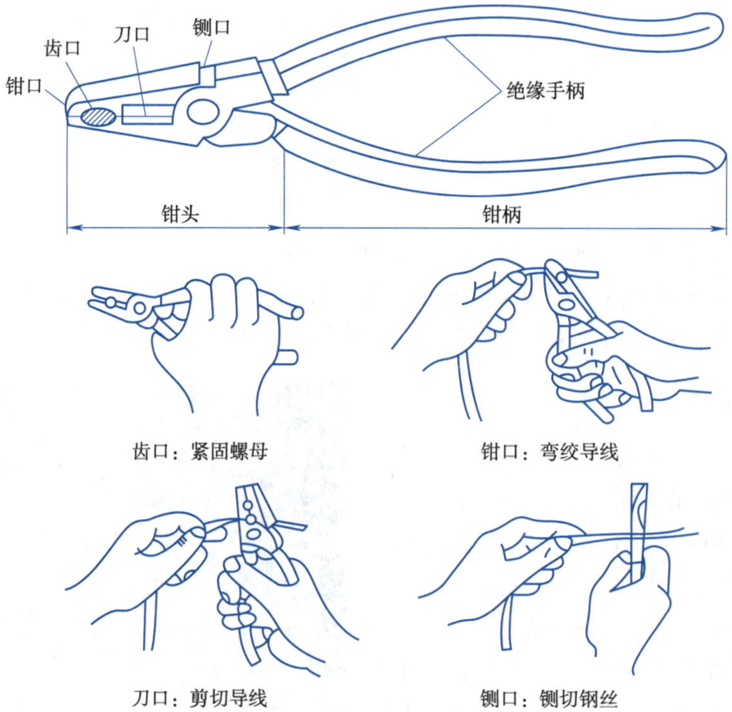

图 3-3　钢丝钳的使用方法

在带电剪切导线时，不得用刀口同时剪切不同电位的两根线（如相线与中性线、相线与相线等），以免发生短路事故。

（2）尖嘴钳（见图3-4）：因其头部尖细而得名，适用于在狭小空间操作。尖嘴钳可用来剪断较细小的导线，夹持较小的螺钉、螺帽、垫圈、导线等，也可用来对单股导线整形（如平直、弯曲等）。若使用尖嘴钳带电作业，应检查其绝缘是否良好，在作业时金属部分不要触及人体或邻近的带电体。

（3）斜口钳（见图3-5）：专用于剪断各种电线电缆。对粗细不同、硬度不同的材料，应选用大小合适的斜口钳。

图 3-4　尖嘴钳

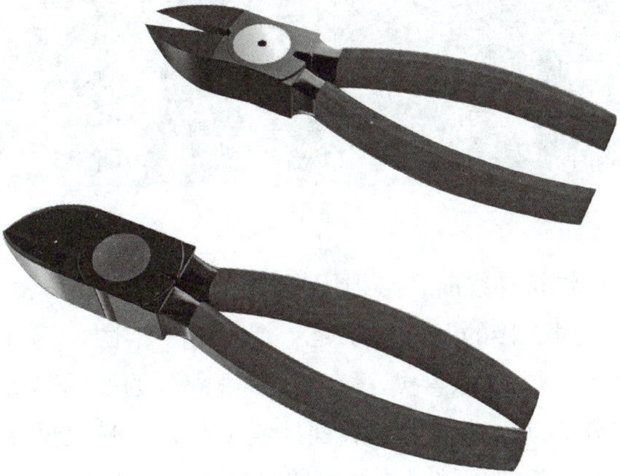

图 3-5　斜口钳

（4）剥线钳（见图3-6）：专用于剥削较细小导线绝缘层。使用剥线钳剥削导线绝缘层时，先将要剥削的绝缘层长度用标尺定好，然后将导线放入相应的刃口中（比导线直径稍大），再用手将钳柄一握，导线的绝缘层即被剥离。

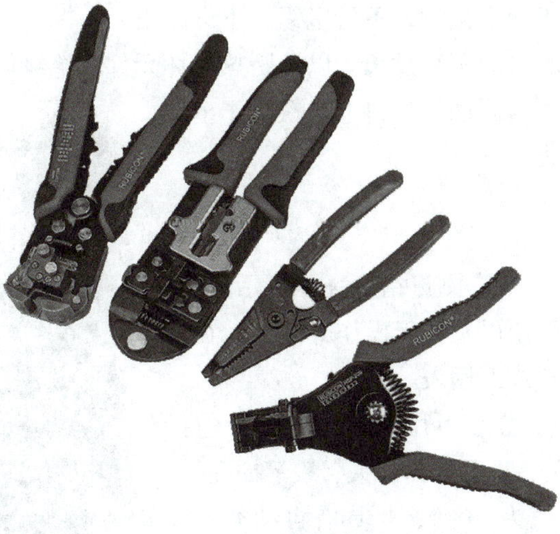

图 3-6　剥线钳

3.1.3　电烙铁

电烙铁（见图3-7）在使用时一般要把焊头的氧化层除去，并用焊剂进行上锡处理，使得焊头的前端经常保持一层薄锡，以防止氧化、减少能耗，保证导热良好。电烙铁的握法没有统一要求，以不易疲劳、操作方便为原则，一般有笔握法和拳握法两种。

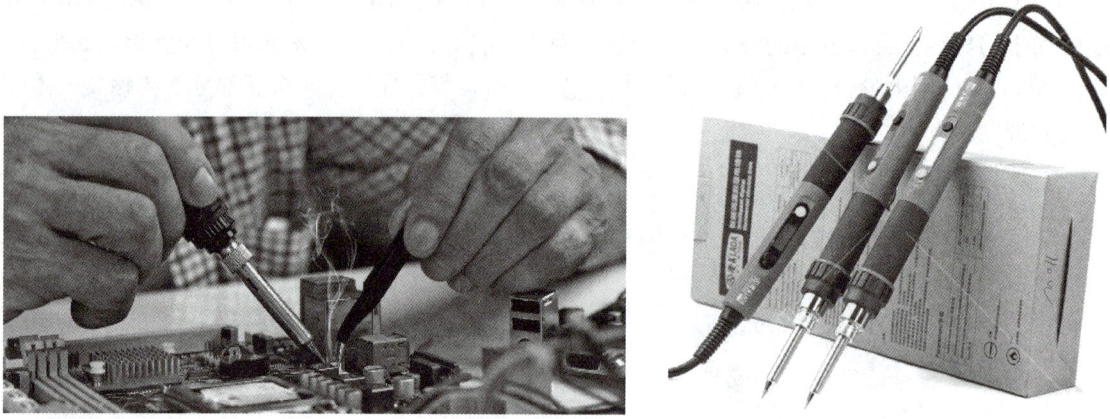

图 3-7　电烙铁

焊接导线时，必须用焊料和焊剂。焊料一般为丝状焊锡或纯锡，常见焊剂有松香、焊膏等。

对焊接的基本要求是：焊点必须牢固，锡液必须充分渗透，焊点表面光滑有泽，应防止出现“虚焊”“夹生焊”。产生“虚焊”的原因是焊件表面未清除干净或焊剂太少，使得焊锡不能充分流动，造成焊件表面挂锡太少，焊件之间未能充分固定；造成“夹生焊”的原因是因为烙铁温度低或焊接时烙铁停留时间太短，焊锡未能充分熔化。

电烙铁的使用注意事项如下：

（1）使用前应检查电源线是否良好，有无被烫坏。

（2）焊接电子类元件（特别是集成块）时，应采用防漏电等安全措施。

（3）当焊头因氧化而不“吃锡”时，不可硬烧。

（4）当焊头上锡较多不便焊接时，不可甩锡，不可敲击。

（5）焊接较小元件时，时间不宜过长，以免因热损坏元件或绝缘体。

（6）焊接完毕，应拔下电源插头，将电烙铁置于金属支架上，防止烫伤或发生火灾。

3.1.4　数字万用表

数字万用表（见图3-8）具有测量精度高、显示直观、功能全、可靠性好、小巧轻便以及便于操作等优点，在实践中已普遍取代传统的模拟式万用表。

（1）面板结构与功能。数字万用表的面板图，包括LCD液晶显示器、电源开关、量程选择开关、表笔插孔等。

液晶显示器最大显示值为1 999，且具有自动显示极性功能。若被测电压或电流的极性为负，则显示值前将带“-”号；若输入超量程时，显示屏左端出现“1”或“-1”的提示字样。

图 3-8　数字万用表

电源开关（POWER）可根据需要，分别置于ON（开）或OFF（关）状态。测量完毕，应将其置于OFF位置，以免空耗电池。数字万用表的电池盒位于后盖的下方，采用9 V叠层电池。电池盒内还装有熔丝管，起过载保护作用。旋转式量程开关位于面板中央，用于选择测试功能和量程。当用表内蜂鸣器作通断检查时，量程开关应停放在标有“)))”符号的位置。

输入插口是万用表通过表笔与被测量连接的部位，设有COM、VΩ、mA、10 A 4个插口。使用时，黑表笔应置于COM插孔，红表笔依被测种类和大小置于V.Ω、mA或10 A插孔。在COM插孔与其他3个插孔之间分别标有最大（MAX）测量值，如10 A、200 mA、交流750 V、直流1 000 V。

（2）数字万用表的使用方法。测量交、直流电压（ACV、DCV）时，红、黑表笔分别接V.Ω与COM插孔，旋动量程选择开关至合适位置（200 mV、2 V、20 V、200 V、700 V或1 000 V），红、黑表笔并接于被测电路（若是直流，注意红表笔接高电位端，否则显示屏左端将显示“-”）。此时显示屏显示出被测电压数值。若显示屏只显示最高位“1”，表示溢出，应将量程调高。

测量交、直流电流（ACA、DCA）时，红、黑表笔分别接mA（大于200 mA时应接10 A）与COM插孔，旋动量程选择开关至合适位置（2 mA、20 mA、200 mA或10 A），将两表笔串接于被测回路（直流时，注意极性），显示屏所显示的数值即为被测电流的大小。

测量电阻时，无须调零。将红、黑表笔分别插入V.Ω与COM插孔，旋动量程选择开关至合适位置，将两表笔跨接在被测电阻两端（不得带电测量），显示屏所显示数值即为被测电阻的数值。当使用200 MΩ量程进行测量时，先将两表笔短路，若该数不为零，仍属正常，此读数是一个固定的偏移值，实际数值应为显示数值减去该偏移值。

进行二极管和电路通断测试时，红、黑表笔分别插入VΩ与COM插孔，旋动量程开关至二极管测试位置。正向情况下，显示屏即显示出二极管的正向导通电压，单位为mV（锗管应在200 ~ 300 mV之间，硅管应在500 ~ 800 mV之间）；反向情况下，显示屏应显示“1”，表明二极管不导通，否则，表明此二极管反向漏电流大。正向状态下，若显示“000”，则表明二极管短路，若显示“1”，则表明断路。在用来测量线路或器件的通断状态时，若检测的阻值小于30 Ω，则表内发出蜂鸣声以表示线路或器件处于导通状态。

进行晶体管测量时，旋动量程选择开关至hFE位置（或NPN或PNP），将被测晶体管按NPN型或PNP型将B、C、E极插入相应的插孔中，显示屏所显示的数值即为被测晶体的hFE参数。

进行电容测量时，将被测电容插入电容插座，旋动量程选择开关至CAP位置，显示屏所示数值即为被测电容的电荷量。

（3）使用注意事项如下：

①当显示屏提示电池电压不足时，应更换电池。

②若测量电流时没有读数，应检查熔丝是否熔断。

③测量完毕后应关上电源，若长期不用，应将电池取出。

④数字万用表不宜在日光及高温、高湿环境下使用与存放，使用时应轻拿轻放。

3.1.5 钳形表

钳形表（见图3-9）的最基本用途是测量交流电流，虽然准确度较低（通常为2.5级或5级），但因在测量时无须切断电路，因而使用仍很广泛。如果需要进行直流电流的测量，则应选用交直流两用钳形表。

图 3-9　钳形表

使用钳形表测量前，应先估计被测电流的大小以合理选择量程。使用钳形表时，被测载流导线应放在钳口内的中心位置，以减小误差；钳口的接合面应保持接触良好，若有明显噪声或表针振动厉害，可将钳口重新开合几次或转动手柄。

使用时，将量程开关转到合适位置，手持胶木手柄，用食指勾紧铁芯开关，便于打开铁芯。将被测导线从铁芯缺口引入铁芯中央，然后放松食指，铁芯即自动闭合。被测导线的电流在铁芯中产生交变磁通，表内感应出电流，即可直接读数。注意：在较小空间内（如配电箱等）测量时，要防止因钳口的张开而引起相间短路。

钳形表的使用注意事项如下：

（1）使用前应检查外观是否良好，绝缘有无破损，手柄是否清洁、干燥。

（2）测量时应戴绝缘手套或干净的线手套，并注意保持安全距离。

（3）测量过程中不得切换挡位。

（4）电流表只能用来测量低压系统的电流，被测线路的电压不能超过钳形表的规定值。

（5）测量只能钳入一根导线。

（6）一般不测量裸导线的电流。

（7）使用完毕应将量程开关置于最大挡位，以防下次使用时，因疏忽大意而造成仪表的意外损坏。

3.1.6　兆欧表

兆欧表（见图3-10）的选用主要考虑两方面：

一是电压等级的需要。测量额定电压在500 V以下的设备或线路的绝缘电阻时，可选用500 V或1 000 V的兆欧表；测量额定电压在500 V以上的设备或线路的绝缘电阻时，可选用1 000～2 500 V的兆欧表；测量瓷瓶时，应选用2 500～5 000 V的兆欧表。

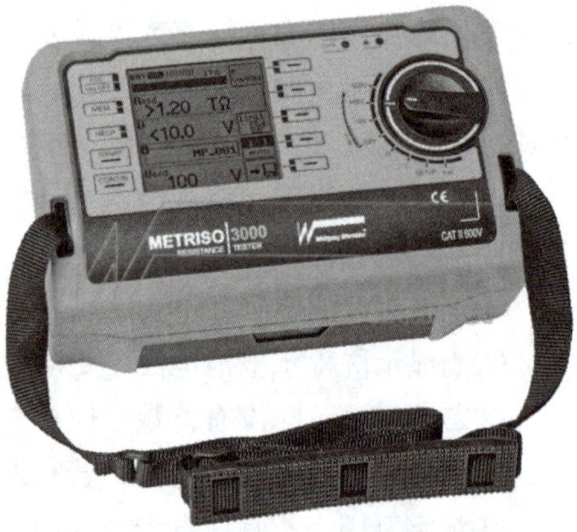

图 3-10　兆欧表

二是兆欧表上有3个接线柱，两个较大的接线柱上分别标有E（接地）、L（线路），另一个较小的接线柱上标有G（屏蔽）。其中，L接被测设备或线路的导体部分，E接被测设备或线路的外壳或大地，G接被测对象的屏蔽环（如电缆壳芯之间的绝缘层上）或不需要测量的部分。

兆欧表的使用注意事项如下：

（1）测量前，要先切断被测设备或线路的电源，并将其导电部分对地进行充分放电。用兆欧表测量过的电气设备，也须进行接地放电，才可再次测量或使用。

（2）测量前，要先检查仪表是否完好：将接线柱L、E分开，由慢到快摇动手柄约1 min，使兆欧表内发电机转速稳定（约120 r/min），表针应指在“：”处；再将L、E短接，缓慢摇动手柄，指针应指在“O”处。

（3）测量时，兆欧表应水平放置平稳。测量过程中，不可用手去触及被测物的测量部分，以防触电。

（4）与被测物间的连接导线应采用绝缘良好的多股铜芯软线，决不能用双股绝缘线或绞线，且连接线间不得绞在一起，以免造成测量数据不准。

（5）发电机要保持速度匀速，不可忽快忽慢地使指针不停地摆动。

（6）操作过程中，若发现指针为零，说明被测物的绝缘层可能击穿短路，此时应停止继续摇动手柄。

（7）测量具有大电容的设备时，读数后不得立即停止摇动手柄，否则已充电的电容将对兆欧表放电，有可能烧坏仪表。

（8）湿度、被测物的状况等对绝缘电阻的影响较大，为便于分析比较，记录数据时应反映上述情况。

3.1.7 其他电工工具

其他电工工具还有很多，例如：

（1）电工刀（见图3-11）：常用的一种电工切削工具。普通的电工刀由刀片、刀刃、刀把、刀挂等构成。不用时，要把刀片收缩到刀把内。

导线接头之前应把导线上的绝缘剥除。用电工刀剥削电线绝缘层时，可把刀略微翘起一些，用刀刃的圆角抵住线芯。切忌把刀刃垂直对着导线切割绝缘层，因为这样容易割伤电线线芯。常用的剥削方法有级段剥落和斜削法。

对双芯护套线的外层绝缘的剥削，可以用刀刃对准两芯线的中间部位，把导线一剖为二。

（2）活扳手（见图3-12）：一种旋紧或拧松有角螺钉或螺母的工具。电工常用的有200 mm、250 mm、300 mm共3种，使用时应根据螺母的大小选配。

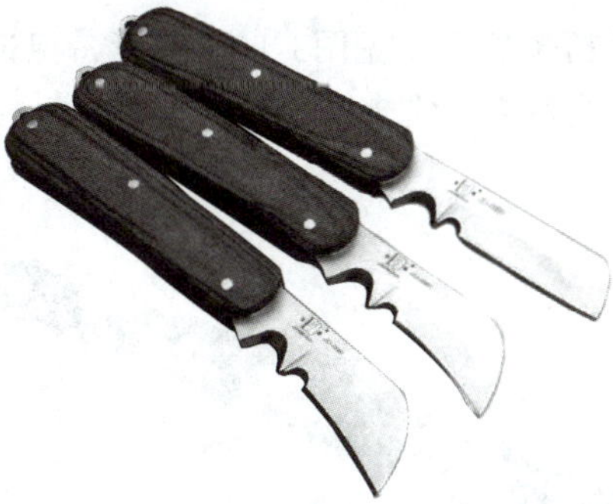

图 3-11　电工刀

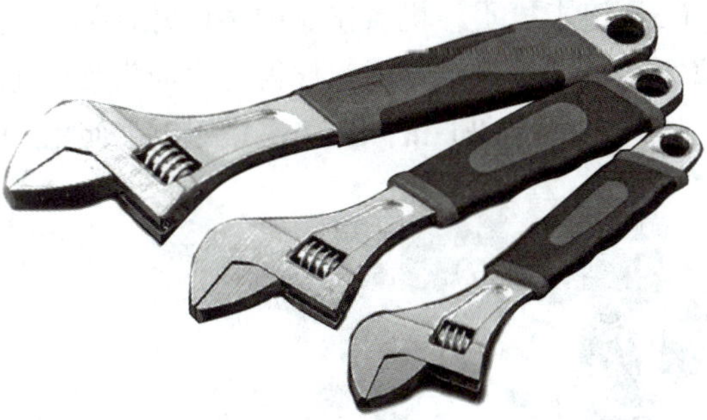

图 3-12　活扳手

使用时，右手握手柄。手越靠后，扳动起来越省力。扳动小螺母时，因需要不断地转动蜗轮，调节扳口的大小，所以手应握在靠近呆扳唇，并用大拇指调制蜗轮，以适应螺母大小。活扳手的扳口夹持螺母时，呆扳唇在上，活扳唇在下。活扳手切不可反过来使用。在扳动生锈的螺母时，可在螺母上滴几滴煤油或机油，这样就容易拧动。在拧不动时，切不可采用钢管套在活扳手的手柄上来增加扭力，因为这样极易损伤活扳唇。

（3）整体扳手（见图3-13）：有正方形、六角形、十二角形（俗称梅花扳手）。

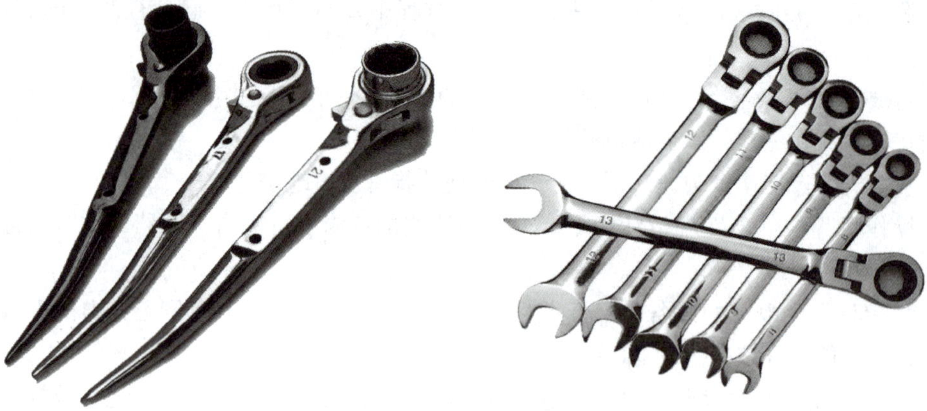

图 3-13　整体扳手

梅花扳手用于拆装六角螺母或螺栓，拆装位于稍凹处的六角螺母或螺栓特别方便。其中梅花扳手只要转过30°，就可改变扳动方向，所以在狭窄的地方工作比较方便。

六角扳手用于装拆大型六角螺钉或螺母，外线电工可用它装卸铁塔之类的钢架结构。内六角扳手用于装拆内六角螺钉，常用于某些机电产品的拆装。

（4）套筒扳手：包括一套尺寸不等的梅花筒（见图3-14），使用时用弓形的手柄连续转动，工作效率较高。当螺钉或螺母的尺寸较大或扳手的工作位置很狭窄时，就可用棘轮扳手。这种扳手摆动的角度很小，能拧紧和松开螺钉或螺母，拧紧时作顺时针转动手柄。方形的套筒上装有一只撑杆，当手柄向反方向扳回时，撑杆在棘轮齿的斜面中滑出，因而螺钉或螺母不会跟随反转。如果需要松开螺钉或螺母，只需翻转棘轮扳手朝逆时针方向转动即可。

套筒扳手最前面是一个方孔或榫，大小为4～14 mm不等，对应的套筒头一端的大小也必须是同一尺寸，而另一端往往是六边形或者十二边形，用来套住螺栓。

（5）扭矩扳手：机械作业中某些螺栓需要使用特定的扭矩扳手（见图3-15）拧紧，保证螺栓既不会松动，也不会因为拧得过紧而失效。通过刻度转换按钮可实现5种单位的读数：N·m、kgf·m、kgf·cm、lbf·in、lbf·ft。扭矩扳手使用3 V纽扣电池供电。

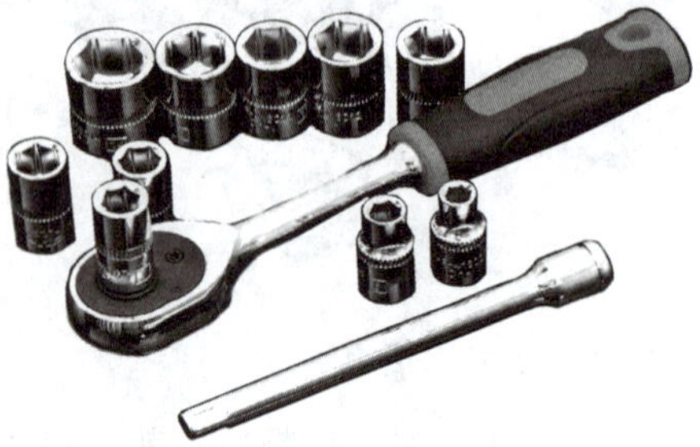

图 3-14　套筒扳手和套筒头

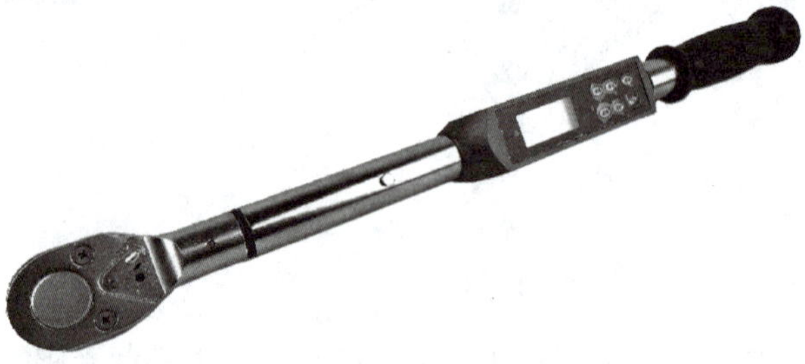

图 3-15　扭矩扳手

使用时先转动独力调节环，把扭力设置到需要的数值，再旋转锁定旋钮来锁定扭力。然后装好套筒，顺时针方向均匀施力，当听到“咔嗒”声或感到扳手有卸力感时即已达到所设置的扭力值。

3.2 控制柜维护工具

表3-1中的工具是在对工业机器人控制柜进行维护时一定会用到的，在开始进行控制柜维护作业前要准备好对应的工具。

表 3-1 控制柜维护标准工具包

工 具	规 格
TORX星形螺丝刀	TX10
	TX20
	TX25
TORX圆头螺丝刀	TX25
一字螺丝刀	4 mm
	8 mm
	12 mm
Phillips-1螺丝刀	5 mm
套筒扳手	8 mm

TORX即梅花槽，T或者TX为其简称，后面的数字代表规格大小，后面的系数越大则梅花槽越大。

3.2.1 热风枪

热风枪（见图3-16）是电工维修中用到较多的工具之一，使用的工艺要求也很高。从取下或安装小元件到大片的集成电路都要用到热风枪。在不同的场合，对热风枪的温度和风量等有特殊要求，温度过低会造成元件虚焊，温度过高会损坏元件及线路板，风量过大会吹跑小元件。

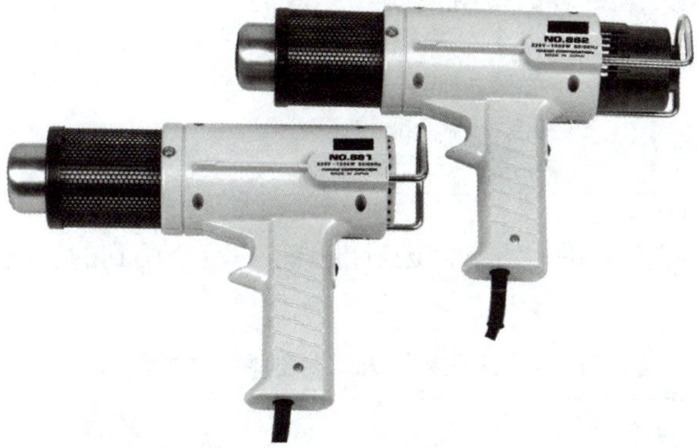

图 3-16 高温热风枪

热风枪是利用发热电阻丝的枪芯吹出的热风来对元件进行焊接与摘取元件的工具，主要由气泵、线性电路板、气流稳定器、外壳、手柄组件等组成。热风枪手柄有的采用了特种耐高温高级工程塑料，耐温等级高达300 ℃；鼓风机部分有的采用了寿命30 000 h以上的强力无噪声鼓风机，满足大功率螺旋风输出；热风筒有的采用螺旋式的拆卸结构；发热丝有的采用特制可拆卸的更换式发热芯。

热风枪控制电路的主体部分应包括温度信号放大电路、比较电路、可控硅控制电路、传感器、风控电路等。另外，为了提高电路的整体性能，还应设置一些辅助电路，如温度显示电路、关机延时电路和过零检测电路。设置温度显示电路是为了便于调温。温度显示电路显示的温度为电路的实际温度，工人在操作过程中可以依照显示屏上显示的温度来手动调节。

为了适应不同的工作环境，达到目前一般电路实现测控稳定温度的目的，有的还通过安装在热风枪手柄里面的方向传感器来确认手柄的工作位置，以确定热风枪处于不同工作状态：工作、待机、关机。

3.2.2　TORX 星形螺丝刀

TORX星形螺丝刀的规格TX10中，TX代表一种螺钉槽驱动型号，不同数字表示中间星形（也就是梅花形）的大小，如图3-17所示。

图 3-17　TORX 星形螺丝刀

3.2.3　PZ 头螺钉和 PH 螺钉

Pozidriv（PZ）螺钉是米字形的，即槽是直的，而Phillips（PH）螺钉是十字形的，其槽有斜度。PH螺钉比较容易脱落，而PZ螺钉支持更大的扭矩。PZ螺钉能兼容PH螺丝刀。

PH螺丝刀（十字形）由于其头部形状为十字形，当螺牙扭矩达到一定程度后，螺丝刀很难再使上力，会打滑。PZ螺丝刀（米字形，见图3-18）可以看作升级版的PH螺丝刀，由于螺丝刀有更多的接触面积，允许加载更大的拧紧力矩。

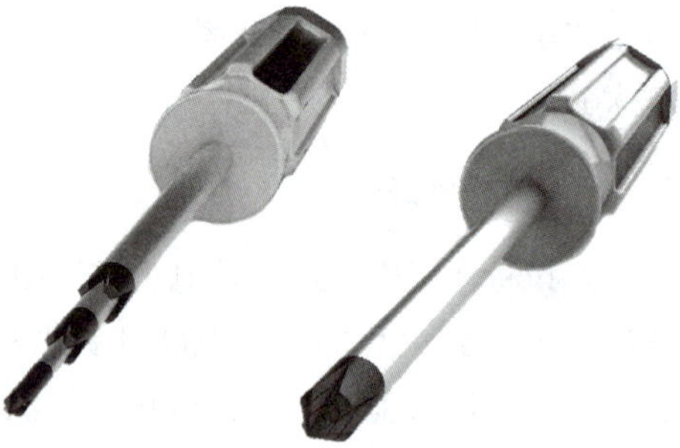

图 3-18　PZ 螺丝刀

3.3　本体维护工具

表3-2中的工具是在对工业机器人本体进行维护时一定会用到的，在开始进行本体维护作业前要准备好对应的工具。

表 3-2　工业机器人本体维护标准工具包

工　具	规　格
内六角螺钉	2.5~17 mm

续表

工　具	规　格
扭矩扳手	0.5~10 N•m
小螺丝刀	—
塑料锤	25 mm、30 mm
扭矩扳手1/2 in的棘轮头	0 ~ 60 N•m，1/2 in的棘轮头
2.5号套筒，1/2 in，线长110 mm	—
小剪钳	5 in
带球头的T形手柄	3 mm、4 mm、5 mm、6 mm、8 mm、10 mm
星形加长扳手	9件，包括T10、T15、T20、T25、T27、T30、T40、T45、T50
尖嘴钳	6 in
内六角加长球头扳手	9件，包括1.5 mm、2 mm、2.5 mm、3 mm、4 mm、5 mm、6 mm、8 mm、10 mm

注：1 in=25.4 mm。

（1）星形加长扳手，如图3-19所示。

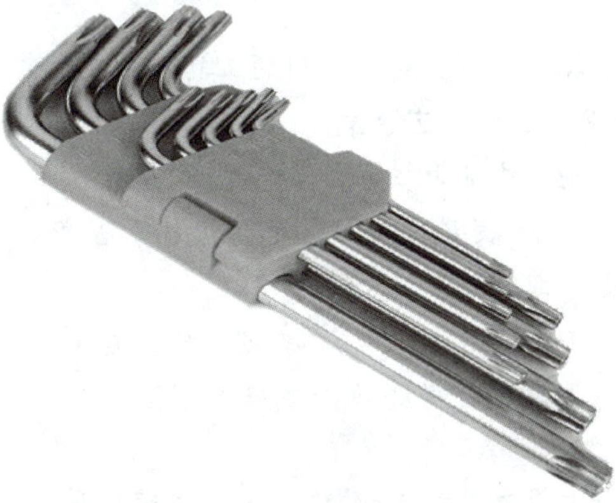

图 3-19　星形加长扳手（9 件）

（2）塑料锤，如图3-20所示，规格尺寸指的是锤头的直径。

（3）小剪钳，如图3-21所示，其规格是指小剪钳的全长。

图 3-20　塑料锤

图 3-21　小剪钳

（4）带球头的T形手柄，如图3-22所示。

（5）内六角球头扳手，如图3-23所示。

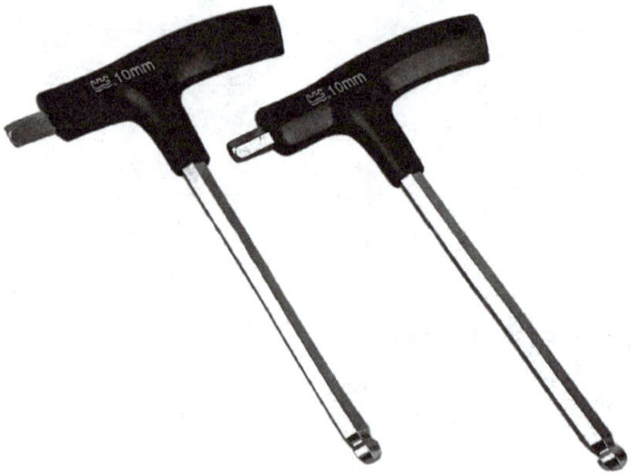

图 3-22　带球头的 T 形手柄

图 3-23　内六角球头扳手

作　业

1. 电工常用工具是指一般（　　）经常使用的工具。工业机器人维护人员应该熟悉和掌握电工工具的结构、性能、使用方法和规范操作。

A. 高压电器　　B. 专业电工　　C. 程序开发　　D. 建筑普工

2. 低压验电器又称（　　），是检验导线、电器设备是否带电的一种常用工具，检测范围为50～500 V，有钢笔式、旋具式和组合式多种。

A. 高压电器　　B. 专业电工　　C. 螺丝起子　　D. 试电笔

3. 在正式使用低压验电器之前，首先应检查一下是否能（　　），以防止在检验中造成误判，危及人身安全。

A. 用作手电　　B. 经受敲击　　C. 正常验电　　D. 用作起子

4. 使用低压验电器时，金属笔尖接触被测电路或带电体，手指（　　）笔顶端的金属部分，这样电路或带电体与电阻、氖管、人体和大地形成导电回路。

A. 必须接触　　B. 避免触碰　　C. 虚拟遮盖　　D. 绝缘接触

5. 以下针对低压验电器的内容中，（　　）是正确的。

①可以用来区分相线和中性线，氖泡发亮的是相线，不亮的是中性线

②测试中如果每根电线都不会亮，则说明一定是断电了

③如果在三相四线制电路中发生单相接地故障，测试中性线时，氖管会发亮

④可用来判断电压的高低。氖泡越暗表明电压越低；氖泡越亮表明电压越高

A. ①②④　　B. ①③④　　C. ①②③　　D. ②③④

6. 在电工作业中（　　）用途广泛，它可用来弯绞或钳夹导线线头、紧固或起松螺母、剪切导线或钳削导线绝缘层，也可用来铡切导线线芯、钢丝等较硬线材等。

A. 斜口钳　　B. 剥线钳　　C. 尖嘴钳　　D. 钢丝钳

7. 在电工作业中，(　　) 适用于在狭小的工作空间操作，可用来剪断较细小的导线，夹持较小的螺钉、螺帽、垫圈、导线等；也可用来对单股导线整形（如平直、弯曲等）。

A. 斜口钳　　B. 剥线钳　　C. 尖嘴钳　　D. 钢丝钳

8. 在电工作业中，(　　) 专用于剪断各种电线电缆。对粗细不同、硬度不同的材料，应注意大小合适。

A. 斜口钳　　B. 剥线钳　　C. 尖嘴钳　　D. 钢丝钳

9. 在电工作业中，(　　) 专用于剥削较细小导线绝缘层的工具，使用时先将要剥削的绝缘长度用标尺定好。

A. 斜口钳　　B. 剥线钳　　C. 尖嘴钳　　D. 钢丝钳

10. 在电工作业中，在使用 (　　) 时一般要把焊头的氧化层除去，并用焊剂进行上锡处理，使得焊头的前端经常保持一层薄锡，以防止氧化、减少能耗，保证导热良好。

A. 斜口钳　　B. 剥线钳　　C. 尖嘴钳　　D. 电烙铁

11. 数字万用表具有测量精度高、显示直观、(　　)、可靠性好、小巧轻便以及便于操作等优点，在实践中已普遍取代传统的模拟式万用表。

A. 专业性强　　B. 适应性差　　C. 功能齐全　　D. 功能单一

12. 钳形表的最基本用途是测量 (　　)，虽然准确度较低，但因在测量时无须切断电路，因而使用仍很广泛。

A. 交流电流　　B. 直流电流　　C. 混合电压　　D. 高压电压

13. 使用钳形表测量，使用完毕应将量程开关置于 (　　) 挡位，以防下次使用时，因疏忽大意而造成仪表的意外损坏。

A. 最小　　B. 最大　　C. 中间　　D. 任意

14. 兆欧表的选用要考虑电压等级的需要。此外，兆欧表上有3个接线柱，分别是 (　　)。

A. C（电流）、V（电压）、G（屏蔽）　　B. H（高压）、L（低压）、G（屏蔽）

C. L（火线）、Z（中性线）、G（地线）　　D. E（接地）、L（线路）、G（屏蔽）

15. 使用兆欧表测量具有大电容的设备时，读数后 (　　) 摇动手柄，否则已充电的电容将对兆欧表放电，有可能烧坏仪表。

A. 应该继续快速　　B. 可以任意速度

C. 不得立即停止　　D. 应该马上停止

16. 用电工刀剖削电线绝缘层时，可把刀 (　　)，用刀刃的圆角抵住线芯，以防止割伤电线线芯。

A. 略微翘起　　B. 垂直向下　　C. 与电线水平　　D. 任意朝向

17. 机械作业中某些螺栓需要使用特定的 (　　) 进行拧紧，以保证螺栓既不会松动也不会因为拧得过紧而失效。

A. 六角扳手　　B. 扭矩扳手　　C. 活扳手　　D. 梅花扳手

18. (　　) 是利用发热电阻丝的枪芯吹出的热风来对元件进行焊接与摘取元件的工具。在不同场合，对它的温度和风量等有特殊要求。

A. 电吹风　　B. 电熨斗　　C. 电烙铁　　D. 热风枪

19. TORX星形螺丝刀的规格TX10中，TX代表螺钉槽驱动型号，不同数字表示中间（　　）的大小。

A. 斜锥形　　B. 圆筒形　　C. 梅花形　　D. 螺旋形

20. PZ螺钉是米字形的，即槽是直的，而PH螺钉是十字形的，其槽有斜度，并且（　　）。

① PH 和 PZ 可以互换　　② PH 螺钉比较容易脱落

③ PZ 螺钉支持更大的扭矩　　④ PZ 螺钉能兼容 PH 螺丝刀

A. ②③④　　B. ①②③　　C. ①②④　　D. ①③④

【实训操作】熟悉并熟练使用专用工具

通过学习，能列举出工业机器人本体及控制柜维护时所需的工具清单，熟知每种工具的规格参数及使用方法，为工作打下基础。

1. 学习检测

在实训操作之后，请简单回顾操作过程，并对自己的操作和实践能力进行测评（打√）。

（1）熟悉常用的电工工具：

□ 掌握　　□ 理解　　□ 重做

（2）认识工业机器人控制柜维护常用工具：

□ 掌握　　□ 理解　　□ 重做

（3）认识工业机器人本体维护常用工具：

□ 掌握　　□ 理解　　□ 重做

2. 实训总结

____

____

3. 教师实训评价

____

____

第4课 岗位安全操作

学习目标

（1）熟悉工业机器人应用的安全状况，了解工业机器人安全问题。

（2）熟悉工业机器人安全标志和作业标准。

（3）熟悉工业机器人安全保护机制。

学习难点

（1）工业机器人安全问题。

（2）工业机器人作业标准。

4.1 工业机器人安全分析

所谓安全，通常是指一种伴随着生产而来的，客观事物危险程度能够被人们普遍接受的状态，它与日常工作和生活息息相关。对于企业来说，生产应始终围绕安全展开。只有严格遵守安全操作规程，关注工作的细节，才能让安全工作落到实处，才能使“不伤害自己、不伤害别人、不被别人伤害、保护他人不受伤害”的承诺成为现实。生产必须安全，安全促进生产。

“预防为主”是安全生产方针的核心和具体体现，是实施安全生产的根本途径。除了自然灾害造成的事故以外，任何工业生产事故都是可以预防的。必须“防患于未然”，把可能导致事故发生的所有机理或因素消除在事故发生之前。

安全分析可按下述步骤进行：

（1）对于考虑到的（例如需要出、入或接近危险区）应用，确定所要求的任务，即机器人系统的用途是什么，是否需要操作、示教人员或其他人员出入安全防护空间，是否频繁出入，相关人员的工作内容，是否会产生可预料的误用（如意外启动）等。

（2）识别危险源（包括与任务有关的故障和失效方式），即识别由于机器人的运动以及为完成作业所需的操作中会发生什么样的故障或失效，以及潜在的各种危险是什么。

（3）进行风险评价，确定属于哪类风险。

（4）根据风险评价，确定降低风险的对策。

（5）根据机器人系统的用途，采取具体的安全防护措施。

（6）评估是否达到可接受的系统安全水平，确定安全等级。

4.1.1 识别危险源

识别出可能由机器人系统本体或外围设备产生或由于人与系统相互干扰而产生的危险或危险状态，使在进行工业机器人应用系统设计和风险评价时，便于开展危险分析。

识别危险时，应从整套装备的各个方面来进行考虑：

（1）设备方面：工业机器人本体，安全防护设施，外围设备。

（2）设备的构建和安装：设备之间的端点、安装的稳定性、定位位置。

（3）相互关系方面：本体系统，系统与其他相关设备之间，人与系统之间相互作用。

对于各种工业机器人及其不同用途，其危险源不尽相同。大致可分为下述各项：

（1）设施失效或产生故障引起的危险：

①安全保护设施的移动或拆卸：如隔栏、现场传感装置、光幕等的移动或拆卸；控制电路、器件或部件的拆卸。

②动力源或配电系统失效或故障：如掉电、突然短路、断路等。

③控制电路、装置或元器件失效或发生故障。

（2）机械部件运动引起的危险：

①机器人部件运动：如大臂回转、俯仰、小臂弯曲、手腕旋转等引起的挤压、撞击和夹住，夹住工件的脱落、抛射。

②与机器人系统的其他部件或工作区内其他设备相连部件运动引起的挤压、撞击和夹住，或工作台上夹具所夹持工件的脱落、抛射形成刺伤、扎伤，或末端执行器如喷枪、高压水切割枪的喷射，焊炬焊接时熔渣的飞溅等。

（3）储能和动力源引起的危险：

①在本体系统或外围设备的运动部件中，弹性元件能量的积累引起的元件损坏。

②在电力传输或流体的动力部件，如触电、静电、短路，液体或气体压力超过额定值而使运动部件加速、减速形成意外伤害。

（4）危险气体、材料或条件：

①易燃、易爆环境，如工业机器人用于喷漆、搬运炸药。

②腐蚀或侵蚀，如接触各类酸、碱等腐蚀性液体。

③放射性环境，如在辐射环境中应用工业机器人进行各种作业，采用激光工具切割的作业。

④极高温或极低温环境，如在高温炉边进行搬运作业，由热辐射引起燃烧或烫伤。

（5）由噪声产生的危险：如导致听力损伤和对语言通信及听觉信号产生干扰。

（6）干扰产生的危险：

①电磁干扰、静电放电和射频干扰造成的工业机器人系统和周边设备产生误动作，意外启动或控制失效而形成的各种危险运动。

②振动、冲击：由于振动和冲击造成连接部分断裂、脱开，使设备破坏，或产生对人员的伤害。

（7）人因差错产生的危险：

①设计、开发、制造（包括人类工效学考虑）：如在设计时，未考虑对人员的防护；末端夹持器没有足够的夹持力，容易滑脱夹持件；动力源和传输系统没有考虑动力消失或变化时的预防措施；控制系统没有采取有效的抗干扰措施；系统构成和布置设备时，设备间没有足够的间距；布置不合理等形成潜在的、无意识的启动、失控等。

②安装和试运行（包括通道、照明和噪声）：由于工业机器人系统及外围设备和安全装置安装不到位，或安装不牢固，或未安装过渡阶段的临时防护装置，形成试运行期间运动的随意性，造成对调试和示教人员的伤害；通道太窄，照明达不到要求，使人员遇见紧急事故时，不能安全迅速撤离，而对人员造成伤害。

③功能测试：工业机器人系统和外围设备包括安全器件及防护装置，在安装到位和可靠后，要进行各项功能测试，但由于人员的误操作，或未及时检测各项安全及防护功能而使设备及系统在工作时造成故障和失效，从而对操作、编程和维修人员造成伤害。

④应用和使用：未按制造厂商的使用说明书正确使用而造成对人员或设备的损伤。

⑤编程和程序验证：使用者在安全防护空间内作业时，要按照操作说明书的步骤进行。由于示教或验证人员的疏忽而造成误动作、误操作，或安全防护空间内进入其他人员时，启动工业机器人运动而引起对人员的伤害，或按规定应采用低速示教，由于疏忽而采用高速造成对人员的伤害等，特别是系统中具有多台工业机器人，在安全防护区内有多人进行示教和程序校验而造成对其他设备和人员伤害的危险。

⑥组装（如工件搬运、夹持和切削加工）：这是使用中产生危险的一种潜在因素，如人工上、下料与机器人作业节拍不协调等。

⑦故障查找和维护：作业时未按操作规程进行操作而产生对设备和人员的伤害。

⑧安全操作规程：规程内容不齐全，条款不具体，未规定人员培训等引起潜在的危险。

（8）工业机器人系统或辅助部件移动、搬运或更换所产生的潜在危险。

4.1.2　风险评价

由于工业机器人规格、尺寸、性能和功能的不同，用途各异，其危险的种类和程度亦不同，采取的安全防护措施也不尽相同，因此，需要评价工业机器人及其系统在安装、编程、操作、使用、故障查找和维护时的风险。经过评价后，采取合适的安全对策，避免和降低风险，尽可能地消除危险和选择适当的安全措施。

4.2 工业机器人安全问题

工业机器人与其他机械设备的要求有所不同，例如它的运动范围大、操作速度快、手臂运动快速等，这些都存在安全隐患。操作者应该阅读和理解使用说明书及相关文件，保证其操作环境符合和遵守地方及国家有关安全性的法令、法规及条例，并遵循各种规程。

1970年，机器人专家森正弘提出了机器人领域的一个著名的心理学理论——恐怖谷理论。“恐怖谷”一词最早由恩斯特·詹池于1906年在其论文《恐怖谷心理学》中提出，后又于1919年被弗洛伊德在论文《恐怖谷》中阐述。

恐怖谷理论是一个关于人类对机器人和非人类物体感觉的假设。该假设指出，随着机器人在外表、动作上与人类越来越像，人类会对机器人产生正面的情感；但若到了某一特定程度，人类对机器人的反应会变得极为负面。哪怕仅仅是很小的一点差别，都会使人觉得非常刺眼，甚至使整个机器人显得非常僵硬恐怖，使人有面对行尸走肉的感觉。但是，当机器人与人类的相似度继续上升时，直至达到普通人之间的相似度时，人类对机器人的情感反应会再度回到正面。“恐怖谷”一词用于形容人类对与他们相似到特定程度的机器人的排斥反应。而“谷”就是指在“好感度对相似度”的关系图中，在相似度临近100%时，好感度突然坠至反感水平，回升至好感前的那段范围，如图4-2所示。

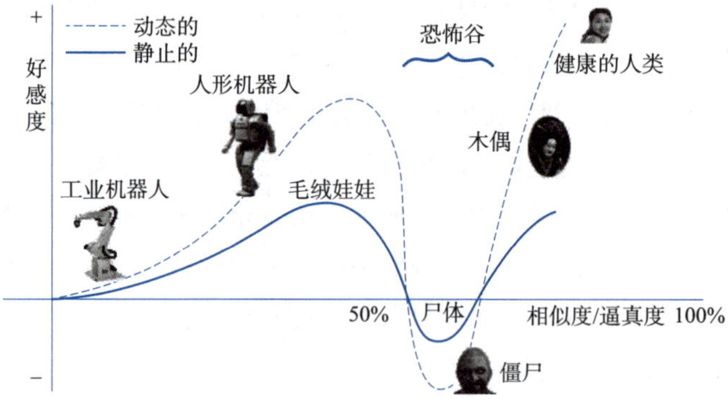

图 4-1　恐怖谷理论

4.2.1　人员安全

工业机器人的作业都具有潜在的危险性。所有人员（安全管理、安装、操作和维修等人员）必须时刻树立安全第一的思想，以确保安全。

（1）工业机器人的安装区域内禁止进行任何危险作业。例如，随意触碰工业机器人及其外围设备，会有造成伤害的危险。

（2）采取严格的安全预防措施。在工厂相关区域内应安放如“易燃”“高压”“止步”“闲人免进”等警示牌。忽视这些警示可能会引起火警、电击或对人员造成伤害。

（3）严格遵守下列条款：

①穿工作服（不穿宽松的衣服）。内衣裤、衬衫和领带不要从工作服内露出。

②不佩戴大的首饰，如耳环、戒指或垂饰等。

③操作工业机器人时不许戴手套。

④必要时穿戴安全防护用品，如安全帽、安全鞋（防滑底）、面罩、防护镜和手套。

⑤未经许可的人员不得接近工业机器人及其外围辅助设备。随意触动电控柜、工件、定位

装置等可能会造成伤害。

⑥绝不要强制扳动工业机器人的轴，否则可能会造成人身伤害和设备损坏。

⑦绝不要倚靠在电控柜上；不要随意按动操作键。工业机器人发生的未预料动作会引起人身伤害和设备损坏。

4.2.2 系统安全

工业机器人系统的相关安全事项在其《用户指南》中有详细说明，在练习期间，对工业机器人进行的任何操作都必须注意安全。只有经过培训认证的人员才可以进入作业区域。

以下安全守则必须遵守：

（1）万一发生火灾，应使用二氧化碳灭火器。

（2）发生意外或运行不正常等情况下，均可使用急停开关（E-Stop）。此键不允许被短接。

（3）机器人处于自动模式时，任何人员都不允许进入其运动所及的区域。因为自动状态下，即使运行速度非常低，其动量仍很大，所以在进行编程、测试及维修等工作时，必须将工业机器人置于手动模式。

（4）在手动模式下调试机器人，当不需要移动机器人时，必须及时释放使能器。

（5）气路系统中的压力可达0.6 MPa，任何相关检修都要切断气源。

（6）调试人员进入机器人工作区域时，必须随身携带示教器，以防他人误操作。

（7）在任何情况下都不要使用工业机器人的原始启动盘，用复制盘。

（8）工业机器人停机时夹具上不应置物，必须空机。

（9）收到停电通知时，要预先关断主电源及气源。突然停电后，要在来电之前关闭主电源开关，并及时取下夹具上的工件。

（10）维修人员必须保管好工业机器人钥匙，严禁非授权人员在手动模式下进入机器人软件系统，随意翻阅或修改程序及参数。

4.2.3 安装及配线安全

安装和配线时，应该在使用说明书中查阅详细资料。在安装准备及安装过程中，要遵守下列事项：

（1）确保安装过程的安全。

①选择足够大的区域来安装和维修工业机器人，以确保装有工具的工业机器人转动时不会碰着墙、安全围栏或控制柜。防止因工业机器人产生未预料动作而引起人身伤害或设备损坏。

②确认有足够的空间来维修控制柜和其他外围设备，避免在维修期间造成伤害事故。

③接地工程要遵守电气设备标准及内线规章制度。

（2）未经授权的人员操作可能会造成人身伤害或设备损坏。

①控制柜应安装在工业机器人动作范围的安全围栏之外，避免造成人身伤害和设备损坏。

②应按说明书中规定的螺栓大小及类型来安装不同的工业机器人。

③为控制柜配线前须熟悉配线图。错误的配线或零部件的不正确移位，可能会造成设备损

坏或人身伤害。

④在进行配线及配管时须采取防护措施，如将管、线或电缆从坑内穿过，应加保护盖予以遮盖，以免被人踩坏或被叉车碾压。损坏的明线、电缆或管路可能会造成工业机器人的非正常动作，以致引起人身伤害或设备损坏。

4.2.4 作业区安全

在作业区内作业时，任何粗心大意都可能造成严重事故，因此必须执行下列防范措施：

（1）在机器人周围设置安全围栏，以防与已通电的工业机器人发生意外接触，如图4-2所示。在安全围栏外要张贴警示牌。安全围栏的门必须加装安全联锁装置。

图 4-2 设置安全作业区

（2）备用工具及类似的器材应放在安全围栏外的合适地区内。

（3）在地面上用油漆标明危险区域，包括工业机器人和周边设备的运动范围。另外，在周围留出足够的安全空间，安装安全防护装置。

（4）操作工业机器人前，需要确认“紧急停止”按钮功能是否正常。检查所有工业机器人操作必需的开关、显示以及信号的名称及其功能。

（5）操作工业机器人前，要先确认工业机器人原点是否正确，各轴动作是否正常。

（6）在示教与维护作业中，安全围栏外必须配置安全监督人员。如果在示教或维护过程中工业机器人出现不正常运动，安全监督人员必须能快速执行“紧急停止”操作。

（7）在工业机器人运动示教完成后，把软限位设置在工业机器人示教运动范围之外一段距离的地方。示教编程器用完后须放回原处并确保放置牢固。要避免示教编程器与工业机器人或夹具发生碰撞，导致引发人身伤害或设备损坏事故。

（8）在紧急停止后，应在安全围栏外复位和重启工业机器人，同时确认满足所有安全条件，确认工业机器人运动范围、安全围栏内障碍物遗留。

（9）当工件通过气动手爪、电磁方法等机构抓握时，应采用失效安全系统，确保一旦机构的驱动力被突然断开时，工件不被弹出。

4.2.5 操作与维护安全

1. 关闭电源与释放静电

带电操作可能会造成电击或产生工业机器人非正常运动，从而引起伤害甚至产生致命性后果。为了避免这些伤害，务必在作业前确保主电源已经关闭，切断控制柜及所装工具上的电源并锁住其电源开关，且挂上警示牌。

注意带电部件相关的风险，必须由合格的电气技师按电气规定操作工业机器人的电气设备。尽管有时需要在通电时进行故障排除，但维修故障、断开电线，以及断开或连接单元时必须关闭工业机器人。必须按照能够从工业机器人工作空间外部关闭主电源的方式连接其主电源。当在系统上操作时，要确保没有其他人可以打开控制器和工业机器人的电源，始终用安全锁将主开关锁在控制柜中是一个好方法。

主电源关闭步骤如下：

（1）关闭控制柜上的主电源开关。注意主开关位置会因设备不同而异。

（2）断开输入电源电缆与墙壁插座的连接。

2. 克服静电放电影响

静电放电（electro-static discharge，ESD）是指具有不同电势（静电电位）的物体互相靠近或直接接触时引起的电荷转移，它可以通过直接接触或者通过感应电场传导。在天气干燥寒冷的时候，人体特别容易积累静电，人手在干燥或者发生摩擦时容易丢失电子从而带有正电荷。当携带正电荷的人手接触到外部导体时，导体电子会向人手转移，从而产生电流，产生的电压甚至会很高。携带正电荷的手接触到电路元件或者设备上的各种接口等，会在接触瞬间产生极大的电压和电流，从而损害电路元件。

为消除静电，可按以下步骤进行。

（1）使用防静电手环，手环必须经常检查以确保没有损坏并且要正确使用。

（2）使用ESD保护地垫。地垫必须通过限流电阻接地。

（3）使用防静电桌垫，以控制静电放电且必须接地。

（4）用手接触静电消除器来去除人体的静电。

3. 作业与维护安全

（1）绝不要超出工业机器人的允许范围（参见技术规范），否则可能会造成人身伤害和设备损坏。无论何时，如有可能都应在作业区外进行示教工作。

（2）进行工业机器人示教作业时，应遵守下列警示：

①始终从机器人的前方进行观察。

②始终按预先制定好的操作程序进行操作。

③确保自己在紧急情况下有退路，当万一发生意外情况时有躲避的想法，避免伤害事故。

④在操作工业机器人前，应先按急停键，检查“伺服准备”指示灯是否熄灭，并确认电源已关闭。如果紧急情况下不能使机器人停止会造成机械损害。

（3）在执行下列操作前，应确认机器人动作范围内无任何人：

①接通电控柜的电源时。

②用示教编程器移动机器人时。

③试运行时。

④再现操作时。

（4）示教机器人前先执行下列检查步骤，如发现问题则应立即更正，并确认所有其他必须做的工作均已完成。

①检查机器人运动方面的问题。

②检查外部电缆的绝缘及护罩是否损害。

（5）机器人的操作或检查人员必须接受有关法规及公司策略的培训。执行安装、维修和维护工作的人员在进行工业机器人及控制柜安装、维修及维护时应该注意一些安全相关事项。

（6）不要站在机柜上或者将机柜用作梯子。为避免人身伤害或者损坏产品，不允许站在单机柜上或者双机柜的模块上，也不允许将单机柜或双机柜的模块用作梯子。

（7）确保没有松动的螺钉或削屑。为了避免损坏产品，应在作业完毕后检查并确保计算机装置或机柜内没有松动的螺钉、削屑或其他部件。

（8）关闭机柜门。工业机器人在运行时必须正确关闭机柜门，以保证电磁屏蔽效果。为达到必要的防护等级，必须盖好通往控制柜的所有开口，未连接的连接器必须装有盖子。

（9）控制器内有高温部件。在正常运行期间，许多工业机器人部件都会发热甚至温度会很高，尤其是驱动电动机和齿轮箱。触摸高温部件可能会造成不同程度的灼伤，在实际触摸前，务必使用测温工具对组件进行温度检测确认，为拆卸发热组件，应等到它冷却，或者采用其他方式处理。

（10）确保安全保管所有模式开关的钥匙。工业机器人系统的管理者有责任确保所有的钥匙都只能由授权人员取得，以防误用。

4. 现场废弃物处理

现场服务产生的危险固体废弃物，例如废工业电池、废电路板、废润滑油、废油脂、粘油回丝或抹布、废油桶、损坏的零件、包装材料等现场作业产生的废弃物处理方法如下：

（1）损坏零件由现场服务人员或客户修复后再使用。

（2）废包装材料建议交回收公司回收再利用。

（3）废工业电池和废电路板，交还供应商，或由客户保管，在购买新电池时作为交换物。

（4）废润滑油、废润滑脂、废油桶、粘油废棉丝和抹布等，分类收集后交给专业公司处理。

4.3 工业机器人安全标志

危险源在特定的工业机器人系统中往往各不相同。危险的数量和类型与自动化过程的性质和装备的复杂性直接有关。与危险相关的风险随着所用机器人的类型及其应用和安装、编程、操作和维护方式而变化。注意到在工业机器人应用中危险的多变性，需要重视机器人设计和制造中的安全保证；又由于工业机器人应用中的安全受特定机器人系统设计和应用的影响，故需要重视机器人及其系统在安装、功能测试、编程、操作、维修期间的人身安全防护。

在进行任何操作时必须遵守安全标志（见图4-3），这是出于安全考虑而设置的指示牌。

图 4-3　安全标志示例

不同的工业机器人单元通常都会有一些醒目的“警示标志”，这是一种按照国家标准或者社会公认的图案、标志组成的统一标识，具有特定的含义，以告诫、提示人们对某些不安全因素高度注意和警惕，是一种消除风险或把风险降低到人体和机器可接受范围内的一种常用方式。

警示标志一般都设在与安全有关的醒目地方，并使操作者有足够时间来注意到它所表示的内容。工业机器人本体及控制柜上的安全标志及含义举例见表4-1。

表 4-1　工业机器人本体及控制柜上的安全标志（参考）

标　志	名　称	含　义
	危险	机器人工作时，禁止进入机器人工作范围
	警告	转动危险：可导致严重伤害。维护保养前必须断开电源并锁定
	警告	叶轮危险：检修前必须断电
	警告	螺旋危险：检修前必须断电
	警告	旋转轴危险，保持远离，禁止触摸
	警告	卷入危险，保持双手远离

续表

标　志	名　称	含　义
	警告	夹点危险，移除护罩禁止操作
	警告	当心伤手，保持双手远离
	警告	移动部件危险，保持双手远离
	警告	旋转装置危险，保持远离，禁止触摸
	注意	按要求定期加注机油
	注意	按要求定期加注润滑油
	注意	按要求定期加注润滑脂
	警告	在平衡杠上出现这个标记时，需要注意平衡缸内部有弹簧，十分危险，因而切勿对其进行拆解
	警告	在机器人电机、本体、盖板或平衡缸上会出现这样的警告标记。出现这个标记时，需要注意千万不要将脚放在机器人上或爬到其上面。这样不仅会给机器人造成不良影响，而且还有可能因为作业人员踩空而受伤
	警告	在机器人电机或控制柜的出风口会出现这样一个警告标记

4.4 工业机器人安保机制

工业机器人系统可以配置各种各样的安全保护机制，如门互锁开关、安全光幕等。打开工业机器人单元的门互锁开关，机器人会停止运行，可避免造成人机碰撞伤害。

4.4.1 安全操作措施

工业机器人在操作时应该注意如下措施：

（1）安全围栏（见图4-4）必须足够牢固，必须是固定、不可移动的，防止操作人员轻易打破或拆除安全围栏，同时安全围栏自身应没有锐边和尖角，不能有潜在的危险部件。

(a) 机器人及自动化生产线安全防护

(b) 机床、机加工设备安全防护

图 4-4 工业机器人安全围栏

（2）安全围栏外部必须清楚地标示当前机器人处于什么状态（示教、运行、维修），以免有人通过示教器、人机界面等误操作机器人及周边设备。

（3）应在地面上用油漆标明危险区域，包括机器人和周边设备的运动范围。另外，在周围留出足够的安全空间，并安装安全防护装置，以供在异常操作或紧急情况时操作人员躲避。

（4）操作工业机器人之前，需要首先确认"紧急停止"按钮功能是否正常。检查所有机器人操作必需的开关、显示以及信号的名称及其功能。

（5）操作机器人前，要先确认机器人原点是否正确，各轴动作是否正常。机器人是由电控柜或夹具用控制柜进行控制的，在操作过程中，为确保安全，操作人员应保持始终从正面看机器人，要在能看得见机器人的位置进行操作。

（6）在示教与维护作业中，安全围栏外必须配置安全监督人员。如果在示教或维护过程中机器人出现不正常的运动，监督人员必须很快速且容易地执行"紧急停止"操作。另外，安全监督人员必须完成安全培训且通过安全考核。

（7）在机器人运动示教（见图4-5）完成后，把机器人的软限位设置在机器人示教运动范围之外一段距离的地方。示教编程器用完后须放回原处（挂回到电控柜的钩子上），并确保放置牢固。如果不慎将示教编程器放在机器人、系统夹具或地面上，当机器人运动时，示教编程器可能与机器人或夹具发生碰撞，从而引发人身伤害或设备损坏事故。防止示教器意外跌落造成机器人误动作，从而引发人身伤害或设备损坏事故。

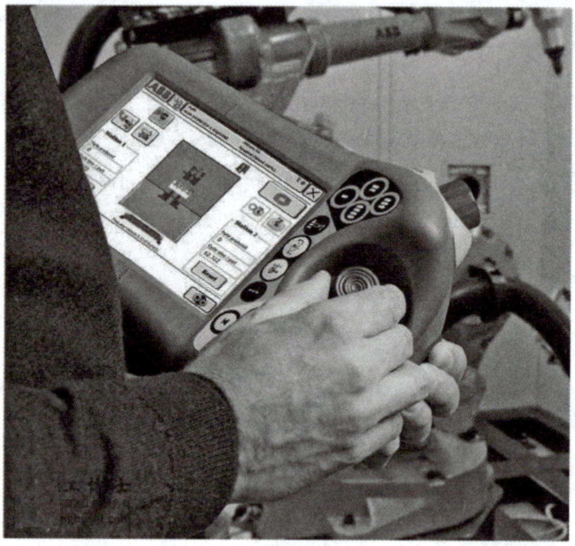

图 4-5　机器人运动示教

（8）如果需要在紧急停止后重启机器人，请在安全围栏外复位和重启。同时确认所有安全条件已满足，确认机器人运动范围、安全围栏内没有人员和障碍物遗留。

（9）当工件是通过气动手爪、电磁方法等机构抓握时，应采用失效安全系统，确保一旦机构的驱动力被突然断开时，工件不被弹出。

4.4.2　工业机器人停止类别

在工业机器人系统中有多个不同的机器人停止功能，例如硬件停止连接到运行链、手动停止、用系统输入信号停止、用快速（RAPID）指令停止以及系统故障停止等。

“停止类别”规定了机器人（机电设备）3种不同安全级别的停止方式：

（1）停止类别0（Stop0）：指马上切断机器执行机构动力电源的停止，即不受控停止。由于电机在减速的过程中失去了动力，无法控制，所以机器人会偏离预先定义的运行轨迹，是一种不受控的停止方式；大部分的急停按钮实现的停止就是Stop0，依靠刹车系统来停止机器人。

（2）停止类别1（Stop1）：控制器控制电机减速到停止后，即在机器执行机构通电情况下停止，再切断动力电源。这是一种受控的停止方式，机器人基本上会按照预先定义的轨迹完成减速。在一些新的机器人系统中，由于安全控制器技术的使用，急停按钮触发的停止大多数属于这种停止（手动模式下除外），以保护制动系统。

（3）停止类别2（Stop2）：完全通过伺服系统减速，停止后不切断动力电源，电机仍处于通电状态，是完全受控的停止方式；现在机器人的程序停止均属于此类。使用伺服驱动装置使机器停止1 s左右后，切断驱动装置电源即可。

不同机器人在Stop0和Stop1时的制动距离与停止时间会有不同。

4.5　工业机器人作业标准

在机器人行业中，针对工业机器人（机械臂）制定的安全规范相对比较完整。

4.5.1 安全规范

工业机器人的软件安全与通常的计算机软件安全不同，虽然计算机在软件失控或遭受攻击后也会导致严重损失，但它仅存在于虚拟空间，不会直接对物理世界产生作用。但工业机器人系统的软件安全可以控制其硬件系统做出各种动作，会对真实物理空间产生直接影响，一旦自身失控或遭受攻击被人控制，可能就会对使用者造成直接的人身伤害。

示教和维修工业机器人的工作被列入工业安全和健康法律中的“危险操作”。应该根据符合有关法规的具体要求进行安全管理，遵守工业机器人的安全操作规定。

国内工业机器人行业的安全生产主要涉及以下标准（规范）：

（1）GB/T 38244—2019《机器人安全总则》。

（2）GB/T 5226.1—2019《机械电气安全　机械电气设备　第1部分：通用技术条件》。

（3）GB 11291.2—2013《机器人与机器人装备　工业机器人的安全要求　第2部分：机器人系统与集成》。

（4）GB/T 15706—2012《机械安全　设计通则　风险评估与风险减小》。

（5）GB 11291.1—2011《工业环境用机器人　安全要求　第1部分：机器人》。

（6）GB/T 20867—2007《工业机器人　安全实施规范》。

（7）GB/T 5226.7—2020《机械电气安全　机械电气设备　第7部分：工业机器人技术条件》。

（8）GB/Z 19397—2003《工业机器人-电磁兼容性试验方法和性能评估准则-指南》。

（9）GB/T 12668.3—2012《调速电气传动系统　第3部分：电磁兼容性要求及其特定的试验方法》。

（10）GB/T 17799.2—2023《电磁兼容　通用标准　第2部分：工业环境中的抗扰度标准》。

（11）GB 17799.4—2022《电磁兼容　通用标准　第4部分：工业环境中的发射》。

（12）GB 17799.3—2023《电磁兼容　通用标准　第3部分：居住环境中设备的发射》。

（13）GB/T 30819—2014《机器人用谐波齿轮减速器》。

（14）GB/T 37414.1—2019《工业机器人电气设备及系统　第1部分：控制装置技术条件》。

（15）GB/T 16977—2019《机器人与机器人装备　坐标系和运动命名原则》。

（16）GB/T 34897—2017《滚动轴承　工业机器人RV减速器用精密轴承》。

（17）GB/T 34884—2017《滚动轴承　工业机器人谐波齿轮减速器用柔性轴承》。

（18）GB/T 33267—2016《机器人仿真开发环境接口》。

（19）GB/T 33262—2016《工业机器人模块化设计规范》。

（20）GB/T 29824—2013《工业机器人　用户编程指令》。

（21）GB/T 12643—2013《机器人与机器人装备　词汇》。

（22）GB/T 14468.1—2006《工业机器人　机械接口　第1部分：板类》。

（23）GB/T 14468.2—2006《工业机器人　机械接口　第2部分：轴类》。

（24）GB/T 19400—2003《工业机器人　抓握型夹持器物体搬运　词汇和特性表示》。

（25）GB/T 12644—2001《工业机器人　特性表示》。

（26）GB/T 38839—2020《工业机器人柔性控制通用技术要求》。

（27）GB/T 38560—2020《工业机器人的通用驱动模块接口》。

（28）GB/T 38559—2020《工业机器人力控制技术规范》。

（29）GB/T 37414.2—2020《工业机器人电气设备及系统　第2部分：交流伺服驱动装置技术条件》。

（30）GB/T 37414.3—2020《工业机器人电气设备及系统　第3部分：交流伺服电动机技术条件》。

（31）GB/T 20868—2007《工业机器人　性能试验实施规范》。

（32）GB/T 12642—2013《工业机器人　性能规范及其试验方法》。

（33）GB/T 38835—2020《工业机器人　生命周期对环境影响评价方法》。

（34）GB/T 38642—2020《工业机器人生命周期风险评价方法》。

（35）GB/T 37394—2019《锻造机器人通用技术条件》。

（36）GB/T 37392—2019《冲压机器人通用技术条件》。

（37）GB/T 34038—2017《码垛机器人通用技术条件》。

（38）GB/T 26154—2010《装配机器人　通用技术条件》。

（39）GB/T 14283—2008《点焊机器人　通用技术条件》。

（40）GB/T 20723—2006《弧焊机器人　通用技术条件》。

（41）GB/T 20722—2006《激光加工机器人　通用技术条件》。

（42）GB/T 4208—2017《外壳防护等级（IP代码）》。

（43）GB 3836.1—2021《爆炸性环境　第1部分：设备　通用要求》。

（44）GB 3836.4—2021《爆炸性环境　第4部分：由本质安全型“i”保护的设备》。

（45）GB 3836.5—2021《爆炸性环境　第5部分：由正压外壳“p”保护的设备》。

（46）JB/T 10825—2008《工业机器人　产品验收实施规范》。

（47）JB/T 5063—2014《搬运机器人　通用技术条件》。

（48）JB/T 9182—2014《喷漆机器人　通用技术条件》。

4.5.2　安全与职业培训

遵照《劳动法》规定，用人单位应当建立职业培训制度，根据本单位实际，有计划地对从业者进行职业培训。从事技术工种的劳动者，上岗前必须经过培训。培训应结合现场操作进行。

使用工业机器人系统，企业应确保其编程、操作、维修等专业人员参加安全培训，并获得胜任该工作的能力。安全培训的目的是要参加培训的人员了解到下列信息：

（1）安全器件的用途和它们的功能。

（2）专门涉及健康和安全的规程。

（3）通过机器人或机器人系统的运行而形成的各种危险。

（4）与特定的机器人有关的工作任务和用途。

（5）安全的基本概念。

相关培训的要求主要包括：

（1）学习适用的安全规程标准和安全建议。

（2）理解所安排的任务的明确含义。

（3）掌握用于完成所指定的作业任务的所有控制装置及其功能的识别和说明。

（4）识别与作业有关的危险，包括辅助设备带来的危险。

（5）识别安全防护措施。

（6）掌握保证安全防护装置和联锁装置功能正常的测试方法。

当系统变更，人员变化和事故发生后，为确保安全操作，应对相关人员重新进行安全培训。

4.5.3 国标《工业机器人安全实施规范》

1992年1月，国际标准化组织发布实施ISO 10218《工业机器人安全》国际标准。2001年在日本举行的ISO年会上，该安全标准进一步发展，被分成两个部分：第一部分为设计、构形和安装时的安全；第二部分为机器人重新组装、重新布置及使用时的安全规范。新版内容细化和增加了不少具体内容，特别是对安全防护电路的设计及对各类人员安全防护措施更加明确。

工业机器人产品在我国的研制开发始于“七五”期间。由于工业机器人产品特征与其他不同，其运动部件，特别是手臂和手腕部分具有较高的能量，且以较快的速度掠过比工业机器人机座大得多的空间，并随着生产环境和工作任务的改变，其运动亦随之改变。若遇到意外启动，对操作、编程及维修人员均存在着潜在的伤害。为此，为防止各类事故的发生，避免造成不必要的人身伤害，也立项制定了工业机器人安全标准。

我国工业机器人安全标准GB 11291—1989，1989年3月发布，现行为GB 11291.2—2013《机器人与机器人装备　工业机器人的安全要求　第2部分：机器人系统与集成》，等同于国际标准ISO 10218-2：2011。该标准提出了安全分析和风险评价概念以及系统安全设计和防护措施。

为了增加GB 11291标准的可操作性，国家标准GB/T 20867—2007《工业机器人　安全实施规范》（简称《安全规范》）于2008年6月6日发布。推荐性国家标准《安全规范》规定了工业机器人安全标准的实施步骤和细则，便于使用者全面准确地使用和实施安全标准，适用于工业环境中的工业机器人及其系统的设计、生产、销售、管理以及试用、安装、调试、操作、维护。

1. 基本设计要求

基本设计要求包括安全失效、电气设备和电源等方面：

（1）安全失效：指当工业机器人系统实际使用时，某个元器件或部件发生不可预见的功能失效。在设计、构造和使用时应预见到这种情况的发生，使得若某一功能受到影响暂停时，整个系统仍然处于安全状态，且提供一种能确保安全（如锁住）的工作方式防止自行启动。

在进行工业机器人控制系统功能设计时，应同时考虑到安全失效的情况。控制功能的基本要求包括起动、停止、工作方式选择、安全防护装置等功能中的一项或几项暂停操作。

（2）电气设备：工业机器人系统及其电气设备的选择应符合预定用途，选用的元器件、部件及设备应符合产品标准。

（3）电源与电源隔离：电源和保护接地应符合制造厂的规定。一般在常规电源条件下，工业机器人系统的电气控制装置应设计成能在满载或空载时正常运行。

电源隔离是在工业机器人系统和电源之间安装隔离装置。隔离装置应具有断路或开路功能，安装在对操作人员无害之处，需要时该装置将切断机器人系统电气控制的电源。

2. 工业机器人系统的安全防护和设计

在设计和布置工业机器人系统时，为使使用者能得到恰当的安全防护，应按照制造厂商的规范进行。为确保系统与预期的运行状态相一致，应分析环境条件，包括腐蚀情况、温湿度、污染、电磁干扰、射频干扰和振动等是否符合要求，并采取相应措施。

3. 安全防护装置

安全防护装置是安全装置和防护装置的统称。

安全装置是“消除或减小风险的单一装置或与防护装置联用的装置”，如联锁、使能、握持运行、双手操纵、自动停机和限位等装置。

防护装置是“通过物体障碍方式专门用于提供防护的机器部分。根据其结构，防护装置可以是壳、罩、屏、门、封闭式防护装置等”。例如，固定式、活动式、可调式、联锁、带防护锁的联锁及可控等防护装置。

为减小已知危险和保护工作人员安全，在设计工业机器人系统时，应根据作业任务及各阶段操作过程的需要和风险评价的结果，选择合适的安全防护装置。安全防护装置在使用时（如示教编程、程序验证、自动操作、故障查找和维护）应满足安全要求，对每一操作者提供安全防护的措施，以保证他们不受伤害。

作　业

1. 所谓（　　），通常是指一种伴随着生产而来的客观事物的危险程度能够被人们普遍接受的状态，它与日常工作和生活息息相关。

A. 安全　　B. 生产　　C. 活动　　D. 过程

2. “（　　）”是安全生产方针的核心和具体体现，是实施安全生产的根本途径，要把可能导致事故发生的所有机理或因素消除在事故发生之前。

A. 减灾措施　　B. 生产组织　　C. 预防为主　　D. 消除危害

3. 安全分析可按下述步骤进行：首先是针对具体应用确定工作任务，接着是识别危险源，然后，应该（　　）。

①进行风险评价　　②确定安全等级

③采取具体措施　　④制定风险对策

A. ①②③④　　B. ①④③②　　C. ④②③①　　D. ①③②④

4. 在工业机器人安全操作中，识别危险源应从整套装备的各个方面考虑，具体包括机器人本体以及（　　）。

① 设备方面　　② 设备采购环境

③ 设备的构建和安装　　④ 系统各部分的相互关系方面

A. ②③④　　B. ①②③　　C. ①②④　　D. ①③④

5. 对于各种机器人及其不同用途，其危险源不尽相同，大致可分为（　　）等多个方面。

① 机械部件不运动造成的锈蚀　　② 设施失效或产生故障引起的危险

③ 储能和动力源引起的危险　　④ 人因差错产生的危险

A. ②③④　　B. ①②③　　C. ①③④　　D. ①②④

6. 机器人与其他机械设备的要求有所不同，例如它（　　），这些都容易造成安全隐患。

① 运动范围大　　② 操作速度快　　③ 手臂运动快速　　④ 消耗资源多

A. ②③④　　B. ①②③　　C. ①③④　　D. ①②④

7. 1970年，机器人专家森正弘提出了机器人领域著名的心理学理论——(　　)，这是一个关于人类对机器人和非人类物体感觉的假设。

A. 格式塔理论　　B. 六度定律　　C. 恐怖谷理论　　D. 摩尔定律

8. 机器人的安装区域内禁止进行任何的危险作业。例如，(　　)机器人及其外围设备，将会有造成伤害的危险。

A. 任意触动　　B. 准确开关　　C. 规范操作　　D. 调整位置

9. 在操作机器人作业时，下列(　　)是不允许的。

A. 穿紧身衣裤　　B. 穿防滑鞋　　C. 佩戴耳钉　　D. 戴劳保手套

10. 机器人处于自动模式时，(　　)不允许进入其运动所及的区域。

A. 女性员工　　B. 实习人员　　C. 任何人员　　D. 搬运工人

11. 机器人在发生意外或运行不正常等情况下，随时可以使用(　　)键停止运行。

A. Begin　　B. E-Stop　　C. End　　D. Start

12. 调试人员进入机器人工作区域时，必须随身携带(　　)，以防他人误操作。

A. 电工刀　　B. 羊角锤　　C. 螺钉起子　　D. 示教器

13. 维修人员必须保管好机器人钥匙，严禁非授权人员在(　　)模式下进入机器人软件系统，随意翻阅或修改程序及参数。

A. 手动　　B. 自动　　C. 机动　　D. 维修

14. 在天气干燥寒冷的时候，人体特别容易积累静电，这时如果对工业机器人本体与控制柜进行检修，人体与电器元件就会发生(　　)。

A. LED　　B. DIY　　C. ESD　　D. APP

15. 在对工业机器人进行任何操作时，必须遵守产品上的(　　)，它是出于安全考虑而设置的指示牌，以减少安全隐患。

A. 安全方法　　B. 安全标志　　C. 警告提醒　　D. 注意事项

16. 在工业机器人系统中有多个不同的机器人停止功能，其中的“停止类别”规定了机器人的(　　)三种不同安全级别的停止方式。

① 停止类别 0　　② 停止类别 1　　③ 停止类别 2　　④ 停止类别 X

A. ①②④　　B. ①③④　　C. ②③④　　D. ①②③

17. 使用机器人系统的用户应确保其编程、操作、维修人员参加安全培训，并获得胜任该工作的能力。培训的目的是要参加培训的人员了解到安全的基本概念以及(　　)信息。

① 安全器件的用途和它们的功能

② 专门涉及健康和安全的规程

③ 通过机器人或机器人系统的运行而形成的各种危险

④ 与特定的机器人有关的工作任务和用途

A. ①②　　B. ③④　　C. ①②③④　　D. ①②③

18. 为便于工程技术人员、管理人员及用户更准确、全面地使用和实施安全标准，(　　)《工业机器人安全实施规范》于2008年6月6日发布，2008年8月1日起实施。

A. GB/T 20868—2007　　B. GB/T 20867—2007

C. GB 11291—1989　　D. GB/T 38244—2019

19.（　　）是“消除或减小风险的单一装置或与防护装置联用的装置（而不是防护装置）”。

A. 安全装置　　B. 生产装置　　C. 活动装置　　D. 防护装置

20.（　　）是“通过物体障碍方式专门用于提供防护的机器部分。根据其结构，防护装置可以是壳、罩、屏、门、封闭式防护装置等”。

A. 安全装置　　B. 生产装置　　C. 活动装置　　D. 防护装置

【实训操作】掌握工业机器人岗位安全操作要求

1. 识读工业机器人安全标志

作业时要注意相关安全标志，严格按照标记的指示执行，以确保作业人员和机器人本体的安全。请根据表4-2中的图示，勾选（唯一）安全标识名称，简单表述其安全含义。

表 4-2　机器人安全标志

标　志	名　称	含　义
	□危险　□警告　□注意	
	□危险　□警告　□注意	
	□危险　□警告　□注意	
	□危险　□警告　□注意	
	□危险　□警告　□注意	
	□危险　□警告　□注意	
	□危险　□警告　□注意	
	□危险　□警告　□注意	
	□危险　□警告　□注意	

续表

标　志	名　称	含　义
	☐危险　☐警告　☐注意	
	☐危险　☐警告　☐注意	
	☐危险　☐警告　☐注意	
	☐危险　☐警告　☐注意	
	☐危险　☐警告　☐注意	
	☐危险　☐警告　☐注意	
	☐危险　☐警告　☐注意	

注：答案请参考本书4.3节。

2. 学习检测

在实训操作之后，请简单回顾操作过程，并对自己的操作和实践能力进行测评（打√）。

（1）熟悉岗位安全操作知识：

☐ 掌握　　☐ 理解　　☐ 重做

（2）掌握工业机器人安全操作规则：

☐ 掌握　　☐ 理解　　☐ 重做

（3）了解工业机器人安全相关的国家标准：

☐ 掌握　　☐ 理解　　☐ 重做

3. 实训总结

____

4. 教师实训评价

____

第5课

职业管理法律常识

学习目标

（1）熟悉《劳动法》《劳动合同法》等职业法律法规。

（2）熟悉机器人作业质量管理概念，了解产品质量法、环境保护法等产业法律法规。

（3）熟悉知识产权保护法，重视养成知识产权保护的法律素养。

学习难点

（1）劳动合同及其法律责任。

（2）产品质量管理的基本概念。

（3）知识产权保护法的基本概念。

5.1 劳动法

为了保护劳动者的合法权益，调整劳动关系，建立和维护适应社会主义市场经济的劳动制度，促进经济发展和社会进步，根据宪法，全国人民代表大会常务委员会制定了《中华人民共和国劳动法》简称《劳动法》，并自1995年1月1日起施行，2018年第二次修正。国内的企业、个体经济组织（统称用人单位）和与之形成劳动关系的劳动者适用本法，国家机关、事业组织、社会团体和与之建立劳动合同关系的劳动者，依照本法执行。

《劳动法》规定：劳动者享有平等就业和选择职业的权利、取得劳动报酬的权利、休息休假的权利、获得劳动安全卫生保护的权利、接受职业技能培训的权利、享受社会保险和福利的权利、提请劳动争议处理的权利以及法律规定的其他劳动权利。

劳动者应当完成劳动任务，提高职业技能，执行劳动安全卫生规程，遵守劳动纪律和职业道德。用人单位应当依法建立和完善规章制度，保障劳动者享有劳动权利和履行劳动义务。

5.1.1 促进就业

国家采取各种措施，促进劳动就业，发展职业教育，制定劳动标准，调节社会收入，完善社会保险，协调劳动关系，逐步提高劳动者的生活水平。国家提倡劳动者参加社会义务劳动，开展劳动竞赛和合理化建议活动，鼓励和保护劳动者进行科学研究、技术革新和发明创造，表彰和奖励劳动模范和先进工作者。

国家通过促进经济和社会发展，创造就业条件，扩大就业机会。国家支持劳动者自愿组织起来就业和从事个体经营实现就业。劳动者就业，不因民族、种族、性别、宗教信仰不同而受歧视。《劳动法》禁止用人单位招用未满十六周岁的未成年人。

5.1.2 劳动合同

劳动合同是劳动者与用人单位确立劳动关系、明确双方权利和义务的协议。建立劳动关系应当订立劳动合同。订立和变更劳动合同，应当遵循平等自愿、协商一致的原则，不得违反法律、行政法规的规定。劳动合同具有法律约束力，当事人必须履行劳动合同规定的义务。

用人单位支付劳动者的工资不得低于当地最低工资标准。国家实行带薪年休假制度。劳动者连续工作一年以上的，享受带薪年休假。

劳动合同应当以书面形式订立，并具备以下条款：

（1）劳动合同期限。

（2）工作内容。

（3）劳动保护和劳动条件。

（4）劳动报酬。

（5）劳动纪律。

（6）劳动合同终止的条件。

（7）违反劳动合同的责任。

劳动合同除前款规定的必备条款外，当事人可以协商约定其他内容。

劳动合同的期限分为有固定期限、无固定期限和以完成一定的工作为期限。劳动者在同一用人单位连续工作满十年以上，当事人双方同意续延劳动合同的，如果劳动者提出订立无固定期限的劳动合同，应当订立无固定期限的劳动合同。

劳动合同可以约定最长不超过六个月的试用期。劳动合同当事人可以在劳动合同中约定保守用人单位商业秘密的有关事项。劳动合同期满或者当事人约定的劳动合同终止条件出现，劳动合同即行终止。经劳动合同当事人协商一致，劳动合同可以解除。

国家实行劳动者每日工作时间不超过八小时、平均每周工作时间不超过四十四小时的工时制度。对实行计件工作的劳动者，用人单位应当根据本法规定的工时制度合理确定其劳动定额和计件报酬标准。用人单位应当保证劳动者每周至少休息一日。用人单位在法定休假期间应当依法安排劳动者休假。

5.1.3 劳动安全卫生

用人单位必须建立、健全劳动安全卫生制度，严格执行国家劳动安全卫生规程和标准，对劳动者进行劳动安全卫生教育，防止劳动过程中出现事故，减少职业危害。劳动安全卫生设施必须符合国家规定的标准。用人单位必须为劳动者提供符合国家规定的劳动安全卫生条件和必要的劳动防护用品，对从事有职业危害作业的劳动者应当定期进行健康检查。从事特种作业的劳动者必须经过专门培训并取得特种作业资格。

劳动者在劳动中必须严格遵守安全操作规程。劳动者对用人单位管理人员违章指挥、强令冒险作业，有权拒绝执行；对危害生命安全和身体健康的行为，有权提出批评、检举和控告。

5.1.4 劳动争议

用人单位与劳动者发生劳动争议，当事人可以依法申请调解、仲裁、提起诉讼，也可以协商解决。调解原则适用于仲裁和诉讼程序。解决劳动争议，应当根据合法、公正、及时处理的原则，依法维护劳动争议当事人的合法权益。劳动争议发生后，当事人可以向本单位劳动争议调解委员会申请调解；调解不成，当事人一方要求仲裁的，可以向劳动争议仲裁委员会申请仲裁。当事人一方也可以直接向劳动争议仲裁委员会申请仲裁。对仲裁裁决不服的，可以向人民法院提起诉讼。劳动争议经调解达成协议的，当事人应当履行。

5.2 劳动合同法

为了完善劳动合同制度，明确劳动合同双方当事人的权利和义务，保护劳动者的合法权益，构建和发展和谐稳定的劳动关系，全国人民代表大会常务委员会制定了《中华人民共和国劳动合同法》（简称《劳动合同法》），其修正版于2012年12月28日发布。国内企业、个体经济组织、民办非企业单位等组织（称用人单位）与劳动者建立劳动关系，订立、履行、变更、解除或终止劳动合同，适用本法。国家机关、事业单位、社会团体和与其建立劳动关系的劳动者依照本法执行。

5.2.1 基本原则

订立劳动合同，应当遵循合法、公平、平等自愿、协商一致、诚实信用的原则。依法订立的劳动合同具有约束力，用人单位与劳动者应当履行劳动合同约定的义务。

用人单位应当依法建立和完善劳动规章制度并公示或者告知劳动者，保障劳动者享有劳动权利、履行劳动义务。用人单位在制定、修改或者决定有关劳动报酬、工作时间、休息休假、劳动安全卫生、保险福利、职工培训、劳动纪律以及劳动定额管理等直接涉及劳动者切身利益的规章制度或者重大事项时，应当经职工代表大会或者全体职工讨论，提出方案和意见，与工会或者职工代表平等协商确定。在规章制度和重大事项决定实施过程中，工会或者职工认为不适当的，有权向用人单位提出，通过协商予以修改完善。

5.2.2 订立劳动合同

用人单位自用工之日起即与劳动者建立劳动关系，用人单位应当建立职工名册备查。用人单位招用劳动者时，应当如实告知劳动者工作内容、工作条件、工作地点、职业危害、安全生产状况、劳动报酬，以及劳动者要求了解的其他情况；用人单位有权了解劳动者与劳动合同直接相关的基本情况，劳动者应当如实说明。

建立劳动关系，应当订立书面劳动合同。已建立劳动关系，未同时订立书面劳动合同的，应当自用工之日起一个月内订立书面劳动合同。用人单位与劳动者在用工前订立劳动合同的，劳动关系自用工之日起建立。

劳动合同分为固定期限劳动合同、无固定期限劳动合同和以完成一定工作任务为期限的劳动合同。其中，固定期限劳动合同，是指用人单位与劳动者约定合同终止时间的劳动合同。用人单位与劳动者协商一致，可以订立固定期限劳动合同。无固定期限劳动合同，是指用人单位与劳动者约定无确定终止时间的劳动合同。

劳动合同由用人单位与劳动者协商一致，并经用人单位与劳动者在劳动合同文本上签字或者盖章生效。劳动合同应当具备以下条款：

（1）用人单位的名称、住所和法定代表人或者主要负责人。

（2）劳动者的姓名、住址和居民身份证或者其他有效身份证件号码。

（3）劳动合同期限。

（4）工作内容和工作地点。

（5）工作时间和休息休假。

（6）劳动报酬。

（7）社会保险。

（8）劳动保护、劳动条件和职业危害防护。

（9）法律、法规规定应当纳入劳动合同的其他事项。

劳动合同期限三个月以上不满一年的，试用期不得超过一个月；劳动合同期限一年以上不满三年的，试用期不得超过二个月；三年以上固定期限和无固定期限的劳动合同，试用期不得超过六个月。同一用人单位与同一劳动者只能约定一次试用期。以完成一定工作任务为期限的劳动合同或者劳动合同期限不满三个月的，不得约定试用期。试用期包含在劳动合同期限内。劳动合同仅约定试用期的，试用期不成立，该期限为劳动合同期限。

用人单位为劳动者提供专项培训费用，对其进行专业技术培训的，可以与该劳动者订立协议，约定服务期。劳动者违反服务期约定的，应当按照约定向用人单位支付违约金。违约金的数额不得超过用人单位提供的培训费用。用人单位要求劳动者支付的违约金不得超过服务期尚未履行部分所应分摊的培训费用。用人单位与劳动者约定服务期的，不影响按照正常的工资调整机制提高劳动者在服务期期间的劳动报酬。

5.2.3 竞业约定

用人单位与劳动者可以在劳动合同中约定保守用人单位的商业秘密和与知识产权相关的保密事项。对负有保密义务的劳动者，用人单位可以在劳动合同或者保密协议中与劳动者约定竞业限制条款，并约定在解除或者终止劳动合同后，在竞业限制期限内按月给予劳动者经济补偿。劳动者违反竞业限制约定的，应当按照约定向用人单位支付违约金。

竞业限制的人员限于用人单位的高级管理人员、高级技术人员和其他负有保密义务的人员。限制的范围、地域、期限由用人单位与劳动者约定，限制约定不得违反法律、法规的规定。

5.2.4 劳动合同履行

用人单位与劳动者应当按照劳动合同的约定，全面履行各自的义务。用人单位应当按照劳动合同约定和国家规定，向劳动者及时足额支付劳动报酬。

用人单位拖欠或者未足额支付劳动报酬的，劳动者可以依法向当地人民法院申请支付令，人民法院应当依法发出支付令。用人单位应当严格执行劳动定额标准，不得强迫或者变相强迫劳动者加班。用人单位安排加班的，应当按照国家有关规定向劳动者支付加班费。劳动者拒绝用人单位管理人员违章指挥、强令冒险作业的，不视为违反劳动合同。

劳动者对危害生命安全和身体健康的劳动条件，有权对用人单位提出批评、检举和控告。用人单位与劳动者协商一致，可以采用书面形式变更劳动合同约定的内容。

劳动者违反本法规定解除劳动合同，或者违反劳动合同中约定的保密义务或者竞业限制，给用人单位造成损失的，应当承担赔偿责任。

5.3 质量管理方法

开展工业机器人作业的质量管理，必须重视全员参与，让每一个管理人员和员工参与其中，并且可以从人、机、料、法、环作为质量管理工作的抓手。人、机、料、法、环是对全面质量管理理论中的5个影响工作质量的主要因素的简称，即4M1E。其中：

（1）人员（man）：指制造产品、执行作业的人员。

（2）机器（machine）：指制造产品、执行作业所用的设备。

（3）物料（material）：指制造产品、执行作业所使用的原材料。

（4）方法（method）：指制造产品、执行作业所使用的方法。

（5）环境（environment）：指产品制造过程中所处的环境。

5.3.1 人的因素

在质量管理的五大要素中，人处于中心位置，人的要素是主要的，质量管理以人为本。只有不断提高人的素质，才能不断提高活动或过程质量、产品质量、组织质量、体系质量及其组合的实体质量，这就是人本原理。只有良好素质、专业技能过硬的员工去操作机器，按合理的比例对原材料进行配置，按规定的程序去生产，并在生产过程中减少对环境的影响，公司才能良性发展。

领导层应具备的素质，最主要的是长远的发展眼光，能正确制定发展的战略方针（敏锐的市场洞察能力和判断能力）。员工要有团队意识，实际操作能力要强，了解与工作相关的基本知识。总之，公司全员要有团队意识、质量意识、学习意识，把顾客满意摆在工作的首位。

5.3.2 机器设备与物料管理

设备一般是指机器设备，这里特指工业机器人相关设备，包括仪器设备、测量用具等。

机器设备的管理分三个方面，即使用、点检、保养：

（1）使用：即根据机器设备的性能及操作要求来培养操作者，使其能够正确操作使用设备进行生产，这是设备管理最基础的内容。

（2）点检：指使用前后根据设置完成的标准对设备进行状态及性能的确认，及早发现设备异常，防止设备非预期的使用，这是设备管理的关键。

（3）保养：指根据设备特性，按照设置的时间间隔对设备进行检修、清洁、上油等，防止设备劣化，延长设备的使用寿命，是设备管理的重要部分。

设备的管理除了建立系统的点检保养制度外，还应对放置的现场进行规划、标识及目视管理，设备管理以能够正确地、高效率地实施清扫、点检、加油、紧固等日常保养工作为目的。

物料管理包括库存管理、物料的设计变更（包括由于设计、生产、品质使用等因素对产品发生规格、型号、物料、颜色、功能等的变更）、不良物料的处理和物料的目视管理。

日常工作中，需要对消耗品、物料、在制品、完成品等各种各样的物料进行管理。“什么物料、在哪里、有多少”及“必要的时候、必要的物料、无论何时都能快速地取出放入”成为物料管理的目标。目视管理能有效防止许多“人的失误”的产生，从而减少品质问题发生。

5.3.3 方法与环境

企业进行生产制造，从拿到订单到向客户提供产品，需要各个部门的配合与协调。那么这中间，各个部门之间如何协调都必须运用一套有效的方法。一项活动的开展首先应该有事先的计划，例如，材料的购入、机器设备的安排、不同岗位工作人员的调度、计划用何种方式进行生产等。有了计划之后，接下来就是如何实施，关键是采用何种方法使实施过程准确地朝着计划目标发展。

（1）方法的目的是合理进行生产，使人相处和谐，提高人员工作效率，降低成本。

（2）方法的具体体现是为生产工作任务进行有效排序，进行作业安排，确定机械使用方法，收集、记录与传递生产信息，进行生产过程评估，以及根据结果的具体实施情况，对生产计划和生产过程做适当调整。

（3）生产进度计划。这是生产控制的主要内容，它贯穿于整个生产过程的始终，从生产技术准备到产品入库的所有生产活动都与进度控制有关。生产进度控制的主要任务，是按照已经制订出的作业计划，检查各种物料的投入和产出时间、产出数量以及产品和生产过程的配套性，保证生产过程平衡地进行，保证产品能准时包装出货。

（4）环境管理：

①工作场所环境：指各种产品、原材料的摆放，工具、设备的布置和5S即整理（seiri）、整顿（seiton）、清扫（seiso）、清洁（seiketsu）和素养（shitsuke）。

②对危险品控制：化学物品的堆放，诸如酒精、洗码水之类要放置在指定区域并标识，并在化学品堆放附近处放置防止化学品泄漏的抢救工具和抢救材料。

③生产环境：指具体生产过程中针对生产条件对温度、湿度、无尘度等要求的控制。

5.4 产品质量法

为了加强对产品质量的监督管理，提高产品质量水平，明确产品质量责任，保护消费者的合法权益，维护社会经济秩序，全国人民代表大会常务委员会制定了《中华人民共和国产品质量法》(简称《产品质量法》)。本法1993年9月1日起施行。2018年12月29日第三次修正。在国内从事产品生产、销售活动时，必须遵守本法。

本法所称产品是指经过加工、制作，用于销售的产品。生产者、销售者应当建立健全内部产品质量管理制度，严格实施岗位质量规范、质量责任以及相应的考核办法，依照本法规定承担产品质量责任。

5.4.1 产品质量监督

产品质量应当检验合格，不得以不合格产品冒充合格产品。禁止生产、销售不符合保障人体健康和人身、财产安全的标准和要求的工业产品。

可能危及人体健康和人身、财产安全的工业产品，必须符合保障人体健康和人身、财产安全的国家标准、行业标准；未制定国家标准、行业标准的，必须符合保障人体健康和人身、财产安全的要求。

国家根据国际通用的质量管理标准，推行企业质量体系认证制度。企业根据自愿原则可以向国务院市场监督管理部门认可的或者国务院市场监督管理部门授权的部门认可的认证机构申请企业质量体系认证。经认证合格的，由认证机构颁发企业质量体系认证证书。

国家参照国际先进的产品标准和技术要求，推行产品质量认证制度。企业根据自愿原则可以向国务院市场监督管理部门认可的或者国务院市场监督管理部门授权的部门认可的认证机构申请产品质量认证。经认证合格的，由认证机构颁发产品质量认证证书，准许企业在产品或者其包装上使用产品质量认证标志。

国家对产品质量实行以抽查为主要方式的监督检查制度，对可能危及人体健康和人身、财产安全的产品，影响国计民生的重要工业产品以及消费者、有关组织反映有质量问题的产品进行抽查。抽查的样品应当在市场上或者企业成品仓库内的待销产品中随机抽取。监督抽查工作由国务院市场监督管理部门规划和组织，县级以上地方市场监督管理部门在本行政区域内也可以组织监督抽查。法律对产品质量的监督检查另有规定的，依照有关法律的规定执行。

消费者有权就产品质量问题，向产品的生产者、销售者查询；向市场监督管理部门及有关部门申诉，接受申诉的部门应当负责处理。保护消费者权益的社会组织可以就消费者反映的产品质量问题建议有关部门负责处理，支持消费者对因产品质量造成的损害向人民法院起诉。

5.4.2 产品质量责任和义务

生产者应当对其生产的产品质量负责。产品质量应当符合下列要求：

（1）不存在危及人身、财产安全的不合理的危险，有保障人体健康和人身、财产安全的国家标准、行业标准的，应当符合该标准。

（2）具备产品应当具备的使用性能，但是，对产品存在使用性能的瑕疵做出说明的除外。

（3）符合在产品或者其包装上注明采用的产品标准，符合以产品说明、实物样品等方式表明的质量状况。

产品或者其包装上的标识必须真实，并符合下列要求：

（1）有产品质量检验合格证明。

（2）有中文标明的产品名称、生产厂厂名和厂址。

（3）根据产品特点和使用要求，用中文标明产品规格、等级、所含主要成分的名称和含量；需要事先让消费者知晓的，应当在外包装上标明，或者预先向消费者提供有关资料。

（4）限期使用的产品，应当在显著位置清晰地标明生产日期和安全使用期或者失效日期。

（5）使用不当，容易造成产品本身损坏或者可能危及人身、财产安全的产品，应当有警示标志或者中文警示说明。

5.4.3 损害赔偿

售出的产品有下列情形之一的，销售者应当负责修理、更换、退货和赔偿消费者：

（1）不具备产品应当具备的使用性能而事先未作说明的。

（2）不符合在产品或者其包装上注明采用的产品标准的。

（3）不符合以产品说明、实物样品等方式表明的质量状况的。

销售者依照规定负责修理、更换、退货、赔偿损失后，属于生产者的责任或者属于向销售者提供产品的其他销售者（简称供货者）的责任的，销售者有权向生产者、供货者追偿。销售者未按照规定给予修理、更换、退货或者赔偿损失的，由市场监督管理部门责令改正。

5.5 安全生产法

为加强安全生产工作，防止和减少生产安全事故，保障人民群众和财产安全，促进经济社会持续健康发展，全国人民代表大会常务委员会制定了《中华人民共和国安全生产法》（简称《安全生产法》），2002年6月29日通过，其第三次修订版自2021年9月1日起施行。在国内从事生产经营活动的单位的安全生产及其监督管理均适用本法。

《安全生产法》指出：安全生产工作应当以人为本，坚持人民至上、生命至上，把保护人民生命安全摆在首位，树牢安全发展理念，坚持安全第一、预防为主、综合治理的方针，从源头上防范化解重大安全风险。安全生产工作实行管行业必须管安全、管业务必须管安全、管生产经营必须管安全，强化和落实生产经营单位主体责任与政府监管责任，建立生产经营单位负责、职工参与、政府监管、行业自律和社会监督的机制。

生产经营单位必须遵守本法和其他有关安全生产的法律、法规，加强安全生产管理，建立健全全员安全生产责任制和安全生产规章制度，加大对安全生产资金、物资、技术、人员的投入保障力度，改善安全生产条件，加强安全生产标准化、信息化建设，构建安全风险分级管控和隐患排查治理双重预防机制，健全风险防范化解机制，提高安全生产水平，确保安全生产。

生产经营单位的主要负责人是本单位安全生产第一责任人，对本单位的安全生产工作全面负责。其他负责人对职责范围内的安全生产工作负责。生产经营单位的从业人员有依法获得安全生产保障的权利，并应当依法履行安全生产方面的义务。

《安全生产法》指出：国家实行生产安全事故责任追究制度，依照本法和有关法律、法规的规定，追究生产安全事故责任单位和责任人员的法律责任。国家鼓励和支持安全生产科学技术研究和安全生产先进技术的推广应用，提高安全生产水平。国家对在改善安全生产条件、防止生产安全事故、参加抢险救护等方面取得显著成绩的单位和个人，给予奖励。

《安全生产法》指出：生产经营单位应当对从业人员进行安全生产教育和培训，保证从业人员具备必要的安全生产知识，熟悉有关的安全生产规章制度和安全操作规程，掌握本岗位的安全操作技能，了解事故应急处理措施，知悉自身在安全生产方面的权利和义务。未经安全生产教育和培训合格的从业人员，不得上岗作业。生产经营单位接收中等职业学校、高等学校学生实习的，应当对实习学生进行相应的安全生产教育和培训，提供必要的劳动防护用品。学校应当协助生产经营单位对实习学生进行安全生产教育和培训。

从业人员在作业过程中，应当严格落实岗位安全责任，遵守本单位的安全生产规章制度和操作规程，服从管理，正确佩戴和使用劳动防护用品。从业人员应当接受安全生产教育和培训，掌握本职工作所需的安全生产知识，提高安全生产技能，增强事故预防和应急处理能力。

5.6 环境保护法

为保护和改善环境，防治污染和其他公害，保障公众健康，推进生态文明建设，促进经济社会可持续发展，全国人民代表大会常务委员会制定了《中华人民共和国环境保护法》（简称《环境保护法》），1989年12月26日通过，2014年4月24日第八次修订。本法规定每年6月5日为环境日（见图5-1）。

图 5-1　每年 6 月 5 日为世界环境日

本法所称环境，是指影响人类生存和发展的各种天然的和经过人工改造的自然因素的总体，包括大气、水、海洋、土地、矿藏、森林、草原、湿地、野生生物、自然遗迹、人文遗迹、自然保护区、风景名胜区、城市和乡村等，适用于国内和国家管辖的其他海域。

保护环境是国家的基本国策。国家采取有利于节约和循环利用资源、保护和改善环境、促进人与自然和谐的经济、技术政策和措施，使经济社会发展与环境保护相协调。环境保护坚持保护优先、预防为主、综合治理、公众参与、损害担责的原则。一切单位和个人都有保护环境的义务。国家支持环境保护科学技术研究、开发和应用，鼓励环境保护产业发展，促进环境保护信息化建设，提高环境保护科学技术水平。

5.6.1　保护和改善环境

公民应当遵守环境保护法律法规，配合实施环境保护措施，按规定对生活废弃物进行分类放置，减少日常生活对环境造成的损害。企业应当优先使用清洁能源，采用资源利用率高、污染物排放量少的工艺、设备及废弃物综合利用和污染物无害化处理，减少污染物的产生。

排污企业事业单位和其他生产经营者，应当采取措施，防治在生产或其他活动中产生的废气、废水、废渣、医疗废物、粉尘、恶臭气体、放射性物质以及噪声、振动、光辐射、电磁辐射等对环境的污染和危害。排污单位应当建立制度，明确责任。应当按照国家有关规定和监测规范安装使用监测设备，保存原始监测记录。

5.6.2 信息公开和公众参与

公民、法人和其他组织依法享有获取环境信息、参与和监督环境保护的权利。重点排污单位应当如实向社会公开其主要污染物的名称、排放方式、排放浓度和总量、超标排放情况，以及防治污染设施的建设和运行情况，接受社会监督。

公民、法人和其他组织发现任何单位和个人有污染环境和破坏生态行为的，有权向环境保护主管部门或者其他负有环境保护监督管理职责的部门举报。公民、法人和其他组织发现地方各级人民政府、县级以上人民政府环境保护主管部门和其他负有环境保护监督管理职责的部门不依法履行职责的，有权向其上级机关或者监察机关举报。

企业事业单位和其他生产经营者超过污染物排放标准或者超过重点污染物排放总量控制指标排放污染物的，县级以上人民政府环境保护主管部门可以责令其采取限制生产、停产整治等措施；情节严重的，报经有批准权的人民政府批准，责令停业、关闭。因污染环境和破坏生态造成损害的，应当承担侵权责任。

5.7 知识产权与专利

知识产权的概念最早在17世纪中叶由法国学者卡普佐夫提出，随后比利时学者皮卡弟将一切来自知识活动的权利概括为知识产权，这一概念被广泛传播，得到国际社会的普遍承认。专利是知识产权的重要内容之一。

5.7.1 知识产权的概念

知识产权原意为“知识（财产）”或者“智慧（财产）”所有权，它属于民事权利，是基于创造性智力成果和工商业标记依法产生的权利的统称。知识产权一般只在有限时间内有效。各种智力创造比如发明、外观设计、文学和艺术作品，以及在商业中使用的标志、名称、图像，都可被认为是某一个人或组织所拥有的知识产权。

知识产权是关于人类在社会实践中创造的智力劳动成果的专有权利。随着科技的发展，为了更好地保护产权人的利益，知识产权制度应运而生，并不断完善。17世纪上半叶产生了近代专利制度；一百年后产生了“专利说明书”制度；又过了一百多年后，从法院在处理侵权纠纷时的需要开始，才产生了“权利要求书”制度。21世纪，知识产权与人类的生活息息相关，可以看出它在商业竞争上的重要作用。

发明专利、商标以及工业品外观设计等方面组成工业产权，还包括服务标志、厂商名称、原产地名称，以及植物新品种权和集成电路布图设计专有权等。

随着知识产权在世界经济和科技发展中的作用日益凸显，越来越多的国家都认识到未来全球竞争的关键就是知识的竞争，其实质是科学技术的竞争，归根到底就是知识产权的竞争。因此，知识产权不仅被世界各国视为科技问题、经济问题，甚至演化成为重大的政治问题和国际问题。许多国家，尤其是发达国家，已把知识产权保护问题提升到国家发展战略的高度，把加强知识产权保护作为其在科技、经济领域夺取和保持国际竞争优势的一项重要战略措施。

自20世纪80年代以来，我国开始建立知识产权制度，短短四十几年时间里，知识产权事业取得了长足的发展。但与发达国家相比，我国的知识产权事业发展仍然面临着严峻的挑战。

5.7.2 专利概念及特点

在现代，专利一般是由政府机关或者代表若干国家的区域性组织根据申请而颁发的一种文件，这种文件记载了发明创造的内容，并且在一定时期内产生这样一种法律状态，即获得专利的发明创造在一般情况下他人只有经专利权人许可才能予以实施。

根据对基本概念的理解，可以发现专利具有以下几方面的特点：

（1）排他性：即独占性，是指在一定时间（专利权有效期内）和区域（法律管辖区）内，任何单位或个人未经专利权人许可都不得实施其专利，即不得以生产经营为目的制造、使用、许诺销售、销售、进口其专利产品，或者使用其专利方法以及制造、使用、许诺销售、销售、进口其专利产品，否则属于侵权行为。

（2）区域性：指专利权是一种有区域范围限制的权利，只在法律管辖区域内有效。除了在有些情况下，依据保护知识产权的国际公约，以及个别国家承认另一国批准的专利权有效以外，技术发明在哪个国家申请专利，就由哪个国家授予专利权，而且只在专利授予国的范围内有效，对其他国家不具有法律约束力，其他国家不承担任何保护义务。但是，同一发明可以同时在两个或两个以上的国家申请专利，获得批准后其发明便可以在所有申请国获得法律保护。

（3）时间性：指专利只在法律规定的期限内有效。专利权的有效保护期限结束后，专利权人所享有的专利权便自动丧失，一般不能续展。发明便随着保护期限的结束而成为社会公有的财富，其他人便可以自由地使用该发明来创造产品。专利受法律保护的期限长短由有关国家的专利法或有关国际公约规定。目前世界各国的专利法对专利的保护期限规定不一,一般为20年左右。

5.7.3 专利的类型

专利的种类在不同的国家有不同规定，我国专利法中规定有发明专利、实用新型专利和外观设计专利三种类型。

1. 发明专利

发明是专利保护的主要对象。我国《专利法实施细则》规定，发明是指对产品、方法或者其改进所提出的新的技术方案。一般来说，发明包括产品发明和方法发明两大类。产品发明是人们通过研究开发出来的关于各种新产品（新材料、新物质等）的技术方案，可以是一个独立、完整的产品，也可以是一个设备或仪器中的零部件，例如机器、设备、材料等。方法发明是指人们为制造产品或解决某个技术课题而研究开发出来的操作方法、制造方法以及工艺流程等技术方案。方法可以是由一系列步骤构成的一个完整过程，也可以是一个步骤，例如制造方法、测量方法、分析方法、通信方法等。需要注意的是，揭示自然规律的科学发现不能被认为是发明，例如牛顿万有引力定律就不能申请发明专利，这是因为科学发现是对自然规律的认识，而发明必须是对自然规律的利用。

2. 实用新型专利

实用新型专利通常是指对产品的形状、构造或者其结合所提出的适于实用的新的技术方案。由于实用新型的创造水平一般较低，故人们通常又称其为小发明或小专利。例如，制造出第一部电话机是发明，后来将原电话机分离的送话筒和受话筒组合在一起，则是实用新型。

实用新型专利保护的客体必须具有一定的形状或者结构，或者是形状和结构的结合。形状是指外部能够观察到的产品的外形，结构一般是指组件或者零件的有机联结或者结合。即使是产品，如果没有固定的形状，例如液体、气体、粉状产品等，或者是材料本身，例如药品、化学物质以及玻璃、水泥、陶瓷等，也不属于实用新型。但是，如果上述材料作为具有一定形状的产品的一部分，并且和其他部分有机地结合在一起而产生一定的效果，则可成为实用新型保护的客体。实用新型专利的产品形状或者产品结构必须具有功能作用，即是实用的。所以，不实用的美术作品，例如雕刻、建筑、绘画、珐琅、刺绣等，不能申请实用新型专利。产品的结构要有一定的功能作用，产品的形状也要有一定的功能作用。因此，有些国家并没有将其列为专利保护的独立对象，而是将其放在发明专利中予以保护。

3. 外观设计专利

外观设计是指对产品的形状、图案或者其结合以及色彩与形状、图案的结合所做出的富有美感并适于工业应用的新设计。外观设计在国外通称工业品外观设计，对其进行法律保护，主要是为了促进产品外形、式样不断翻新，增强产品竞争能力，丰富商品，满足人们对于产品的外形、图案、色彩的不同消费需要。

外观设计是我国专利保护的客体。外观设计申请专利，应该符合以下几点要求：

（1）外观设计是指形状、图案、色彩或者其结合的设计。这与以概念性技术方案为对象的发明和实用新型不同。形状是指三维空间的立体造型，如电视机、冰箱、酒杯、香水瓶等；图案一般是二维的平面设计，如地毯图案、床单花色、壁纸花纹等，由线条、色彩构成二维平面的装饰图案。色彩一般是构成图案的成分。许多情况下，外观设计是形状、图案、色彩的结合。

（2）外观设计必须与产品结合在一起，即外观设计必须是对产品的外表，所作外观设计必须应用于具体的产品上，单独的设想或用于装饰的独立存在的图案不能算外观设计。例如，一幅油画，只是一件美术品，不算外观设计，当将它绘制在一件具体的物品上时，就成了外观设计。产品必须是具有一定形状的、可以成为交易对象的、可以移动的东西。

（3）外观设计必须富有美感。是否要求外观设计富有美感，各国做法不一。多数国家并不明确提出美感这一要求，只要外观设计具有视觉特点，能引起人们的注意即可。我国则要求外观设计必须通过视觉引起美感。那么，怎样才算是富有美感呢？对此，法律没有规定，人们的看法也不尽相同。一般来说，不应以专利审查员的喜恶为标准，也不应从艺术美的观点来判定，而应以广大消费者的认同观点加以衡量。

（4）外观设计必须是适合于工业上应用。所谓适合于工业上应用，是指使用外观设计的产品经过工业生产过程能够大量地复制生产，包括通过手工业大量地复制生产。外观设计不同于艺术创作，在艺术创作中即使同一个人也不能创造出两件完全相同的艺术品。而外观设计，则是任何人能够用工业方法大量复制生产的。

作　业

1. 为保护劳动者合法权益，调整劳动关系，建立和维护适应社会主义市场经济的劳动制度，促进经济发展和社会进步，根据（　　）制定了《劳动法》，并自1995年1月1日起施行。

A. 组织法　　B. 人权法　　C. 宪法　　D. 经济法

2.《劳动法》规定：（　　）享有平等就业和选择职业的权利、取得劳动报酬的权利、休息休假的权利、获得劳动安全卫生保护的权利、接受职业技能培训的权利、享受社会保险和福利的权利、提请劳动争议处理的权利以及法律规定的其他劳动权利。

A. 管理者　　B. 劳动者　　C. 生者　　D. 自愿者

3. 国家采取各种措施，促进劳动就业，发展（　　），制定劳动标准，调节社会收入，完善社会保险，协调劳动关系，逐步提高劳动者的生活水平。

A. 职业教育　　B. 高等教育　　C. 基础教育　　D. 幼儿教育

4. 劳动者就业，不因民族、种族、（　　）、宗教信仰不同而受歧视。《劳动法》禁止招用未满十六周岁的未成年人。

A. 能力　　B. 学历　　C. 年龄　　D. 性别

5. 建立劳动关系应当订立（　　），它具有法律约束力，当事人必须履行它所规定的义务。

A. 聘用约定　　B. 雇佣条件　　C. 劳动合同　　D. 合作协议

6. 国家实行带薪年休假制度。劳动者连续工作（　　）以上的，享受带薪年休假。

A. 五年　　B. 一年　　C. 三年　　D. 九个月

7. 国家实行劳动者每日工作时间不超过八小时、平均每周工作时间不超过（　　）小时的工时制度。

A. 六十　　B. 四十　　C. 四十八　　D. 四十四

8. 用人单位（　　）为劳动者提供符合国家规定的劳动安全卫生条件和必要的劳动防护用品，对从事有职业危害作业的劳动者应当定期进行健康检查。

A. 必须　　B. 无须　　C. 可以　　D. 随机

9. 国家确定职业分类，对规定的职业制定职业技能标准，实行职业（　　）证书制度，由经过政府批准的考核鉴定机构负责对劳动者实施职业技能考核鉴定。

A. 能力　　B. 水平　　C. 资格　　D. 就业

10.（　　）的作用是：完善劳动合同制度，明确劳动合同双方当事人的权利和义务，保护劳动者的合法权益，构建和发展和谐稳定的劳动关系。

A. 劳动法　　B. 劳动合同法　　C. 劳动采购法　　D. 劳动关系法

11. 订立劳动合同，应当遵循合法、公平和（　　）的原则。依法订立的劳动合同具有约束力。

①平等自愿　　②利益均衡　　③协商一致　　④诚实信用

A. ②③④　　B. ①②③　　C. ①②④　　D. ①③④

12. 建立劳动关系，应当订立（　　）劳动合同。已建立劳动关系未同时订立劳动合同的，应当自用工之日起一个月内订立书面劳动合同。

A. 书面　　B. 口头　　C. 书面或口头　　D. 书面和口头

13. 竞业限制的人员限于（　　）。限制的范围、地域、期限由用人单位与劳动者约定，限制约定不得违反法律、法规的规定。

①用人单位全体人员　　②用人单位高级管理人员

③高级技术人员　　④其他负有保密义务的人员

A. ①②③　　B. ②③④　　C. ①②④　　D. ①③④

14. 开展作业的质量管理，必须重视全员参与，让每一个管理人员和员工参与其中，并且可以从人员、机器、物料、(　　)和环境这5个影响工作质量的主要因素入手。

A. 工艺　　B. 规范　　C. 法律　　D. 方法

15. 在国内从事产品生产、销售活动时，必须遵守《产品质量法》。本法所称产品是指经过(　　)的产品。生产者、销售者应当依照本法规定承担产品质量责任。

①加工　　②制作　　③繁育　　④用于销售

A. ①②③　　B. ①②④　　C. ①③④　　D. ②③④

16.《安全生产法》规定：安全生产工作实行管行业必须管安全、管业务必须管安全、管生产经营必须管安全，强化和落实生产经营单位主体责任与政府监管责任，建立生产经营单位负责、职工参与和(　　)的机制。

①政府监管　　②行业自律　　③相互制约　　④社会监督

A. ②③④　　B. ①②③　　C. ①③④　　D. ①②④

17. 为保护和改善环境，防治污染和其他公害，保障公众健康，推进生态文明建设，促进经济社会可持续发展，制定中华人民共和国《环境保护法》。本法规定每年(　　)环境日。

A. 2月12日　　B. 6月5日　　C. 3月12日　　D. 4月14日

18. 知识产权属于民事权利，是基于创造性智力成果和工商业标记依法产生的权利的统称。各种智力创造的作品，以及在商业中使用的(　　)，都可被认为是某一个人或组织所拥有的知识产权。

①标志　　②名称　　③图像　　④价值

A. ①③④　　B. ①②④　　C. ①②③　　D. ②③④

19. 发明专利、商标以及工业品外观设计等方面组成工业产权，它还包括(　　)，以及植物新品种权和集成电路布图设计专有权等。

①价格标签　　②服务标志　　③厂商名称　　④原产地名称

A. ②③④　　B. ①②③④　　C. ①②④　　D. ①③④

20. 在现代，专利一般是由政府机关或者代表若干国家的区域性组织根据申请而颁发的一种文件。可以发现，专利具有(　　)等几方面的特点。

①排他性　　②区域性　　③指向性　　④时间性

A. ②③④　　B. ①②③　　C. ①③④　　D. ①②④

【实训操作】熟悉职业生涯法律法规常识

1. 知识回顾

作为工业机器人专业领域的工程技术人员，学习、熟悉和主动遵守职业生涯的法律法规是十分重要的。下面结合本课程教学内容，概括性地阐述课文中所介绍的各个法律法规知识，以熟悉内容，加深理解，以备灵活运用。

(1) 简述《劳动法》的核心内容。

答：____

____

（2）简述《劳动合同法》的核心内容。

答：______________________________

____

（3）请简述“4M1E”质量管理方法的核心内容。

答：______________________________

____

（4）简述《产品质量法》的核心内容。

答：______________________________

____

（5）简述《安全生产法》的核心内容。

答：______________________________

____

（6）简述《环境保护法》的核心内容。

答：______________________________

____

（7）简述《知识产权法》的核心内容。

答：______________________________

____

2. 学习检测

请简单回顾本课程的学习过程，对自己的学习效率和能力进行测评（打√）。

（1）熟悉职业岗位相关的法律法规知识：

□ 熟悉　　□ 理解　　□ 重做

（2）能结合自身的职业生涯规划理解职业法规知识：

□ 熟悉　　□ 理解　　□ 重做

（3）理解知识产权保护的重要意义，能在工作实践中主动践行知识产权保护法规：

□ 熟悉　　□ 理解　　□ 重做

3. 实训总结

____

____

4. 教师实训评价

____

____

第6课

机械装配准备

学习目标

（1）识读装配工艺文件和机器零部件装配图，熟悉机械装配的工艺要求。

（2）了解装配系统图的绘制方法与用途。

（3）了解机械装配工艺规程的制定，按装配清单准备机械零部件。

（4）根据机械部件装配要求选用工具与工装夹具。

学习难点

（1）掌握机械装配的工艺要求。

（2）掌握装配系统图的识读能力。

（3）掌握机械装配工艺规程的制定方法。

6.1 装配工艺及要求

装配是机械产品生产过程三大阶段（毛坯制造、机械加工、装配）的最后一个阶段，是决定机械产品质量的重要工艺过程，在很大程度上决定了产品的最终质量和使用寿命。即便是全部合格的零件，如果装配不当，也不能形成质量合格的产品。图6-1所示为装配现场。

图 6-1　装配现场

装配过程是指根据规定的技术条件，将若干零件或部件按一定的顺序进行配合和连接，组成部件，或将若干零件和部件组合在一起成为一台机械的过程。装配工艺规程就是规范性的装配工艺过程，是在既定的生产条件下，用文件形式确定下来的合适的装配过程。

6.1.1 装配的概念

随着装配技术的不断发展，产品装配已跨越了手工阶段、半自动化阶段、自动化阶段，正在向数字化、智能化阶段迈进。在数字化技术的推动下，形成了各种装配工艺及相关工艺装备。

（1）零件：由一整块材料制成的产品，它是装配的最基本单元。

（2）部件：由若干零件组成的复合单元。

部件按其在装配过程中与总装配线的位置关系又可分为组件（直接进入产品总装的部件）和分组件（进入组件装配的部件），分组件又可分为一级分组件、二级分组件等。任何级的分组件都是由低一级的分组件和零件所组成，而最低级的分组件则仅由若干个零件组成。

（3）设计部件（结构部件）：体现其在机器中的功能作用。

（4）工艺部件：体现组装方便程度，它必须能够独立稳定地存在，可以存放和运输。

装配必须具备定位和夹紧两个基本条件，定位就是确定零件正确位置的过程，而夹紧即将定位后的零件固定。

【例6-1】 209HS型转向架轮对轴箱装置的装配。

作为设计部件，轮对轴箱装置（见图6-2）包括轮对、轴箱、轴承、弹簧导柱、定位器、轴箱弹簧、支持环、橡胶缓冲垫等大、小部件及零件。

在制造过程中，把弹簧导柱这个小部件划分给“构架组成”这个工艺部件，而将轴箱弹簧、定位器、支持环、橡胶缓冲垫等作为零件形式直接参加总装配，其余的轮对、轴承、轴箱等零件则组合在一起作为一个工艺部件而独立存在。

配合表面，是指零件在装配过程中与其他零件表面相互配合的表面。装配时用来保证零件相互间的正确位置的配合表面称为基准面。凡具有基准面，并且部件装配工作就是从它这里开始的零件，称为基准零件。将这一概念应用到总装配上，凡总装配都从这个部件开始，其作用是连接需要装配在一起的部件，并保证部件相互间的正确位置，称为基准部件。

【例6-2】 转向架“构件”（图6-3）的装配。

图 6-2 轮对定位轴箱装置

图 6-3 转向架构件

这个零件是组成部件的基准零件，而构架组成又是转向架的基准部件。构架组成中各个零件相互间的正确位置就是靠构架这个基准零件来保证的，而转向架中的各个部件相互间的正确位置又是靠“构架组成”这个基准部件来保证的。

部件装配法适用于成批或大量生产。一个制品划分成若干个工艺部件，各个工艺部件在各自专门的工作地点由若干个零件装配而成，这些工艺部件的装配工作可以独立、平行地进行，最后再将这些工艺部件组装成制品。相反，把制品的所有零件集中在一个工作地点装配成制品的方法，称为零件装配法，它适应单件小批或试制生产。

6.1.2 机械装配常用方法

机械装配的常用方法有四种：

（1）修配法：装配中应用锉、磨和刮削等工艺方法改变个别零件的尺寸、形状和位置，使配合达到规定的精度。这种方法适用于单件小批量，在大型、重型和精密机械装配中应用较多。

（2）调整法：装配中调整个别零件的位置或加入补偿件，以达到装配精度。常用的调整件有螺纹件、斜面件和偏心件等；补偿件有垫片和定位圈等。这种方法适用于单件和中小批生产的结构较复杂的产品，成批生产中也少量应用。

（3）互换法：所装配的同一种零件能互换装入，装配时可以不加选择，不进行调整和修配。这类零件的加工公差要求严格，它与配合件公差之和应符合装配精度要求。

（4）选配法：对于成批、大量生产的高精度部件如滚动轴承等，为了提高加工经济性，通常将精度高的零件的加工公差放宽，然后按照实际尺寸的大小分成若干组，使各对应的组内相互配合的零件仍能按配合要求实现互换装配。

6.1.3 装配前的准备

在开始装配工作之前，需要做好以下准备：

（1）作业资料：包括总装配图、部件装配图（见图6-4）、零件图、物料BOM表等，直至项目结束，必须保证图纸的完整性、整洁性、过程信息记录的完整性。

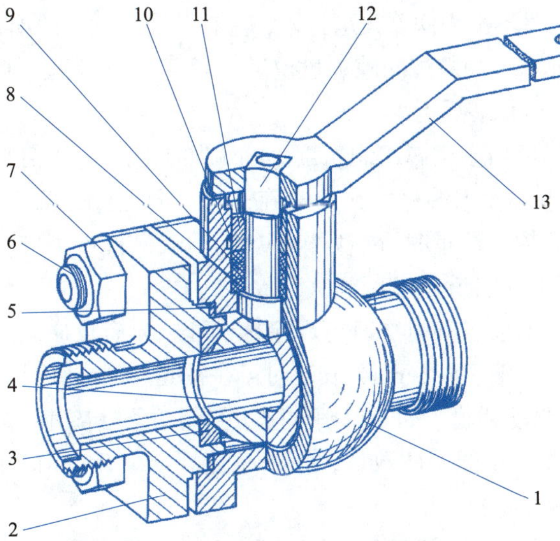

1—阀体；2—阀盖；3—密封圈；4—阀芯；5—调整垫；6—螺杆；7—螺母；
8—填料垫；9—中填料；10—上填料；11—填料压紧套；12—阀杆；13—扳手。

图 6-4　部件装配图

（2）作业场所：零件摆放、部件装配必须在规定作业场所内进行，整机摆放与装配的场地必须规划清晰，直至整个项目结束，所有作业场所必须保持整齐、规范、有序。

（3）装配物料：作业前，按照装配流程规定的装配物料必须按时到位，如果有部分非决定性材料没有到位，可以改变作业顺序，然后填写材料催工单交采购部。

（4）装配前应了解设备的结构、熟悉机械各零件的连接关系、装配技术要求和工艺要求。

（5）确定适当的装配工作地点，准备好必要的设备、仪表、工具和装配时所需的辅助材料，如纸垫、毛毡、铁丝、垫圈、开口销等。

（6）零件装配前必须进行清洗。对于经过钻孔、铰削、镗销等机加工的零件，一定要把金属屑末清除干净，因为任何赃物或尘粒都会加速配合件表面的磨损。

6.1.4 装配基本规范

装配作业的基本规范如下：

（1）机械装配应严格按照设计部提供的装配图纸及工艺要求进行装配，注意装配方法与顺序，采用合适的工具及设备，严禁私自修改作业内容或以非正常的方式更改零件。

（2）装配的零件必须是验收合格的零件，过程中若发现不合格零件，应及时上报。

（3）装配环境要求清洁，不得有粉尘或其他污染，零件应存放在干燥、无尘、有防护垫的场所。装配时，应核对零件的各种安装记号，防止装错。

（4）装配过程中零件不得磕碰、切伤，不得损伤零件表面，或使零件明显弯、扭、变形，零件的配合表面不得有损伤。装配时原则上不允许踩踏机械，如果需要踩踏作业，必须在机械上铺设防护垫或地毯，重要部件及非金属强度较低部位严禁踩踏。

（5）相对运动的零件，装配时接触面间应加润滑油（脂）。运动零件的摩擦面均应涂以润滑油脂，一般采用与运转时所用的润滑油相同。油脂的盛具须清洁加盖，不使沙尘进入。

（6）相配零件的配合尺寸要准确。过盈配合件装配时，应先涂润滑油脂，以利装配和减少配合表面的磨损。装定位销时不准用铁器强迫打入，应在其完全适当的配合下，轻轻打入。

（7）对某些装配技术要求，如装配间隙、过盈量（紧度）、灵活度、啮合印痕等，应边安装边检查，并随时进行调整，避免装后返工。

（8）旋转的零件，检修后由于金属组织密度不均、加工误差、本身形状不对称等原因，可能使零部件的重心与旋转中心发生偏移。在高速旋转时，会因重心偏移而产生很大的离心力，引起机械振动，加速零件磨损，严重时可损坏机械。所以在装配前，应对旋转零件按要求进行静平衡或动平衡试验，合格后方能允许装配。

（9）为了保证密封性，安装各种衬垫时允许涂抹机油。所有皮质的油封，在装配前应浸入60 ℃的机油与煤油各半的混合液中5~8 min，安装时可在铁壳外围或座圈内涂以新白漆。

（10）所有附设之锁紧制动装置，如开口销、弹簧垫圈、保险垫片、制动铁丝等，必须按机械原定要求配齐，不得遗漏。垫圈安放数量，不得超过规定。开口销、保险垫片及制动铁丝，一般不准重复使用。

（11）每一部件装配完毕，必须仔细检查和清理，防止有遗漏和未装的零件。防止将工具、多余零件密封在箱壳之中造成事故。

（12）装配时，零件、工具应有专门的摆放设施，原则上零件、工具不允许摆放在机器上或直接放在地上，如果需要，应在摆放处铺设防护垫或地毯。

6.1.5 装配连接方法

装配中的连接主要有螺栓连接、销连接、键连接、铆接、胀套连接、紧定连接等方式。

（1）螺栓连接（见图6-5）。螺栓紧固时不得采用活动扳手，每个螺母下面不得使用1个以上相同的垫圈，沉头螺钉拧紧后，钉头应埋入机件内，不得外露。

一般情况下，螺纹连接应有防松弹簧垫圈，对称多个螺栓拧紧方法应采用对称顺序逐步拧紧，条形连接件应从中间向两方向对称逐步拧紧。螺栓与螺母拧紧后，螺栓应露出螺母1~2个螺距；螺钉在紧固运动装置或维护时无须拆卸部件的场合，装配前螺钉上应加涂螺纹胶。有规定拧紧力矩要求的紧固件，应采用力矩扳手，按规定拧紧力矩紧固。

（2）销连接（见图6-6）：定位销的端面一般应略高出零件表面，带螺尾的锥销装入相关零件后，其大端应沉入孔内。开口销装入相关零件后，其尾部应分开60°~90°。

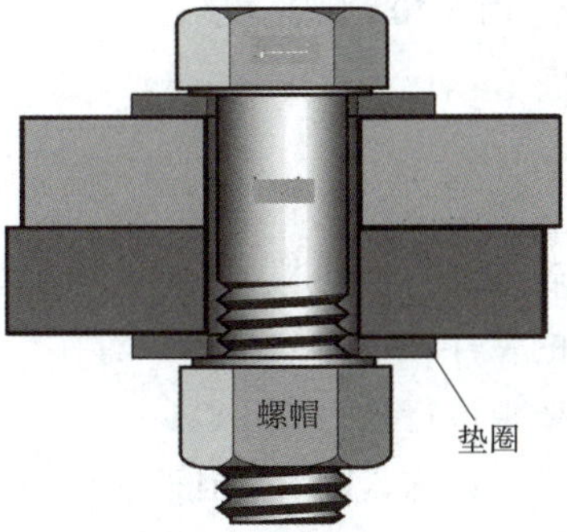

图 6-5 螺栓连接

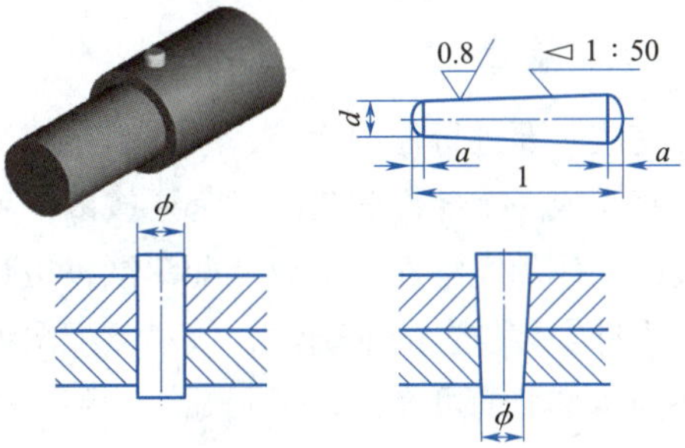

图 6-6 销连接

（3）键连接（见图6-7）：平键与固定键的键槽两侧面应均匀接触，其配合面间不得有间隙。间隙配合的键（或花键）装配后，相对运动的零件沿着轴向移动时，不得有松紧不均现象。钩头键、锲键装配后其接触面积应不小于工作面积的70%，且不接触部分不得集中于一处；外露部分的长度应为斜面长度的10%~15%。

（4）铆接（见图6-8）：铆接的材料和规格尺寸必须符合设计要求，铆钉孔的加工应符合有关标准规定。铆接时不得破坏被铆接零件的表面，也不得使被铆接零件的表面变形。除有特殊要求外，一般铆接后不得出现松动现象，铆钉的头部必须与被铆接零件紧密接触，并应光滑圆整。

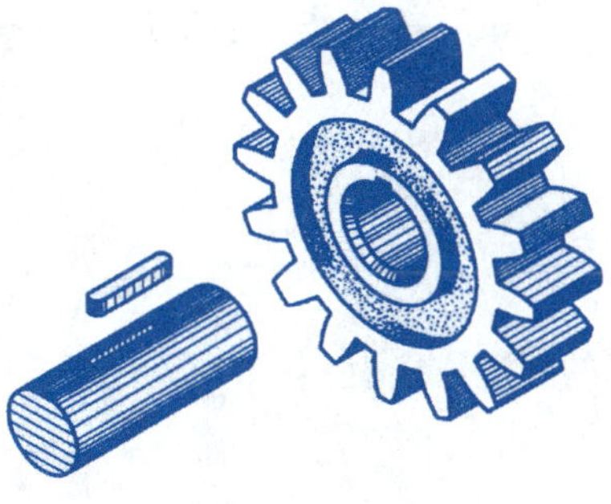

图 6-7 键连接

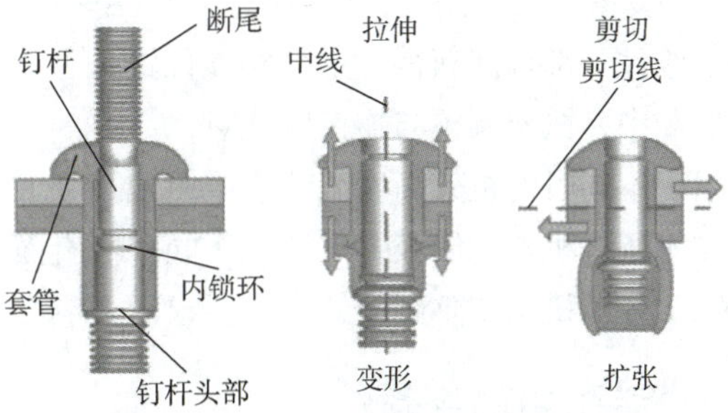

图 6-8 铆接

（5）胀套连接（见图6-9）：胀套装配是在胀套涂上润滑油脂，将胀套放入装配的毂孔中，套入安装轴后调整好装配位置，然后拧紧螺栓。拧紧的次序以开缝为界，左右交叉对称依次先后拧紧，确保达到额定力矩值。

（6）紧定连接（见图6-10）：锥端紧定螺丝的锥端和坑眼均为90°，螺钉应对准坑眼拧紧。

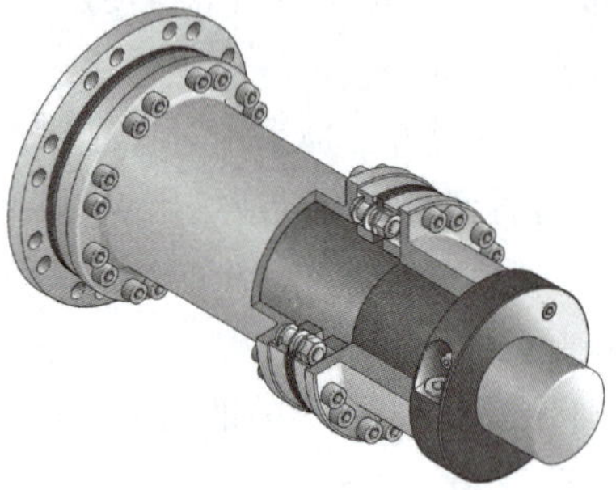

图 6-9　胀套连接

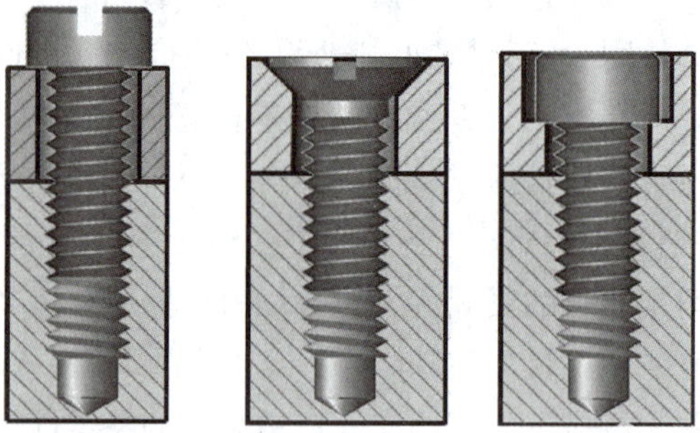

图 6-10　紧定连接

6.1.6　装配检查

装配完成，要进行仔细检查：

（1）每完成一个部件的装配，都要按以下项目检查，若发现装配问题应及时分析处理。

①装配工作的完整性，核对装配图纸，检查有无漏装的零件。

②各零件安装位置的准确性，核对装配图纸或按规范要求进行检查。

③各连接部分的可靠性，紧固螺钉达到装配要求的扭力，特殊紧固件达到防止松脱要求。

④活动件运动的灵活性，如输送辊、带轮、导轨等手动旋转或移动时，是否有卡滞或别滞现象，是否有偏心或弯曲现象等。

（2）总装完毕主要检查各装配部件之间的连接，检查其完整性、准确性、可靠性和灵活性。

（3）总装完毕应清理机器各部分的铁屑、杂物、灰尘等，确保各传动部分没有障碍物存在。

（4）试机时，认真做好启动过程的监视工作，机器启动后，应立即观察主要工作参数和运动件是否正常运动。

（5）主要工作参数包括运动速度、运动平稳性、各传动轴旋转情况、温度、振动和噪声等。

6.2　装配及其密封性

机器装配始于装配图纸的设计，包括装配、调整、检验和试验等工作。装配过程使零件、套件、组件和部件间获得一定的相互位置关系。

装配中，机架调整与连接应注意：

（1）不同段的机架高度调节应按照同一基准点，调整到同一高度。

（2）所有机架的墙板，应调整至同一竖直面上。

（3）各段机架调整到位、符合要求后，应安装相互之间的固定连接板。

6.2.1　装配中的密封性

在机械使用中，由于密封失效，常常出现“三漏”（漏油、漏水、漏气）现象。这种现象轻则造成能量损失，降低或丧失工作能力，造成环境污染，重则可能造成严重事故。因此，防止“三漏”极为重要。流体漏损的原因可能是由于密封装置的装配工艺不符合要求，也可能是由于密封件被磨损、变形、老化、腐蚀所至，而后者往往与装配因素（包括选用密封件材料、预紧程度、装配位置等）有关。为此，在装配工作中必须给予足够的重视。图6-11所示为密封组合图。

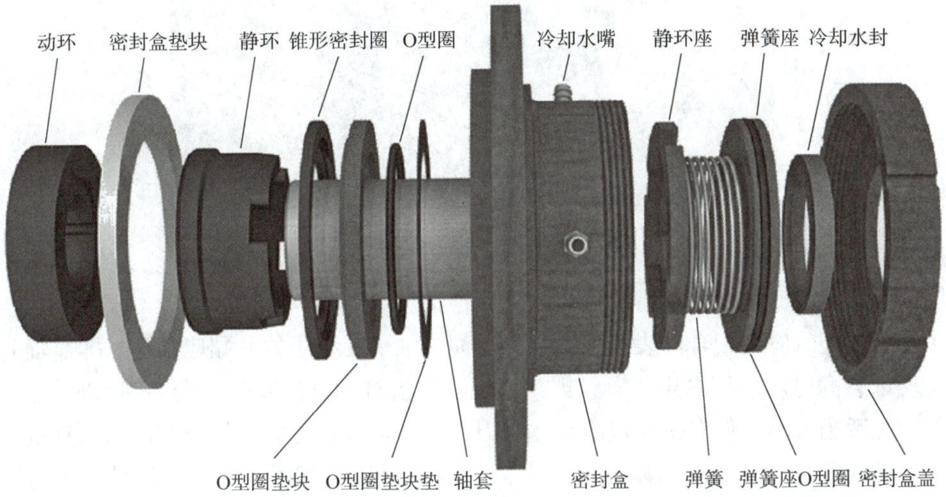

图 6-11 密封组合

（1）选用密封材料要恰当：一般要根据不同的压力、温度、介质选用。纸质垫片只用于低压、低温条件；橡胶耐压、耐温能力也不高，且要考虑各种橡胶的不同性能，如耐油、耐酸、耐碱等；塑料的耐压能力较好，但不耐高温；石棉强度较低，却能耐高温；金属则兼有耐高温、高压的能力。

（2）合理装配：要有合适的装配紧度，压紧要均匀。当压紧度不足时，会引起泄漏，或者在工作一段时间后，由于振动及紧定螺钉被拉长而丧失紧度，导致泄漏；压紧度过紧，对静密封的垫片来讲，会丧失弹力，引起垫片早期失效；对动密封来讲，会引起发热、加速磨损、增大摩擦功率等不良后果。

（3）采用密封胶：采用液态密封胶进行静密封日益广泛，这类密封胶根据其性能可分为干性附着型、干性可剥型、非干性黏型和半干性黏弹性型。例如，半干性黏弹性型密封胶就兼有干性和非干性的优点，能永久保持黏弹性，具有耐压和柔软的特点。

6.2.2 轴承的装配

轴承的装配包括滚动轴承（见图6-12）和直线轴承等。其中。滚动轴承是将运转的轴与轴座之间的滑动摩擦变为滚动摩擦，从而减少摩擦损失的一种精密的机械元件。滚动轴承一般由内圈、外圈、滚动体和保持架四部分组成，内圈的作用是与轴相配合并与轴一起旋转；外圈作用是与轴承座相配合，起支撑作用；滚动体是借助于保持架均匀地将滚动体分布在内圈和外圈之间，其形状大小和数量直接影响着滚动轴承的使用性能和寿命；保持架能使滚动体均匀分布，引导滚动体旋转起润滑作用。

图 6-12　滚动轴承

（1）轴承装配前，轴承位不得有任何的污质存在。

（2）轴承装配时应在配合件表面涂一层润滑油，轴承无型号的一端应朝里，即靠轴肩方向。

（3）轴承装配时应使用专用压具，严禁采用直接击打的方法装配，套装轴承时加力的大小、方向、位置应适当，不应使保护架或滚动体受力，应均匀对称受力，保证端面与轴垂直。

（4）轴承内圈端面一般应紧靠轴肩（轴卡），轴承外圈装配后，其定位端轴承盖与垫圈或外圈的接触应均匀。

（5）滚动轴承装好后，相对运动件的转动应灵活、轻便，如果有卡滞现象，应检查分析问题的原因并做相应处理。

（6）轴承装配过程中，若发现孔或轴配合过松时，应检查公差；过紧时不得强行野蛮装配，都应检查分析问题的原因并做相应处理。

（7）单列圆锥滚子轴承、推力角接触轴承、双向推力球轴承在装配时轴向间隙符合图纸及工艺要求。

（8）对采用润滑脂的轴承及与之相配合的表面，装配后应注入适量的润滑脂。

（9）普通轴承在正常工作时温升不应超过35 ℃，工作时的最高温度不应超过70 ℃。

6.2.3　电机、减速器的装配

电机是指依据电磁感应定律实现电能转换或传递的一种电磁装置，分为电动机和发电机。汽车减速器（见图6-13）是一种由封闭在刚性壳体内的齿轮传动、蜗杆传动、齿轮-蜗杆传动所组成的独立部件，常用作原动件与工作机之间的减速传动装置，在原动机和工作机或执行机构之间起匹配转速和传递转矩的作用，在现代机械中应用极为广泛。

（1）检查电机型号是否正确，减速机型号是否正确。

（2）装配前，将电机轴和减速的连接部分清洁干净。

（3）电机法兰螺栓拧紧前，应转动电机纠正电机轴与减速机联轴器的同心度，再将电机法兰与减速机连接好，对角拧紧固定螺栓。

（4）伺服电机在装配过程中，应保证电机后部编码器不受外力作用，严禁敲打伺服电机轴。

（5）最后将电机法兰与减速机连接好，对角拧紧定位螺栓。

图 6-13　汽车减速器

6.2.4　气动元件的装配

气动元件（见图6-14）是通过气体的压强或膨胀产生的力来做功的元件，即将压缩空气的弹性能量转换为动能的机件，如气缸、气动马达、蒸汽机等。它是一种动力传动形式，亦为利用气体压力来传递能量的能量转换装置。

（1）每套气动驱动装置的配置，必须严格按照设计部提供的气路图进行连接，阀体、管接头、气缸等连接时必须核对无误。

（2）总进气减压阀按照箭头方向进行进出口连接，空气过滤器和油雾器的水杯和油杯必须竖直向下安装。

（3）配管前应充分吹净管内的切削粉末和灰尘。

图 6-14　气动元件

（4）管接头是螺纹拧入的，如果管螺纹不带螺纹胶，则应缠绕生料带，缠绕方向从正面看，朝顺时针方向缠绕，不得将生料带混入阀内。生料带缠绕时，应预留1个螺牙。

（5）气管布置要整齐、美观，尽量不要交叉布置，转弯处应采用90° 弯头，气管固定时不要使接头处受到额外的应力，否则会引起漏气。

（6）电磁阀连接时，要注意阀上各气口编号的作用。

（7）气缸装配时，活塞杆的轴线与负载移动的方向应保持一致。

（8）使用直线轴承导向时，气缸活塞杆前端与负载连接后，在整个行程中，要注意用劲方法，避免损坏气缸。

（9）使用节流阀时，应注意节流阀的类型，一般而言，以阀体上标识的大箭头加以区分，大箭头指向螺纹端的为气缸使用；大箭头指向管端的为电磁阀使用。

6.3 装配系统图绘制及用途

机器和部件都是由若干个零件按一定装配关系和技术要求装配起来的。表达产品及其组成部分的连接装配关系的图样，称为装配图。装配图是生产中重要的技术文件，它主要表达机器或部件的结构、形状、装配关系、工作原理和技术要求。同时，它还是安装、调试、操作、检修机器和部件的重要依据。

装配图在科研和生产中起着十分重要的作用。在设计产品时，通常是根据设计任务书，先画出符合设计要求的装配图，再根据装配图画出符合要求的零件图；在制造产品的过程中，要根据装配图制定装配工艺规程来进行装配、调试和检验产品；在使用产品时，要从装配图上了解产品的结构、性能、工作原理及保养、维修的方法和要求。

工艺部件的装配以及制品的总装配都应按一定的次序进行，利用图的形式将装配的先后顺序表示出来，这种图称为装配系统图。装配系统图（见图6-15）是产品装配顺序的图解。

装配系统图中方框上部的格子中为零件或部件的名称、下方格子有设计图纸的图号，右侧为装配该部件（或制品）所需要的数量。组装顺序由上向下。

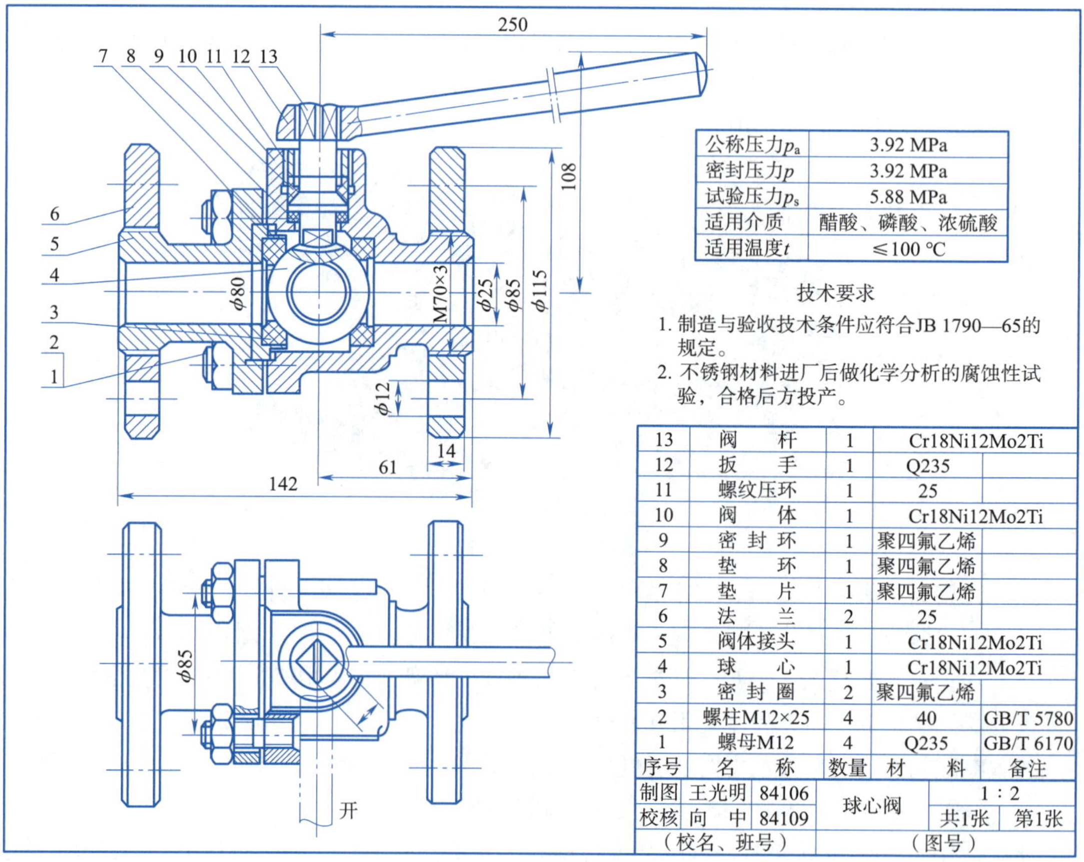

图 6-15 装配系统图示例

6.3.1 装配图的内容

一张装配图应包括下列内容：

（1）一组视图：用以表达机器或部件的工作原理、装配关系、传动路线、连接方式及零件的基本结构。

（2）尺寸：用以表示机器或部件的性能、规格、外形大小及装配、检验、安装所需的尺寸。

（3）技术要求：用符号或文字注写的机器或部件在装配、检验、调试和使用等方面的要求、规则和说明等。

（4）序号和明细栏：组成机器或部件的每一种零件，在装配图上必须按一定的顺序编上序号，并编制出明细栏。明细栏中注明各种零件的序号、代号、名称、数量、材料、重量、备注等内容，以便读图、图样管理及进行生产准备、生产组织工作。

（5）标题栏：说明机器或部件的名称、图样代号、比例、重量及责任者签名和日期等内容。

6.3.2 装配图编零件序号

编写零件序号的方法如下：

（1）装配图中所有零件或不便于分解的制造部件都必须编写一个序号。

（2）装配图中，一个部件只能编写一个序号，不再细分其中的零件。

（3）同一装配图中，尺寸规格完全相同的零件、部件，应编写一个序号。

（4）装配图中的零件、部件的序号数与明细栏中的序号数相同。

序号标注中的一些规定如下：

（1）序号。标注一个完整的序号包含：

①小黑点：在轮廓线内作为起点，如果不在轮廓线内，而是粗实线，往往是一个箭头，表明位置。

②指引线：用细实线绘制，自所指部分的可见轮廓内引出。

③水平线：用细实线绘制，用以表明注写序号数字位置。

④数字：在指引线的水平线上注写序号时，其字高比该装配图中所注尺寸数字高度大一号。

（2）序号的编排。在装配图周围按水平或垂直方向排列整齐，数字可按顺时针或逆时针方向依次增大，以便查找。在一个视图上无法连续编完全部所需序号时，可在其他视图继续编写。

（3）其他规定：

①同一张装配图中，编注序号的形式应一致。

②当序号指引线所指部分内使用小黑圆点表示不清楚时（如很薄的零件或涂黑的剖面），可用箭头代替圆点，箭头需要指向该部分轮廓。

③指引线应该有别于其他视图中的线，以便于识别，必要时可以画成折线。

④序号的指引线在视图的周围，比较多，但不能相互交叉。

⑤一组标准件或装配关系清楚的零件组，可采用公共指引线，但应注意水平线要排列整齐。

6.3.3 装配图的尺寸

装配图的尺寸要求如下：

（1）性能尺寸：表示装配体的性能、规格或特征的尺寸，有时称为规格尺寸。它经常是设计或选择使用装配体的依据。

（2）装配尺寸：表示装配体各零件之间装配关系的尺寸，包括表示零件间隙配合性质的尺寸、零件间比较重要的相对位置尺寸、表示装配体的外形轮廓的外形尺寸（通常是总长、总宽、总高等）、为安装部件在地基上或与其他部件相连接所需要的结构及尺寸。

几类尺寸并非在每一张装配图上都必须注全，应根据装配体的具体情况而定。在有些装配图上，同一个尺寸，可能兼有几种含义。

6.4 制定装配工艺规程

装配工艺规程是用文件形式规定下来的装配工艺过程。通常，机器及其部件、组件装配图，尺寸链分析图，各种装配夹具的应用图、检验方法图及它们的说明，零件机械加工技术要求一览表，各个“装配单元”及整台机器的运转、试验规程及其所用设备图，以至于装配周期图表等，均属于装配工艺规程范围内的文件。这一系列文件和日常应用的装配过程卡片及工序卡片构成一整套掌握产品装配技术、保证产品质量的技术资料。

6.4.1 制定装配工艺规程基本原则

制定装配工艺规程的四条原则如下：

（1）保证产品装配质量，并力求提高其质量。

（2）钳工装配工作量尽可能小。

（3）装配周期尽可能缩短。

（4）所占车间生产面积尽可能小，力争单位面积上具有最大生产率。

编制装配工艺规程从产品装配图开始，根据装配图画出装配系统图，然后据此制定详细的装配工艺规程。编制装配工艺规程时，首先要研究产品的构造和作用，以及产品制造、试验和验收的技术条件。装配工艺规程的编制应当和机械加工工艺规程、焊接工艺规程等相互配合，以在装配过程中尽量减少额外的机械加工、手工修配和焊接等工作。

6.4.2 装配工艺规程内容

装配工艺规程的内容包括产品分析、确定装配工艺过程等。

（1）产品分析：研究产品图纸和装配时应满足的技术要求。对产品结构进行“尺寸分析”与“工艺分析”。前者即装配尺寸链分析与计算，后者是指结构装配工艺性、零件的毛坯制造及机械加工工艺性分析；将产品分解为可以独立进行装配的“装配单元”，以便组织装配工作的平行、流水作业。

通过这一阶段的工作，产品图纸和技术要求获得明确与肯定（若有不符工艺性的地方，需进行修改），达到装配精度的方法以及相应的零件加工精度要求都予以最后确定。

（2）装配工艺过程的确定：与装配单元的级别相应，分别有合件、组件、部件装配和机器的总装配过程。这些装配过程是由一系列装配工作以最理想的施工顺序来完成的。为此，首先有必要叙述装配工作的基本内容以及它们的作用和有关要点。

（3）装配工作基本内容的确定：包括清洗、刮削、平衡、过盈连接、螺纹连接、校正等。

此外，部件或总装后的检验、试运转、油漆、包装等一般也属于装配工作，大型动力机械的总装工作一般都直接在专门的试车台架上进行，有详细的试车规程。在这种情况下，试车工作则由试车车间负责进行。

（4）装配工艺方法及其设备的确定：例如，对过盈连接，采用压入配合还是热胀（或冷缩）配合法，采用哪种压入工具或哪种加热方法及设备，对于一些装配工艺参数，如滚动轴承装配时的预紧力大小、螺纹连接预紧力的大小，若无现成数据可以参照时，则需要进行试验或计算。有必要使用专用工具或设备时，则提出设计任务书。

为了估计装配周期，安排作业计划，对各个装配工作需要确定工时定额和工人等级。工时定额一般都是根据工厂实际经验和统计资料估计的。

（5）装配顺序的确定。不论哪一等级的装配单元的装配，都要选定某一零件或比它低一级的装配单位作为基准件，首先进入装配工作；然后根据结构具体情况和装配技术要求考虑其他零件或装配单元装入的先后次序。总之要有利于保证装配精度，以及使装配连接、校正等工作能顺利进行。

一般规律是：先下后上，先内后外，先难后易，先重大后轻小，先精密后一般。运用尺寸链分析方法，有助于确定合理的装配顺序。

6.4.3 装配工艺规程文件的整理与编写

装配工艺流程图上每一个矩形框中都需要填写零件或装配单元的名称、代号和件数。

产品包含的零件和装配单元众多，可分别绘制各级装配单元的流程图和一张总装流程图。一个组件在总装流程图上画上该组件及该合件的方框即可。装配单元的分级数目及名称完全可按具体需要自行确定。

装配工艺流程图既反映了装配单元的划分，又直观地表示了装配工艺过程。在单件小批生产条件下，一般只编写装配过程卡片，可以直接利用装配工艺流程图来代替工序卡片。对于重要工序，则可专门编写具有详细说明工序内容、操作要求以及注意事项的“装配指示卡片”。

6.5 机械装配的工具与工装夹具

机械装配中常用的装配工艺有清洗、平衡、刮削、螺纹连接、过盈配合连接、胶接、校正等。此外，还可应用其他装配工艺，如焊接、铆接、滚边、压圈和浇铸连接等，以满足各种不同产品结构的需要。

6.5.1 不同装配工艺使用的工具

针对不同的装配工艺，需要使用不同的工具。例如：

（1）清洗：应用清洗液和清洗设备对装配前的零件进行清洗，以去除表面残存油污，使零件达到规定的清洁度。

常用的清洗方法有浸洗、喷洗、气相清洗和超声波清洗等。浸洗是将零件浸渍于清洗液中晃动或静置，清洗时间较长。喷洗是靠压力将清洗液喷淋在零件表面。气相清洗则是利用清洗液加热生成的蒸汽在零件表面冷凝而将油污洗净。超声波清洗是利用超声波清洗装置使清洗液产生空化效应，以清除零件表面的油污。

（2）平衡：对旋转零部件应用平衡试验机或平衡试验装置进行静平衡或动平衡，测量出不平衡量的大小和相位，用去重、加重或调整零件位置的方法，使之达到规定的平衡精度。大型汽轮发电机组和高速柴油机等机组往往要进行整机平衡，以保证机组运转时的平稳性。

（3）刮削：在装配前对配合零件的主要配合面常须进行刮削加工，以保证较高的配合精度。部分刮削工艺已逐渐被精磨和精刨等代替。

（4）螺纹连接：用扳手或电动、气动、液压等拧转工具紧固各种螺纹连接件，以达到一定的紧固力矩。过盈配合连接应用压合、热胀（外连接件）、冷缩（内连接件）和液压锥度套合等方法，使配合面的尺寸公差为过盈配合的连接件能得到紧密的结合。

（5）胶接：用工程胶黏剂和胶接工艺连接金属零件或非金属零件，操作简便，易于机械化。

（6）校正：装配过程中应用长度测量工具测量出零部件间各种配合面的形状精度（如直线度和平面度等），以及零部件间的位置精度（如垂直度、平行度、同轴度和对称度等），并通过调整、修配等方法达到规定的装配精度。校正是保证装配质量的重要环节。

6.5.2　夹具选择与工件装夹方法

在工业机器人的作业中，夹具的选择与工件装夹方法如下：

（1）夹具的选择。数控加工对夹具主要有两个要求：一是夹具应具有足够的精度和刚度；二是夹具应有可靠的定位基准，如图6-16所示。

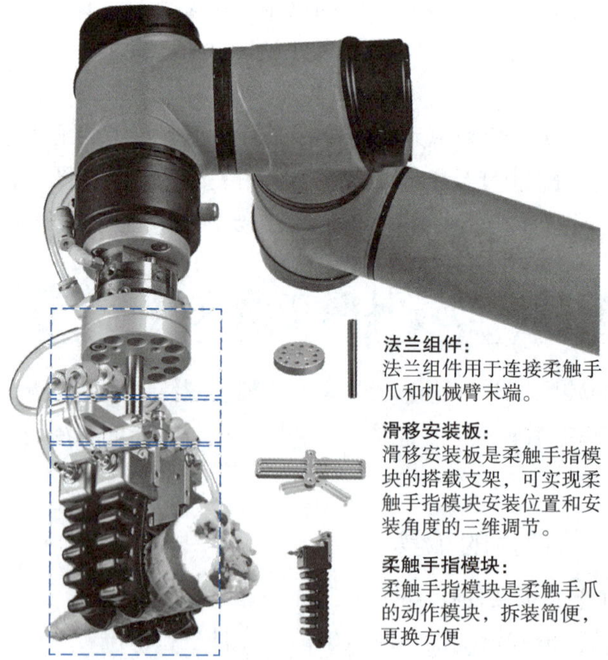

图6-16　机器人软体夹持器（工装夹具）

选用夹具时，通常考虑以下几点：

①尽量选用可调整夹具、组合夹具及通用夹具，避免采用专用夹具，以缩短生产准备时间。

②在成批生产时才考虑采用专用夹具，并力求结构简单。

③装卸工件要迅速方便，以减少机床的停机时间。

④夹具在机床上安装要准确可靠，以保证工件在正确的位置上加工。

（2）夹具的类型。主要有两类：一类用于盘类或短轴类零件，工件毛坯装夹在带可调卡爪的卡盘（三爪、四爪）中，由卡盘传动旋转；另一类用于轴类零件，毛坯装在主轴顶尖和尾架顶尖间，工件由主轴上的拨动卡盘传动旋转。夹具一般安装在工作台上，其形式根据被加工工件的特点可多种多样，如通用台虎钳、数控分度转台等。

（3）零件的安装。数控机床上零件的安装方法与普通机床一样，要合理选择定位基准和夹紧方案，注意以下两点：

①力求设计、工艺与编程计算的基准统一，这样有利于编程时数值计算的简便性和精确性。

②尽量减少装夹次数，尽可能在一次定位装夹后，加工出全部待加工表面。

作　业

1. 机械产品生产过程三大阶段是指（　　），其中最后一个阶段是决定机械产品质量的重要工艺过程，在很大程度上决定了产品的最终质量和使用寿命。

①毛坯制造　②装配　③分析设计　④机械加工

A. ①③②　B. ①②③　C. ①④③　D. ①③④

2.（　　）是指根据规定的技术条件，将若干零件或部件按一定的顺序进行配合和连接，组成部件，或将若干零件和部件组合在一起成为一台机械的过程。

A. 工艺规程　B. 装配过程　C. 系统集成　D. 组件整合

3.（　　）是指规范性的，在既定生产条件下用文件形式确定下来的合适的装配工艺过程。

A. 工艺规程　B. 装配过程　C. 系统集成　D. 组件整合

4.（　　）是由一整块材料制成的产品，它是装配的最基本单元。

A. 工艺部件　B. 设计部件　C. 部件　D. 零件

5.（　　）是由若干零件组成的复合单元。按其在装配过程中与总装配线的位置关系，又可分为组件和分组件。

A. 工艺部件　B. 设计部件　C. 部件　D. 零件

6.（　　），又称结构部件，它体现出在机器中的功能作用。

A. 工艺部件　B. 设计部件　C. 部件　D. 零件

7.（　　）体现了组装的方便程度，它必须能够独立稳定地存在，可以存放和运输。

A. 工艺部件　B. 设计部件　C. 部件　D. 零件

8. 装配必须具备（　　）和（　　）两个基本条件。前者是确定零件正确位置的过程，而后者是将定位后的零件固定。

A. 分解、组合　B. 组合、分解　C. 定位、夹紧　D. 夹紧、定位

9. 除了修配法，机械装配的常用方法还有（　　）3种。

①差分法　②选配法　③互换法　④调整法

A. ①②④　B. ②③④　C. ①②③　D. ①③④

10. 在开始装配工作之前，需要做好（　　）等物资材料准备。

①作业场所　②计算工具　③装配物料　④作业资料

A. ②③④　B. ①②③　C. ①②④　D. ①③④

11. 在开始装配工作之前，需要做好（　　）等准备工作。

①做好结构设计检查，为装配零件留有尺寸盈余

②对装配的零件进行清洗，清除残留的金属屑末

③确定适当的装配地点，准备好必要的设备、仪表、工具和装配时所需的辅助材料

④了解设备的结构、熟悉机械各零件的连接关系、装配技术要求和工艺要求

A. ②③④　B. ①②③　C. ①②④　D. ①③④

12. 每完成一个部件的装配，都要检查安装的完整性和（　　），如发现问题应及时分析处理。

①平稳性　②准确性　③可靠性　④灵活性

A. ①②④　B. ②③④　C. ①②③④　D. ①②③

13. 在机械使用中，由于密封失效，常常出现“三漏”（　　）现象。这种现象轻则造成能量损失，降低工作能力，造成环境污染，重则可能造成严重事故。因此，防止“三漏”极为重要。

①漏油　②漏水　③漏电　④漏气

A. ②③④　B. ①②③　C. ①③④　D. ①②④

14. （　　）是将运转的轴与轴座之间的滑动摩擦变为滚动摩擦，从而减少摩擦损失的一种精密的机械元件。

A. 气动元件　B. 滚动轴承　C. 减速器　D. 加速器

15. （　　）是一种由封闭在刚性壳体内的齿轮传动、蜗杆传动、齿轮-蜗杆传动所组成的独立部件，常用作原动件与工作机之间的减速传动装置。

A. 气动元件　B. 滚动轴承　C. 减速器　D. 加速器

16. （　　）是通过气体的压强或膨胀产生的力来做功的元件，它将压缩空气的弹性能量转换为动能。

A. 气动元件　B. 滚动轴承　C. 减速器　D. 加速器

17. 机器和部件都是由若干个零件按一定装配关系和技术要求装配起来的。表达产品及其组成部分的连接装配关系的图样，称为（　　），它是生产中重要的技术文件。

A. 结构图　B. 工艺图　C. 组装图　D. 装配图

18. 装配工艺规程是用文件形式规定下来的装配工艺过程。制定装配工艺规程的四条原则是：力求提高产品装配质量、（　　）等。

①完全没有装配成本　②减少钳工装配工作量

③缩短装配周期　④减少占用车间生产面积

A. ①②③　B. ②③④　C. ①②④　D. ①③④

19. 装配工艺规程的内容主要包括产品分析、（　　）以及确定装配顺序等。

①确定装配工艺过程　②确定装配工作基本内容

③确定装配工艺方法及其设备　④核算装配工艺成本

A. ①③④　　B. ①②④　　C. ①②③　　D. ②③④

20. 不同的装配工艺都需要用到（　　）作业，它是指应用清洗液和设备作用于装配前的零件，以去除表面残存油污，使零件达到规定的清洁度。

A. 清洗　　B. 平衡　　C. 刮削　　D. 校正

【实训操作】熟悉机械装配准备作业

1. 根据机械部件装配要求选用工具与工装夹具

阅读正文，参考图6-16，思考和熟悉工业机器人作业中的夹具选择与工件装夹方法。

（1）夹具选择的两大要求：____

____

选用夹具时，通常考虑以下几点：

①____

②____

③____

④____

（2）夹具主要有两类：____

____

2. 识读机器零部件装配图和装配工艺文件

□ 掌握　　□ 理解　　□ 重做

3. 按照装配清单准备机械零部件

□ 掌握　　□ 理解　　□ 重做

4. 实训总结

____

____

5. 教师实训评价

____

____

第7课

机械系统总装

学习目标

（1）熟悉工业机器人系统的安装要求。

（2）熟悉工业机器人技术参数。

（3）掌握安放固定机器人本体的步骤和方法。

（4）掌握线路、末端执行器等设备的安装方法。

学习难点

（1）工业机器人技术参数。

（2）末端执行器的分类与应用。

7.1 机械臂基本结构

机械臂，即作为执行机构的工业机器人本体，包括机械本体、末端执行器等，根据输入功率进行工作，反馈信号。六轴关节型机器人本体是市场主流，其基本结构中包括基座、下臂、上臂和手腕，如图7-1所示。

（1）基座：起支撑机械本体和连接下臂的作用。

（2）下臂/上臂：连接基座和手腕的部分，用于改变末端执行器的位姿，传递载荷和动力。

（3）手腕：连接上臂和末端执行器的部分。手腕上装有法兰盘，用于连接末端执行器，也是机械本体中结构最复杂的组件。

六轴关节型机器人（见图7-2）的六个轴（关节）由电动机、减速机、位置传感器组成。

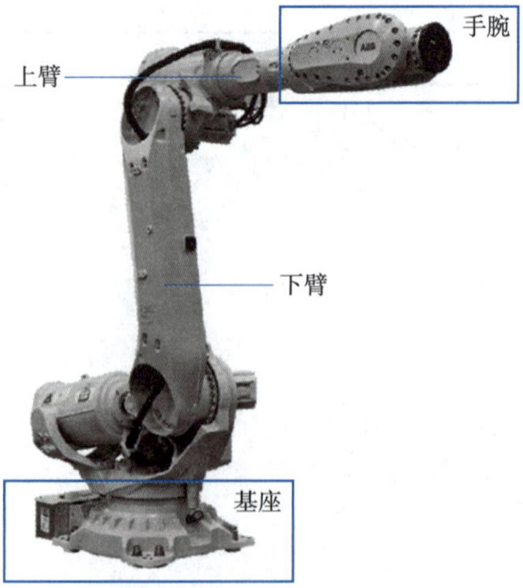

图 7-1　机械臂的组成

（1）电动机：一般采用交流伺服电动机。

（2）减速机：一般用精密（谐波）减速机（见图7-3），具有传动比大、精度高、承载能力大、效率高、体积小、重量轻、传动平稳、噪声小、刚度大等特点，是机械本体的核心技术。

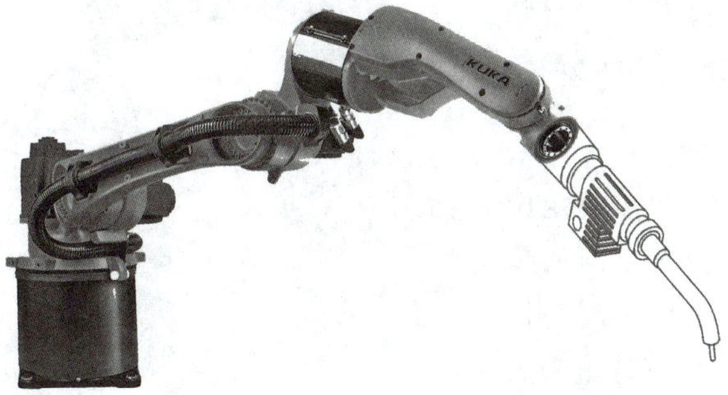

图 7-2　关节型机器人的手腕结构

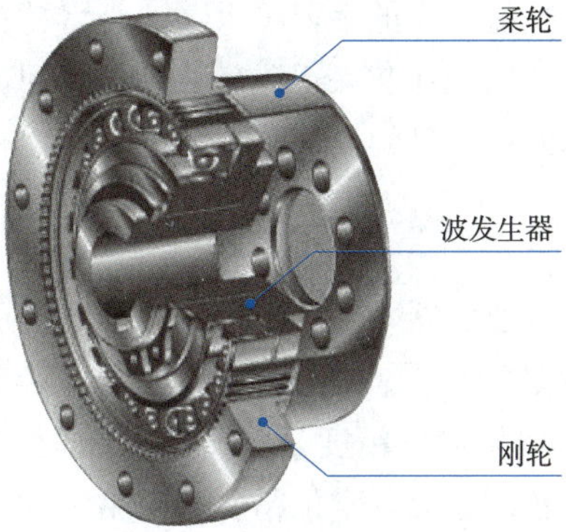

图 7-3　谐波减速机

（3）位置传感器：一般采用绝对值编码器、旋转变压器以及力控传感器。

7.2 工业机器人技术参数

技术参数是工业机器人制造商为其产品提供的技术数据。尽管各厂商提供的技术参数项目不完全一样，工业机器人的结构、用途等有所不同，且用户要求也不同，但工业机器人的主要技术参数一般都包括：自由度、重复定位精度、工作范围、最大工作速度、承载能力等。

7.2.1 自由度

自由度是指工业机器人所具有的独立坐标轴运动的数目，不包括手爪（末端操作器）的开合自由度。在三维空间中描述一个物体的位置和姿态（简称位姿）需要六个自由度。但是，工业机器人的自由度是根据其用途而设计的，可能小于六个自由度，也可能大于六个自由度。例如，某装配机器人（见图7-4）具有四个自由度，可以在印制电路板上接插电子器件；某机器人（见图7-5）具有六个自由度，可以进行复杂空间曲面的弧焊作业。

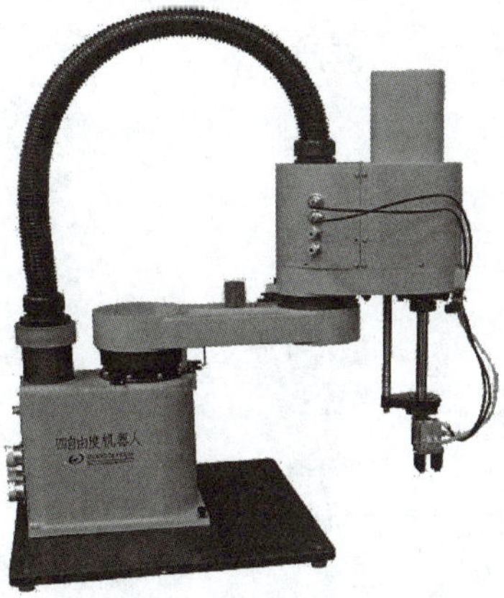

图 7-4　四自由度机器人

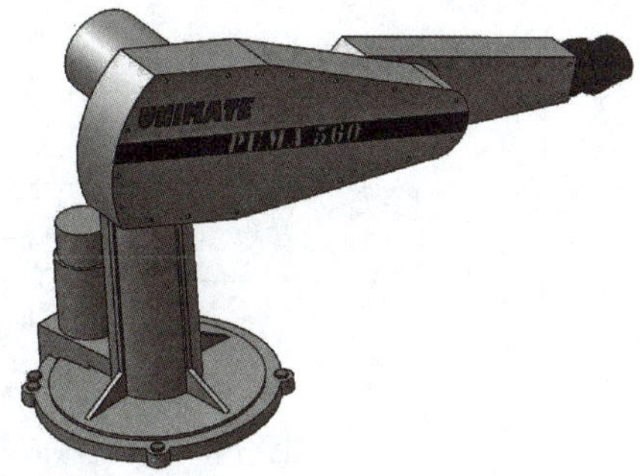

图 7-5　六自由度机器人

从运动学的观点看，在完成某一特定作业时具有多余自由度的机器人，称为冗余自由度机器人，亦可简称冗余度机器人。例如，六自由度机器人去执行印制电路板上接插电子器件的作业时，就成为冗余度机器人。利用冗余的自由度可以增加机器人的灵活性，躲避障碍物和改善动力性能。人的手臂（大臂、小臂、手腕）共有七个自由度，所以工作起来很灵巧，手部可回避障碍物从不同方向到达同一个目的点。

7.2.2 重复定位精度

工业机器人精度是指定位精度和重复定位精度。定位精度是指机器人手部实际到达位置与目标位置之间的差异。重复定位精度是指机器人重复定位其手部于同一目标位置的能力。定位精度可以用标准偏差这个统计量来表示，它是衡量一列误差值的密集度，即重复度，如图7-6所示。

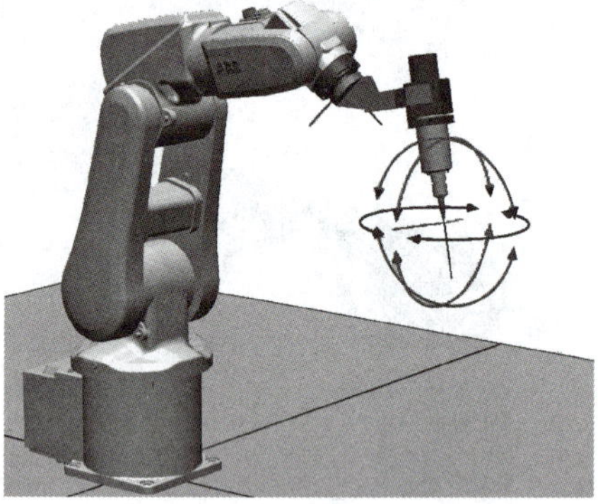

图 7-6 定位精度

7.2.3 工作范围

工作范围是指工业机器人手臂末端或手腕中心所能到达的所有点的集合，也称为工作区域，如图7-7所示。因为末端操作器的形状和尺寸是多种多样的，为了真实反映工业机器人的特征参数，所以是指不安装末端操作器时的工作区域。工作范围的形状和大小十分重要，机器人在执行某作业时可能会因为存在手部不能到达的作业死区而不能完成任务。

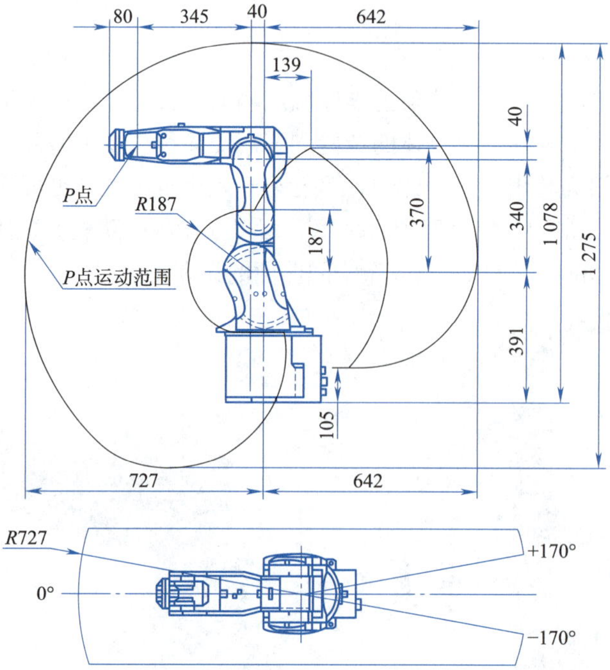

图 7-7 某机器人工作范围（单位：mm）

7.2.4 最大工作速度

最大工作速度，有的厂家是指工业机器人主要自由度上最大的稳定速度，而有的厂家是指手臂末端最大的合成速度，通常都会在技术参数中加以说明。很明显，工作速度越高，工作效率越高。但是，工作速度越高就要花费更多的时间去升速或降速，对工业机器人的最大加速度率或最大减速度率的要求更高。

7.2.5 承载能力

承载能力是指工业机器人在工作范围内的任何位置所能承受的最大质量。承载能力不仅决定于负载的质量，而且还与工业机器人运行的速度和加速度的大小和方向有关。为了安全，承载能力这一技术指标是指高速运行时的承载能力。通常，承载能力不仅指负载，还包括机器人末端操作器的质量。

7.3 产品确认

工业机器人在总装之前，应确认工业机器人与控制柜上的订货号是否一致。清点到货清单，标准的到货清单中包括下列五项内容：

（1）工业机器人本体，如图7-8（a）所示。

（2）控制柜，如图7-8（b）所示。

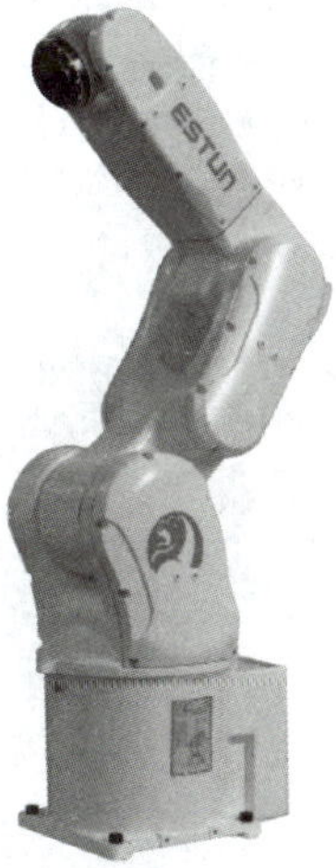

（a）本体

（b）控制柜

图 7-8 机器人本体与控制柜

（3）示教编程器（简称示教器）。

（4）供电电缆（机器人与控制柜间的电缆）。

（5）全套说明书。

工业机器人本体的规格参数表见表7-1，其控制柜的基本规格参数表见表7-2。

表 7-1 工业机器人本体的规格参数表

项目		规格			
机器人型号		ER8-720-MI		ER7-910-MI	
结构		垂直多关节			
自由度		6			
驱动方式		交流伺服电机			
最大负载能力/kg		8		7	
最大臂展/mm		727		917	
重复定位精度/mm		± 0.02		± 0.03	
最大动作范围/最大运行速度	J1	± 170°	420° /s	± 170°	420° /s
	J2	−80° ~+135°	380° /s	−80° ~+135°	380° /s
	J3	−190° ~+65°	450° /s	−190° ~+65°	450° /s
	J4	± 190°	550° /s	± 190°	550° /s
	J5	± 120°	500° /s	± 120°	500° /s
	J6	± 360°	850° /s	± 360°	850° /s
手腕允许扭矩/转动惯量	J4	17 N•m	0.5 kg•m²	17 N•m	0.5 kg•m²
	J5	17 N•m	0.5 kg•m²	17 N•m	0.5 kg•m²
	J6	10 N•m	0.2 kg•m²	10 N•m	0.2 kg•m²
安装方式		地面/顶吊			
安装条件		环境温度：0~45° 环境湿度：20%~80%（无结露） 允许高度：海拔1 000 m以下		振动加速度：4.9 m/s²以下 不应有腐蚀性气体，液体 远离电气噪声源	
IP防护等级		对应IP67（防尘・防滴）			
用户配管		标配：进气管2 × ϕ6，出气管2 × ϕ6 选配：进气管2 × ϕ6，出气管5 × ϕ4（内置两片24电磁阀位2）			
用户配线		小臂：10芯；底座面板：10芯			
机器人质量		46 kg		48 kg	

表 7-2 机器人控制柜基本规格参数表

项目	规格
控制轴数	6轴
专用输入	外部急停、安全接口、外部启动、保护停止
安装方式	正装、侧装
外形尺寸	348 mm（W）× 190 mm（H）× 400 mm（D）
用户IO	24点输入，24点输出
输入电源	单相AC 200~230 V ×（1 ± 10%），50 Hz/60 Hz 2 kV·A
防护等级	IP20
质量	13 kg
工作环境	温度：0~40 ℃ 湿度：10%~80%（不结露）
	海拔1 000 m以下

7.4 安装场所与位置

在搬运工业机器人产品时，天车、吊具和叉车的操作必须由经授权的人员进行，否则可能会造成人身伤害和设备损坏。搬运期间应避免振动、摔落或撞击控制柜。过度的振动或撞击控制柜会对其性能产生有害的影响。

（1）用吊车搬运控制柜，如图7-9所示。

图 7-9　机器人控制柜

搬运控制柜前应检查下列事项：

①确认控制柜的重量。使用承载量大于控制柜重量的起吊设备进行起吊。

②起吊前安装吊环螺栓，并确认固定牢固。

（2）用叉车搬运控制柜。使用叉车搬运时，应遵照下列防范措施：

①确认有一个安全的作业和运行环境，使控制柜能被安全地搬运到安装场地。

②搬运控制柜时应尽可能放低其高度，避免控制柜移位或倾倒。

③搬运期间应避免振动、摔落或撞击控制柜。

7.4.1 安装场所和环境

控制柜的安装地点必须符合下列条件：

（1）操作期间其环境温度应在0~45 ℃之间；搬运及维修期间应为-10~60 ℃。

（2）比较干燥的地方。相对湿度在10%~90%，不结露。

（3）灰尘、粉尘、油烟、水较少的场所。

（4）作业区内不允许有易燃品及腐蚀性液体和气体。

（5）所在场所对控制柜的振动或冲击能量小。

（6）附近应无大的电器噪声源（如气体保护焊TIG设备等）。

（7）没有与移动设备（如叉车）碰撞的潜在危险。

7.4.2 安装位置

控制柜的尺寸如图7-10所示。

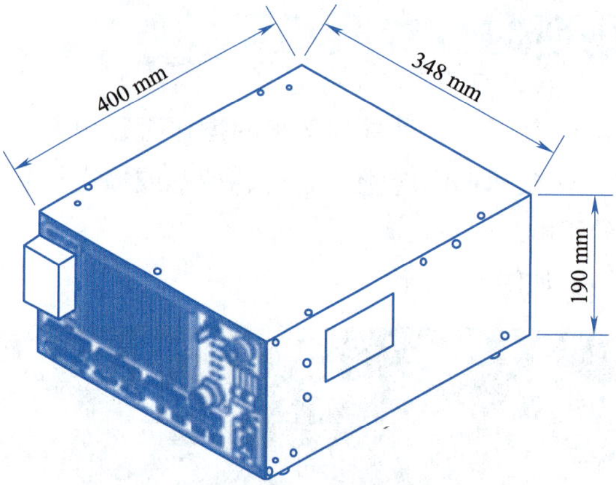

图 7-10　控制柜的尺寸

（1）控制柜应安装在工业机器人动作范围（安全围栏）之外。

（2）控制柜应安装在能看清工业机器人动作、便于打开门检查的位置。

（3）控制柜至少要距离墙壁500 mm，以保持维护通道畅通。

安装过程中，底座法兰的安装尺寸如图7-11所示。

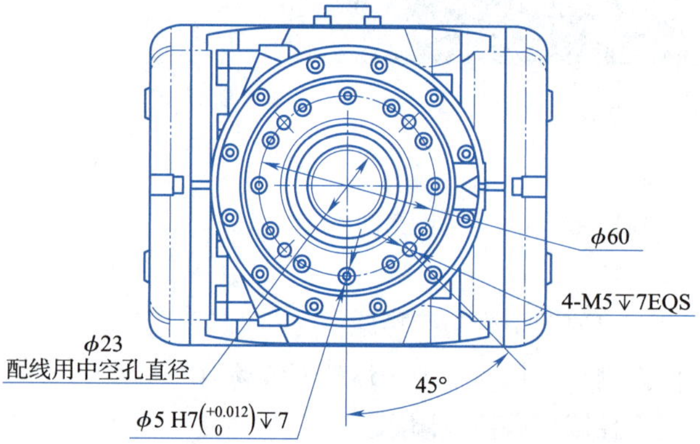

名称和型号	数量
固定螺钉：M5（GB/T 70.1 12.9级）	4
弹簧垫片：弹簧垫圈ϕ5（GB/T 93）	4
定位销：圆柱销ϕ5（GB/T 120.2）	1

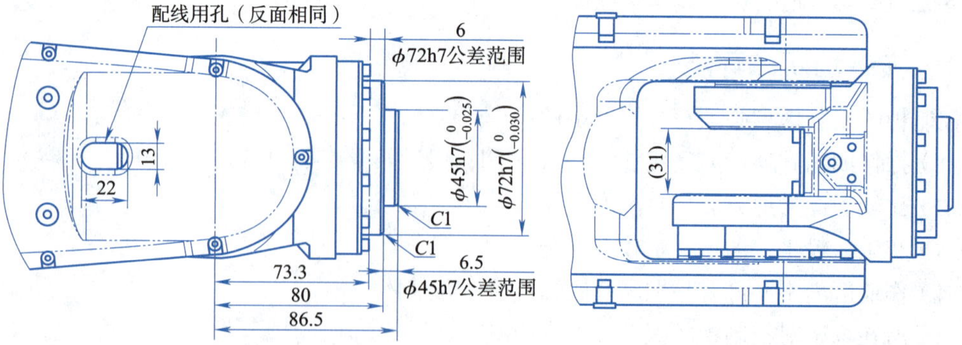

图 7-11　底座法兰安装尺寸

7.5 设备功能检查

开动机器人前，务必清除作业区内的所有杂物。参阅说明书注意系统固定夹具的位置。操作工业机器人时要熟悉其一般的工作范围，如图7-12所示。

图 7-12　工业机器人的工作范围

7.5.1　基本动作确认

操作工业机器人之前，先按下控制柜前门右侧及示教编程器上的急停键，确认“伺服电源”指示灯已熄灭。如果机器人不能在紧急情况下停止，可能会引起机械损坏。控制柜的前门和示教编程器上的右侧均有急停键。

在执行下列操作前，确认在工业机器人动作范围内无任何人员，并确保自己处在一个安全的位置区内。工业机器人若与进入动作范围内的任何人员发生碰撞，将会造成人身伤害。

（1）接通控制柜的电源时。

（2）使用示教编程器操作机器人时。

（3）试运行时。

（4）再现时。

在示教机器人前先执行下列检查步骤，若发现问题应立即更正，并确认其他所有必须作的工作均已完成。

（1）检查机器人的运动有无异常问题。

（2）检查外部电缆的绝缘及遮盖物是否损坏。

示教编程器使用完毕后，务必挂回到原有规定的位置。如果示教编程器遗留在机器人上、系统夹具上或地面上，则机器人或装载其上的工具将会碰撞它，可能引起人身伤害或设备损坏。

7.5.2　设备功能调整

在进行轴动作前确保执行了“电源接通与切断”示教模式时的所有操作，并且整个系统状态与“电源接通与切断”描述相同方可进行接下来的操作。

通过按动示教编程器上的每个“轴操作键”，使工业机器人的每个轴产生所需的动作。在动作确认时，注意控制器的启停时序，如图7-13所示。

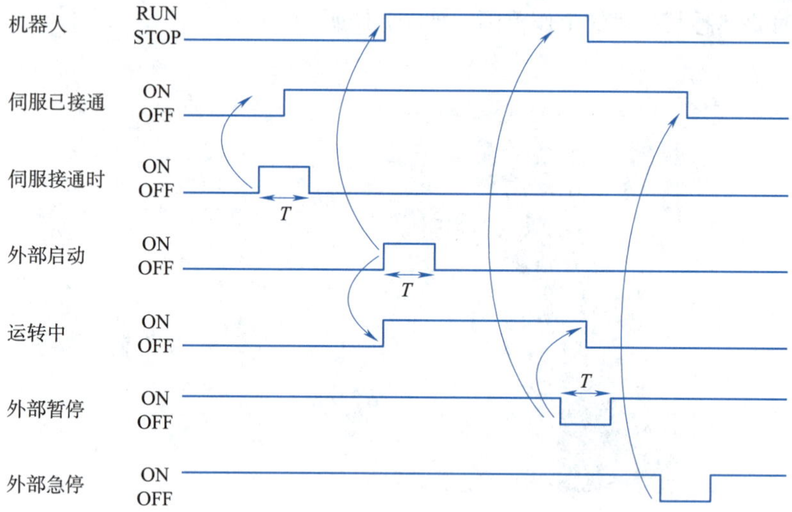

图 7-13　机器人控制器启停时序图（设置 T=1 000 ms 或更长）

7.6 末端执行器分类与应用

工业机器人的执行机构是其构成中的三大组成部分之一，而执行机构又由末端执行器、机械臂组成。其中，末端执行器连接在工业机器人边缘（关节）处，使其能够拿起一个对象，并具有处理、传输、夹持、放置和释放对象到一个准确的离散位置等功能的机构或器械，如图7-14所示。末端执行器是工业机器人不可或缺的组成部分，依靠其完成各项作业。外形结构、抓取方式、抓取力度、操作精准度等是评价末端执行器性能的重要参数。末端执行器的应用规模取决于工业机器人市场发展。

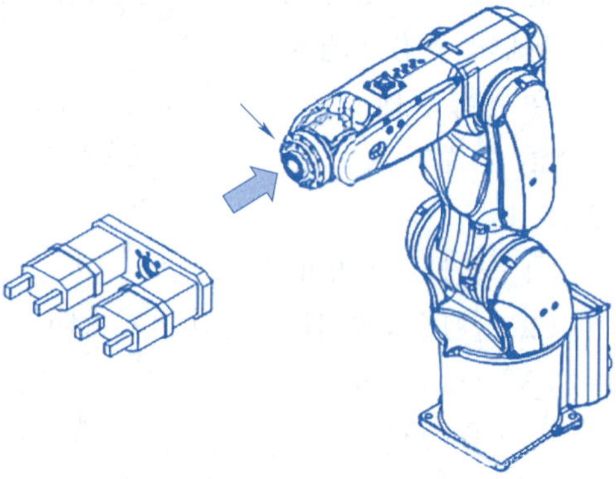

图 7-14　末端执行器

7.6.1　末端执行器的特点

工业机器人末端执行器（机械手部）的特点主要有：

（1）末端执行器是工业机器人的手部。它可以具有手指，也可以不具有手指；可以是类人手爪，也可以是执行专业作业的工具，如装在工业机器人手腕处的喷漆枪、焊接工具等。

（2）手部与手腕相连处可拆卸。手部与手腕有机械接口，当工业机器人作业对象不同时，可以方便地拆卸和更换手部。

（3）手部的通用性比较差。工业机器人手部通常是专用装置，例如，一种手爪往往只能抓握一种或几种在形状、尺寸、重量等方面相近的工件。一种工具只能执行一种作业任务。

（4）手部是一个独立部件。假如把手腕归属于手臂，那么工业机器人机械系统的三大件就是机身、手臂和手部（末端操作器）。手部是完成作业好坏、作业方式柔性好坏的关键部件之一。具有复杂感知能力的智能化手爪的出现，增加了工业机器人作业的灵活性和可靠性。

7.6.2 末端执行器的分类

工业机器人、服务机器人、特种机器人这三大类机器人的机械臂都需要配置末端执行器。末端执行器的功能多样，包括但不限于抓握、翻转、搬运、组装、喷涂、焊接、切割、抛光等。为满足不同应用需求，末端执行器产品种类多样，可能包含抓手、工具快换装置、碰撞传感器、旋转连接器、压力工具、喷涂枪、毛刺清理工具、弧焊焊枪、电焊焊枪等。图7-15所示为几种常见的末端执行器。

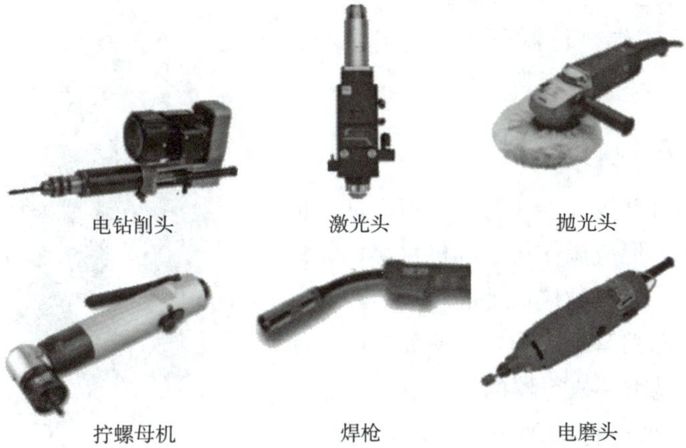

图 7-15　常见的末端执行器

末端执行器是安装在工业机器人手腕上的作业机构，如图7-16所示。所谓“焊接机器人”“搬运机器人”“装配机器人”等都取决于末端执行器的类型。例如，如果末端执行器是一把弧焊枪，那就是弧焊机器人。末端执行器也是对于工业机器人应用的重要研究课题。

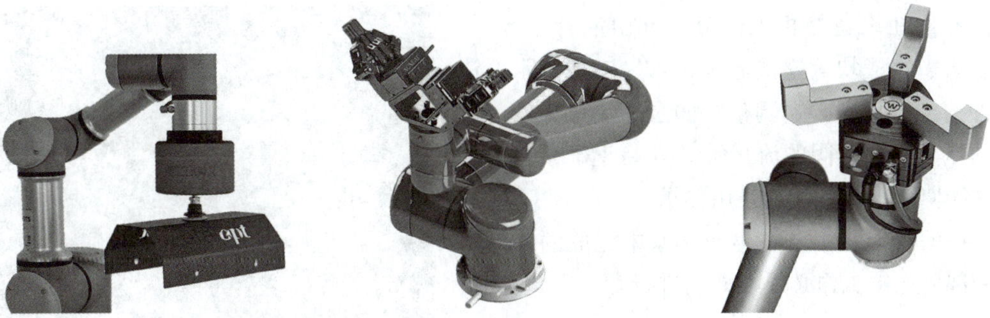

图 7-16　不同用途的机械臂末端执行器

按照形态划分，末端执行器可以分为吸盘式、机械加持式两大类。按原理，吸盘式末端执行器可分为磁力吸盘式、真空吸盘式、静电吸盘式等类型。机械加持式末端执行器又包括平行二指式、多指式两类，其中平行二指式末端执行器应用比例较高。在多指式末端执行器中，五指式末端执行器模仿人类手指，灵活度高，主要应用在人形机器人、医疗机器人制造中。

为适应机器人的不同作业及操作要求，末端执行器还可分为：

（1）搬运用末端执行器：指各种夹持装置，用来抓取或吸附被搬运的物体。

（2）加工用末端执行器：带有喷枪、焊枪、砂轮、铣刀等加工工具的机器人附加装置，用来进行相应的加工作业。

（3）测量用末端执行器：装有测量头或传感器的附加装置，用来进行测量及检验作业。

设计及制造末端执行器时需要考虑外形、尺寸、承重、材料、抓取强度、抓取速度、抓取精度等因素，技术壁垒较高。随着工业机器人智能化水平的不断提升，应用领域不断拓宽，其体积、重量、操作精度、适应性、性能稳定性、使用寿命、成本等要求随之不断提升，因此末端执行器研制难度仍在不断增大。

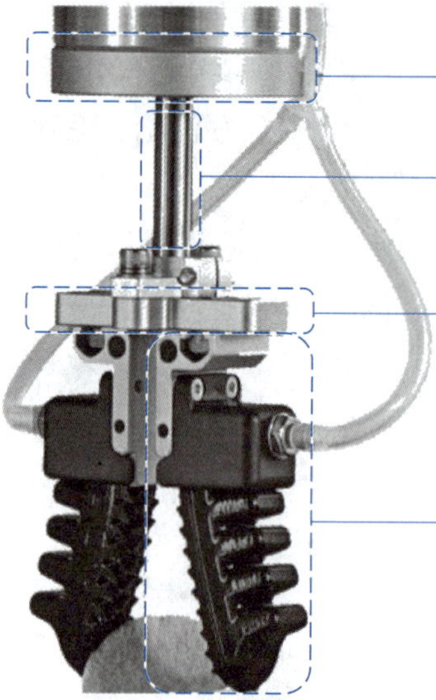

图 7-17　工业机器人手爪

7.6.3　快换与夹爪执行器

为了实现快速和自动换末端执行器，可设计一种末端执行器的转换器来形成操作机上的机械接口。较简单的可用法兰盘来作为机械接口处的转换器，可以采用电磁吸盘或者气动缩紧的转换器。例如工业机器人手爪（见图7-17）是末端执行器的一种形式，是安装在机器人手腕上用来进行某种操作或作业的附加装置。

7.7　液压系统及其安装

液压系统由各种液压元件组成，它们相对集中或分散布置在设备的相关部分，并由油管、接头、安装底板、集成块等连接起来，如图7-18所示。许多元件的工作状态必须调整，如泵的流量、压力控制阀的压力、调速阀的流量等。安装正确，调整合理，才能使液压设备满足使用要求。

设备的安装基本是在生产厂家中完成的，但有时也有部分连接工作必须在现场进行。

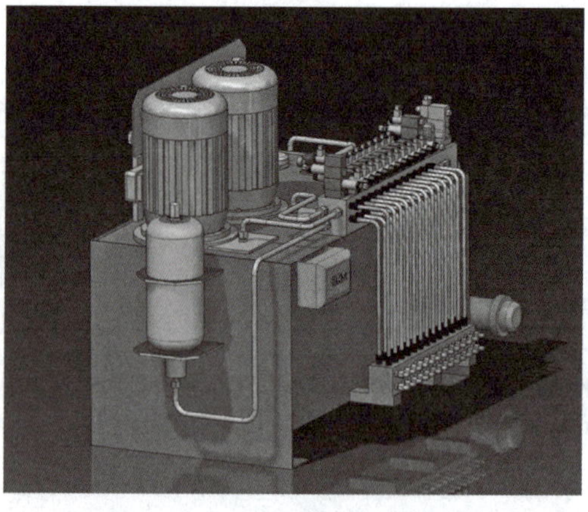
图 7-18　工业机器人液压系统

7.7.1　安装前的准备工作

安装前一定要认真阅读液压系统工作原理图、系统管道连接图、各种元件的使用说明书，熟悉系统和各元件的工作原理、结构、安装使用方法等。

对照安装明细表准备好各个元件并仔细检查，必须确保型号一致、性能合格、调整机构灵活、显示灵敏准确。如果发现问题要及时处理，决不可将就使用。

7.7.2　液压元件安装

安装时一般按先下后上、先主后次、先内后外、先难后易、先精密后一般的原则顺序进行，需要着重注意以下几点：

（1）液压泵与电机的连接轴有同轴度要求，一般要求偏心量小于0.1 mm，两轴中心线的角度小于1°。其基座应有足够的刚度，并确保连接牢固，以防振动。

（2）安装泵和阀时，必须注意各油口的方位，按照标记对应安装。接头处要紧固、密封，无漏油、漏气。尤其是板式元件，要注意进出油口处的密封圈，决不可缺失、脱落或错位。

（3）安装前要检查各阀、泵的灵活转动或移动，应无卡死、呆滞等情况。一般情况下，元器件的卡死、呆滞现象都是因为保管不当进入了灰尘、产生水锈或调整不当等引起，可通过清洗、研磨、调整加以消除。

（4）液压缸的中心线与安装基面或运动部件的导轨必须达到要求的平行度。

7.7.3　管路安装

液压系统的管道通常需要现场排管配做，人工布置固定，一般要求有如下几点：

（1）布置平直整齐，减少长度和转弯。这样既美观，又能使检修方便，减少沿程压力损失和局部压力损失。较复杂的油路系统，为避免检修拆卸后重装时接错，要涂色区别或在接头两段系上相同点编号牌。

（2）硬管较长时刚性较差，应保持适当距离并用管夹固定，防止振动和噪声。较长的软管也应适当固定，防止磨损。

（3）吸油管要保证密封良好，防止吸入空气。吸油管上的滤油器工作条件较差，要定期清洗更换，安装时要考虑拆卸方便。

（4）回油管不可露于油面上，应插入油面以下足够深度，否则会引起飞溅激起泡沫。回油管口要切成45°斜角，并远离进油口。

（5）泄油管路应单独设置，保持通畅，且不插入油中，避免产生背压，影响元件灵敏度。

7.7.4　清洗

各液压元件在安装前要用煤油、柴油等清洗并擦干。金属硬管配管试装后拆下，要经酸洗去锈、碱洗中和、水洗清洁，然后干燥涂油，方可转入正式安装。

系统安装好后，在试车前还要进行全面整体清洗。可在油箱中加入60% ~ 70%的工作油，并在主回油路上安装临时的过滤器（过滤精度视系统清洁程度而定）。然后将执行元件的进、出油管断开，并用临时管道接通。启动系统连续或间歇工作，靠流动的工作油冲刷内部油道。清洗时间一般为几小时至十几小时，使内部各处的灰尘、铁屑、橡胶沫等微粒被冲刷出来。要一直清洗到过滤器上无新增污染物为止。也可以不断开执行元件，在正常连接状态下空载运行，使执行机构连续动作，完成上述清洗工作。

清洗用的工作油要尽量排干净，防止混入新液压油中，影响新液压油的使用寿命。

作　业

1. 作为执行机构的工业机器人本体，（　　）根据输入功率进行工作，反馈信号。

A. 液压驱动器　　B. 机械臂　　C. 末端执行器　　D. 控制柜

2. 六轴关节型机器人本体是目前市场上的主流，其基本结构中包括基座和（　　）。

①手指　　②下臂　　③手腕　　④上臂

A. ①③④　　B. ①②④　　C. ①②③　　D. ②③④

3. 工业机器人本体（　　）的作用是支撑机械本体和连接下臂。

A. 下臂 / 上臂　　B. 手腕　　C. 基座　　D. 指尖

4. 工业机器人本体（　　）的作用是连接基座和手腕的部分，用于改变末端执行器的位姿，传递载荷和动力。

A. 下臂 / 上臂　　B. 手腕　　C. 基座　　D. 指尖

5. 工业机器人本体（　　）的作用是连接上臂和末端执行器的部分，用于改变末端执行器的位姿，传递载荷和动力。

A. 下臂 / 上臂　　B. 手腕　　C. 基座　　D. 指尖

6. 手腕上装有连接末端执行器的（　　），同时手腕也是机械本体中结构最复杂的组件。

A. 上下环　　B. 接口阀　　C. 接续器　　D. 法兰盘

7. 六轴关节型机器人的每个轴（关节）都由（　　）组成。

①驱动器　　②电动机　　③位置传感器　　④减速机

A. ①③④　　B. ①②④　　C. ②③④　　D. ①②③

8. 尽管各制造商所提供的产品不完全一样，但工业机器人的主要技术参数一般都包括：重复定位精度、最大工作速度以及（　　）等。

①自由度　　②工作范围　　③承载能力　　④开机速度

A. ①②③　　B. ②③④　　C. ①②④　　D. ①③④

9.（　　）是指工业机器人所具有的独立坐标轴运动的数目，不包括手爪（末端操作器）的开合自由度。

A. 工作范围　　B. 自由度　　C. 重复定位精度　　D. 冗余自由度

10. 从运动学的观点看，在完成某一特定作业时具有多余自由度的机器人，称为（　　）机器人。

A. 工作范围　　B. 自由度　　C. 重复定位精度　　D. 冗余自由度

11. 工业机器人的精度指标有两个，其中，（　　）是指机器人重复定位其手部于同一目标位置的能力。

A. 工作范围　　B. 定位精度　　C. 重复定位精度　　D. 冗余自由度

12. 工业机器人的（　　）是指其手臂末端或手腕中心所能到达的所有点的集合。为了真实反映机器人的特征参数，所以是指不安装末端操作器时的工作区域。

A. 工作范围　　B. 自由度　　C. 重复定位精度　　D. 冗余自由度

13. 工业机器人在总装之前，应清点其到货清单，标准的到货清单中一般包括下列工业机器人本体、（　　）以及全套说明书。

①控制柜　　②示教编程器　　③遥控器　　④供电电缆

A. ①③④　　B. ①②④　　C. ①②③　　D. ②③④

14. 在搬运工业机器人产品时，(　　)的操作必须由经授权的人员进行，否则可能会造成人身伤害和设备损坏。

①机车　②天车　③吊具　④叉车

A. ①③④　B. ①②④　C. ①②③　D. ②③④

15. 操作工业机器人前，先按下控制柜前门右侧及示教编程器上的急停键。确认“(　　)”指示灯已熄灭。

A. 急停键　B. 自由行程　C. 伺服电源　D. 应急开关

16. 如果机器人不能在紧急情况下停止，则可能会引起机械的损坏。控制柜的前门和示教编程器上的右侧均有(　　)。

A. 急停键　B. 自由行程　C. 伺服电源　D. 应急开关

17. (　　)是连接在机器人边缘（关节）处，使其能够拿起一个对象，并且具有处理、传输、夹持、放置和释放对象到一个准确的离散位置等功能的机构或器械。

A. 关节控制器　B. 末端执行器　C. 关节总成　D. 抓手夹具

18. 末端执行器是工业机器人的手部，与手腕相连处可拆卸，通常是一个专用装置，(　　)。

A. 控制性差　B. 连接困难　C. 通用性强　D. 通用性差

19. 现代工业机器人一般是多功能机器人，所谓“焊接机器人”“搬运机器人”“装配机器人”等等都取决于(　　)的类型。

A. 手指　B. 手掌　C. 末端执行器　D. 手腕

20. 工业机器人的液压系统由各种液压元件组成，并由油管、接头、安装底板、集成块等连接起来。许多元件的工作状态必须加以调整，如(　　)等。

①泵的流量　②阀的压力　③调速流量　④电流密度

A. ①②③　B. ②③④　C. ①②④　D. ①③④

【实训操作】熟悉机械系统总装作业

1. 熟悉机械臂基本结构

通过阅读正文与网络搜索，进一步熟悉工业机器人机械臂的结构组成，并填入表7-3。

2. 熟悉工业机器人技术参数

通过阅读正文（参考表7-1）与查阅实验室机器人资料等，进一步熟悉工业机器人技术参数，并填入表7-4。

表 7-3　机械臂基本结构分析

名　称		作　用	组　成
机械臂			
机械臂	基座		
	下臂		
	上臂		
	手腕		
轴（关节）			

续表

名　称	作　用	组　成
末端执行器		
液压系统		

表 7-4　工业机器人本体基本参数分析

<table>
<tr><th colspan="2">项　目</th><th colspan="2">规　格</th></tr>
<tr><td colspan="2">机器人品牌</td><td colspan="2"></td></tr>
<tr><td colspan="2">机器人型号</td><td colspan="2"></td></tr>
<tr><td colspan="2">结构</td><td colspan="2"></td></tr>
<tr><td colspan="2">自由度</td><td colspan="2"></td></tr>
<tr><td colspan="2">驱动方式</td><td colspan="2"></td></tr>
<tr><td colspan="2">最大负载能力</td><td colspan="2"></td></tr>
<tr><td colspan="2">最大臂展</td><td colspan="2"></td></tr>
<tr><td colspan="2">重复定位精度</td><td colspan="2"></td></tr>
<tr><td rowspan="6">最大动作范围/
最大运行速度</td><td>J1</td><td></td><td></td></tr>
<tr><td>J2</td><td></td><td></td></tr>
<tr><td>J3</td><td></td><td></td></tr>
<tr><td>J4</td><td></td><td></td></tr>
<tr><td>J5</td><td></td><td></td></tr>
<tr><td>J6</td><td></td><td></td></tr>
<tr><td rowspan="3">最大允许扭矩/
转动惯量</td><td>J4</td><td></td><td></td></tr>
<tr><td>J5</td><td></td><td></td></tr>
<tr><td>J6</td><td></td><td></td></tr>
<tr><td colspan="2">安装方式</td><td colspan="2"></td></tr>
<tr><td colspan="2">安装条件（简述）</td><td colspan="2"></td></tr>
<tr><td colspan="2">IP防护等级</td><td colspan="2"></td></tr>
<tr><td colspan="2">用户配置（简述）</td><td colspan="2"></td></tr>
<tr><td colspan="2">用户配线</td><td colspan="2"></td></tr>
<tr><td colspan="2">机器人质量</td><td colspan="2"></td></tr>
</table>

3. 安放固定机器人本体

熟悉工业机器人安装场所与位置的要求，掌握安防固定机器人主体的方法：

□ 掌握　　□ 理解　　□ 重做

4. 安装和更换末端执行器

通过阅读正文、观察实验室工业机器人设备与查阅实验室机器人资料等，熟悉工业机器人末端执行器，并简单描述如下：

（1）末端执行器的内容：______________________________

____

（2）末端执行器的功能______________________________

____

5. 实训总结

____

____

6. 教师实训评价

____

____

第 8 课

识别系统部件

学习目标

（1）熟悉工业机器人的基本组成与一般系统部件。

（2）熟悉工业机器人的主体框架结构及其联系。

（3）熟悉工业机器人伺服驱动与示教编程作业。

学习难点

（1）工业机器人主体结构与内在联系。

（2）工业机器人伺服驱动与示教编程。

8.1 工业机器人基本组成

工业机器人的发展已经有了半个多世纪，其主体框架结构基本确定（见图8-1），分为机械、感知和控制三大部分，具体可以分为六个子系统，即机械结构系统、驱动系统、感知系统、机器人-环境交互系统、人机交互系统和控制系统。

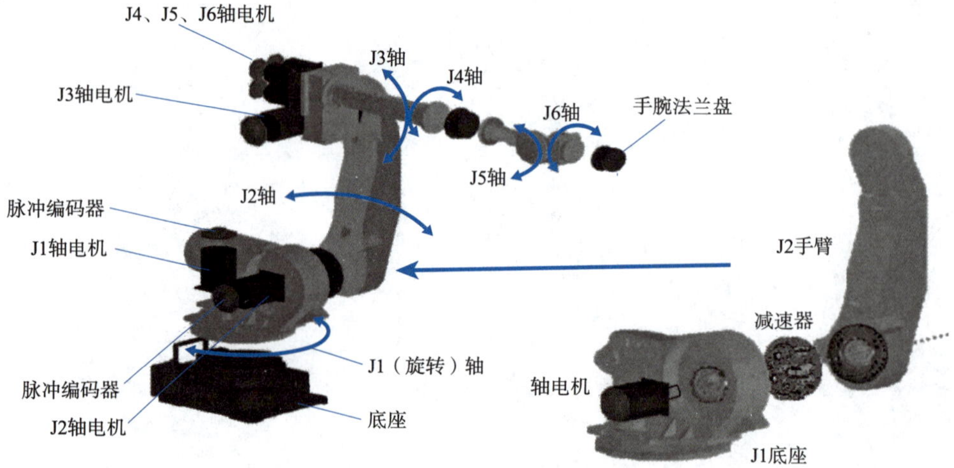

图 8-1　工业机器人主体框架结构

8.1.1 机械结构系统

机械结构系统（见图8-2）主要由机身（基座）、手臂、末端操作器（手部）三大部分组成。每部分都有若干自由度，构成一个多自由度的机械系统。若基座具备行走机构，则构成行走机器人；若基座不具备行走及腰转机构，则构成单机器人臂。手臂一般由上臂、下臂和手腕三部分组成，末端执行器直接安装在手腕上，可以是两手指或多手指的手爪，也可以是喷漆枪、焊枪作业工具等。

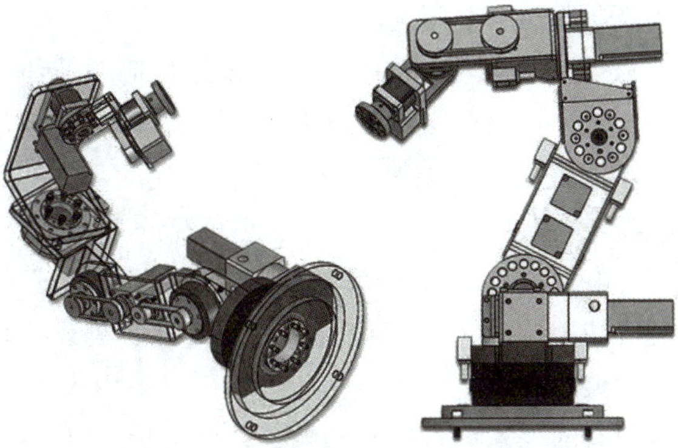

图 8-2　工业机器人的机械结构

从机械结构来看，工业机器人总体上分为串联和并联两种。串联机器人的特点是一个轴的运动会改变另一个轴的坐标原点，而并联机器人一个轴运动不会改变另一个轴的坐标原点。早期的工业机器人都采用串联机构。

并联机构定义为动平台和定平台至少通过两个独立的运动链相连接，机构具有两个或两个以上自由度，且以并联方式驱动的一种闭环机构。并联机构由手腕和手臂两部分构成。手臂活动区域对活动空间有很大影响，而手腕是工具和主体的连接部分。与串联机器人相比较，并联机器人具有刚度大、结构稳定、承载能力大、微动精度高、运动负荷小的优点。在位置求解上，串联机器人的正解容易，但反解十分困难；而并联机器人则相反，其正解困难，反解却非常容易。

机械臂的前端是工业机器人的“中控手腕”。所谓“中空”，是指结构（如建筑物）中某一层或连续多层的某个位置没有隔板（楼板），使得该位置上下贯通，形成两层或多层上下联通的空间，该位置称为中空。工业机器人的手腕是支撑和调整末端执行器（手部）的方位和扩大手臂的动作范围（见图8-3）。有些专用机器人可以没有手腕而直接将手部安装在手臂的端部。

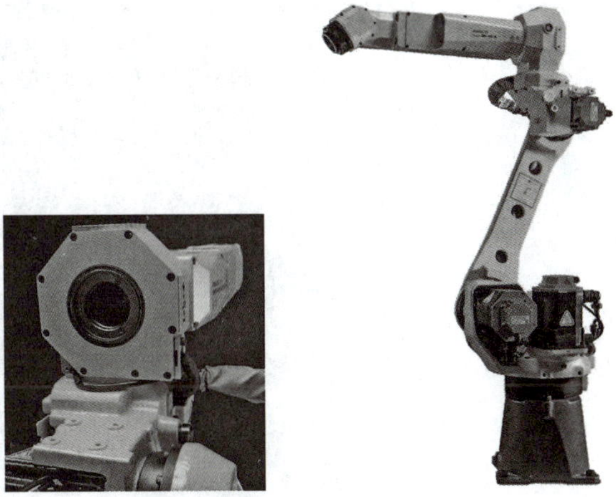

图 8-3　工业机器人的中空手腕

8.1.2 驱动系统

驱动系统（见图8-4）是向机械结构系统提供动力，给每个关节即每一个运动自由度安置的传动装置，使机器人运动起来。根据动力源不同，驱动系统的传动方式分为液压式、气压式、电动式和机械式四种。也可以把它们结合起来成为一个综合应用系统，直接驱动或者通过同步带、链条、轮系、谐波齿轮等机械传动机构进行间接驱动。

早期的工业机器人采用液压驱动。由于液压系统存在泄露、噪声和低速不稳定等问题，并且功率单元笨重和昂贵，目前只有大型重载机器人、并联加工机器人和一些特殊应用场合在使用液压驱动的工业机器人。

气压驱动具有速度快、系统结构简单、维修方便、价格低等优点。但气压装置的工作压强低，不易精确定位，一般仅用于工业机器人末端执行器的驱动，气动手抓、旋转气缸和气动吸盘作为末端执行器用于中、小负荷的工件抓取和装配。

电力驱动是目前使用最多的一种驱动方式。电源取用方便，响应快，驱动力大，信号检测、传递、处理方便，并可以采用多种灵活的控制方式。驱动电机一般采用步进电机或伺服电机，目前有的也采用直接驱动电机，但造价较高，控制也比较复杂。与电机相配的减速器一般采用谐波减速器、摆线针轮减速器或者行星齿轮减速器。由于有大量的直线驱动需求，直线电机在并联机器人领域得到广泛应用。

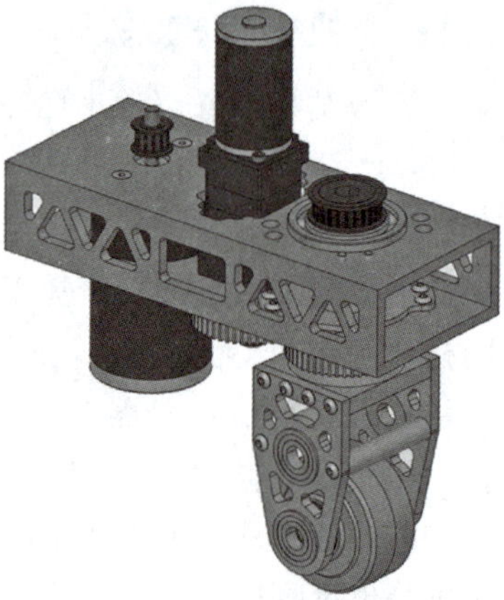

图 8-4　工业机器人驱动系统

8.1.3　感知系统

工业机器人感知系统（见图8-5）包括内部和外部传感器模块，其作用是获取内部和外部环境状态中有意义的信息，提高机动性、适应性和智能化水准。虽然人类的感受系统对感知外部世界信息是极其灵敏的，但对于一些特殊信息，传感器比人类的感受系统更准。

图 8-5　机器人感知系统

感知系统把工业机器人各种内部状态信息和环境信息从信号转变为自身或者之间能够理解和应用的数据和信息，除了需要感知与自身工作状态相关的机械量（如位移、速度和力等），视觉感知技术也是工业机器人感知的一个重要方面。视觉伺服系统将视觉信息作为反馈信号，用于控制调整位置和姿态，在质量检测、识别工件、食品分拣、包装的各个方面得到广泛应用。

8.1.4　机器人 - 环境交互系统

机器人-环境交互系统是实现工业机器人与外部环境中设备相互联系和协调的系统。可以将工业机器人与外围设备集成为一个功能单元，如加工制造单元、焊接单元、装配单元等。当然，也可以集成多台工业机器人、机床或设备、存储装置等，作为一个执行复杂任务的功能单元。

8.1.5 人机交互系统

人机交互系统（见图8-6）是实现操作人员参与工业机器人控制并与之进行联系的装置。例如，计算机终端、指令控制台、信息显示板、危险信号报警器等。该系统可以分为指令给定装置和信息显示装置两大类。

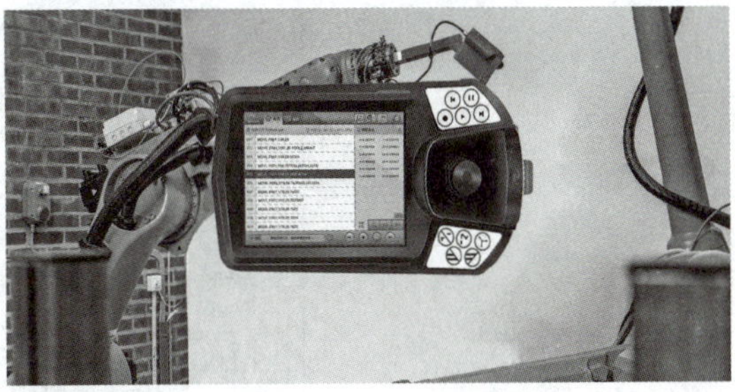

图 8-6 人机交互系统

8.1.6 控制系统

控制系统的任务是根据工业机器人的作业指令以及从传感器反馈回来的信号，控制工业机器人的执行机构去完成规定的运动和功能。如果工业机器人不具备信息反馈特征，则为开环控制系统；具备信息反馈特征，则为闭环控制系统。根据控制原理可分为程序控制系统、适应性控制系统和人工智能控制系统；根据控制运动的形式可分为点位控制和连续轨迹控制。

图 8-7 机器人的典型应用

用于印制电路板、包装、打标签、夹板装载、产品检验和测试等工序中，工业机器人的典型应用主要包括焊接、绘画、组装、挑选、移动和协助物料输送（见图8-7）等，这些应用都是以高耐用性、高速度和高精度完成的。

8.2 控制器

控制器又称控制柜、电控柜，其外观和外部按钮分布如图8-8所示，面板按键分布和说明如图8-9所示。

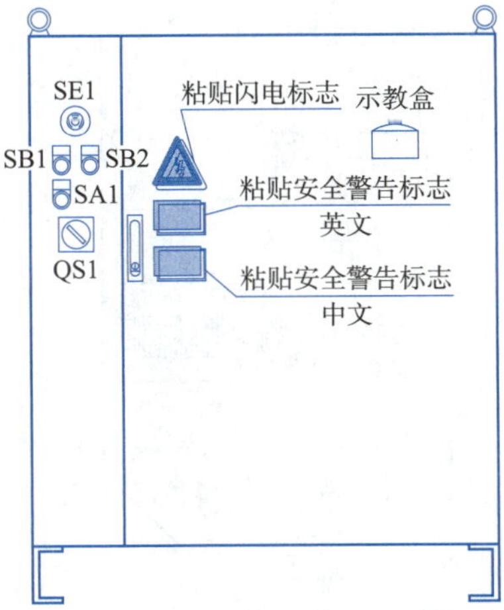

（a）正视

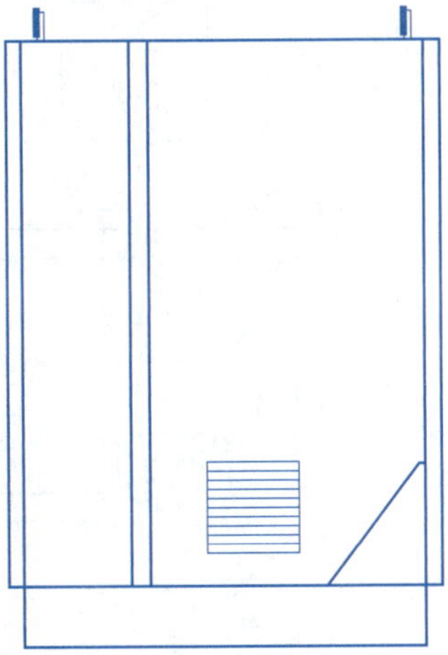

（b）右视

图 8-8 控制器外观

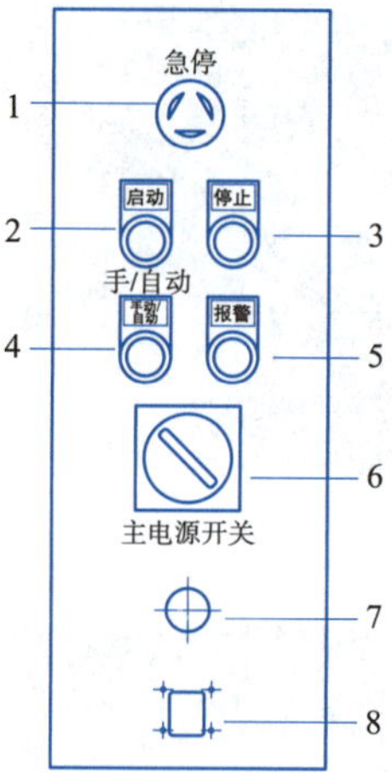

	电控柜紧急停止按钮
	运行按钮及指示灯
	暂停按钮
	示教/再现模式选择开关
	报警指示灯
	电控柜的主电源开关
	示教编程器线缆接口
	预留孔

图 8-9　控制柜按钮分布

控制柜内部布局如图8-10、图8-11所示（不同机器人控制柜布局有所不同）。

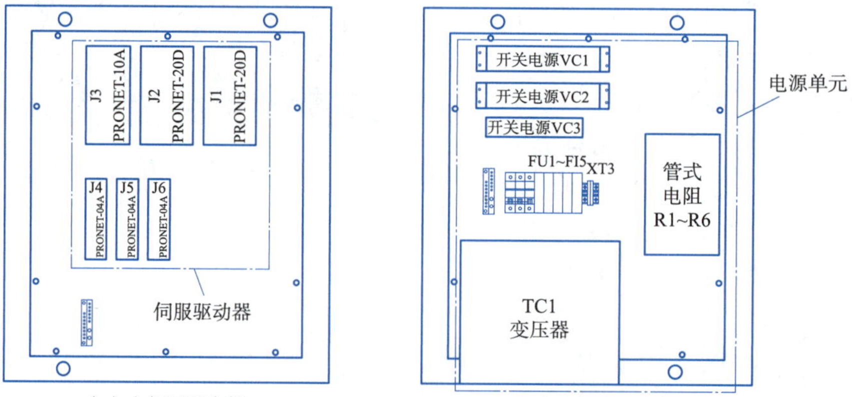

（a）电柜正面内部　　（b）电柜背面内部

图 8-10　控制柜内部布局图

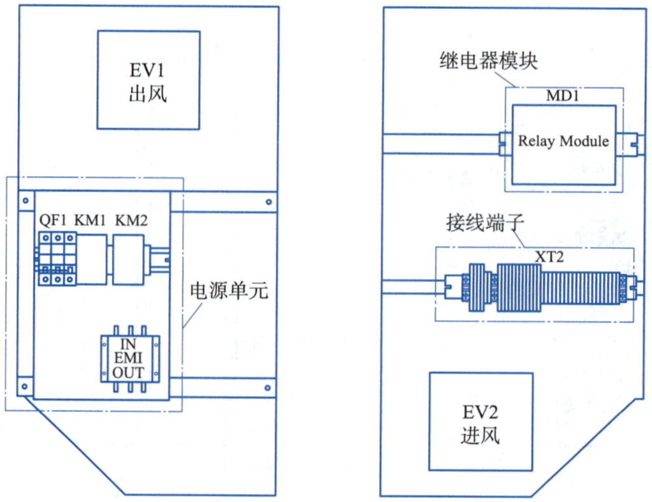

（a）从柜体正面内部看柜体左侧　　（b）从柜体正面内部看柜体右侧

图 8-11　控制柜内部布局图（侧面）

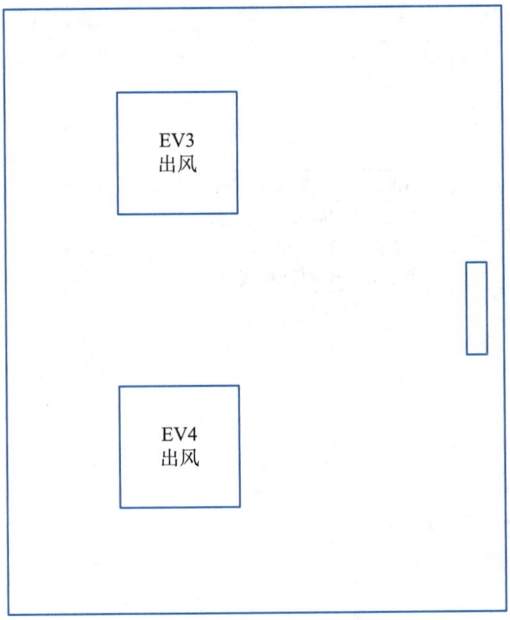

（c）后门内部

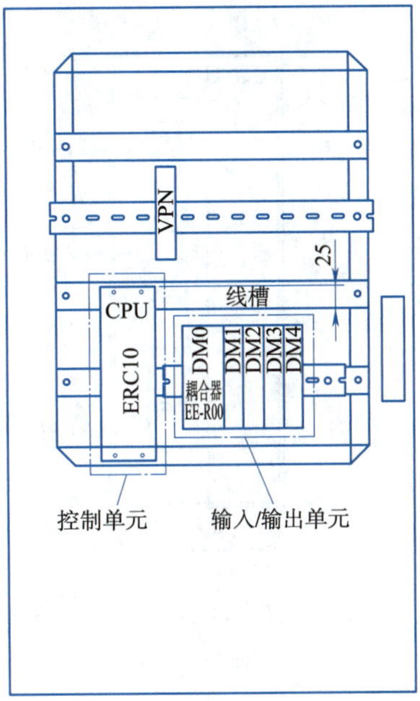

（d）右前门内部

图 8-11　控制柜内部布局图（侧面）（续）

8.2.1　电源单元

三相交流电通过滤波器进行滤波后，经变压器将三相交流380 V电压变为三相交流200 V。针对使用200 V供电的伺服驱动的控制柜而言，全部使用400 V伺服驱动器的控制柜，没有变压器。当存在临时性的电源频率中断或电压下降，或驱动器有任何报警时，停电处理电路动作和伺服电源切断，如图8-12所示。

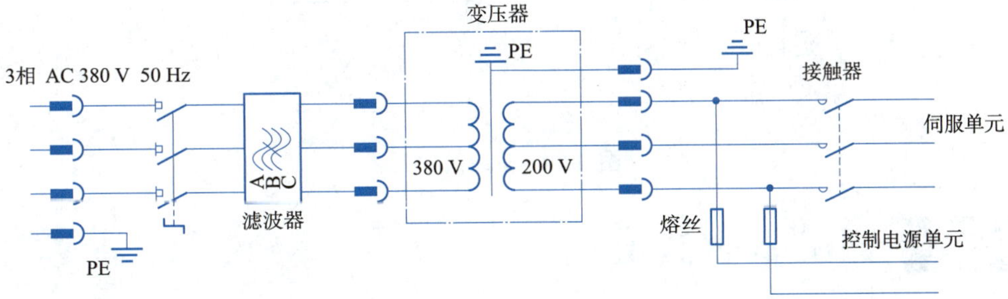

图 8-12　电源的输入连接

8.2.2　控制单元

控制单元是工业机器人系统的运动控制中心，实现运动控制及部件协调控制，是接收示教编程器指令，发送终端控制信号的核心单元，如图8-13所示。

控制单元的尺寸图如图8-14所示。

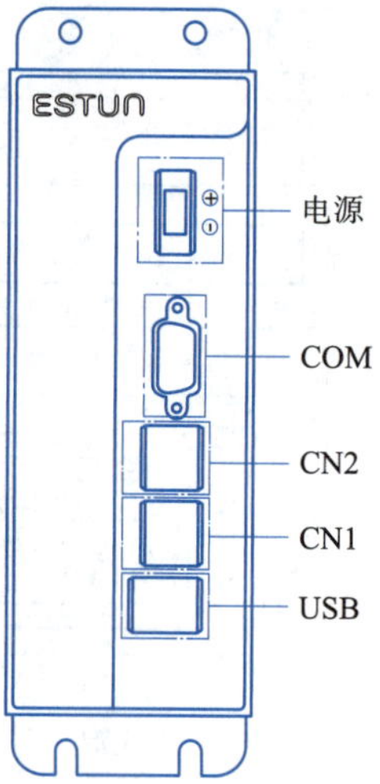

电源	DC 12×(1±10%) V，电源极性参见面膜标识
	调试用，仅限技术工程师
	连接示教编程器接口
	连接EtherCAT网络接口
	USB接口

图 8-13　控制单元的接口布局

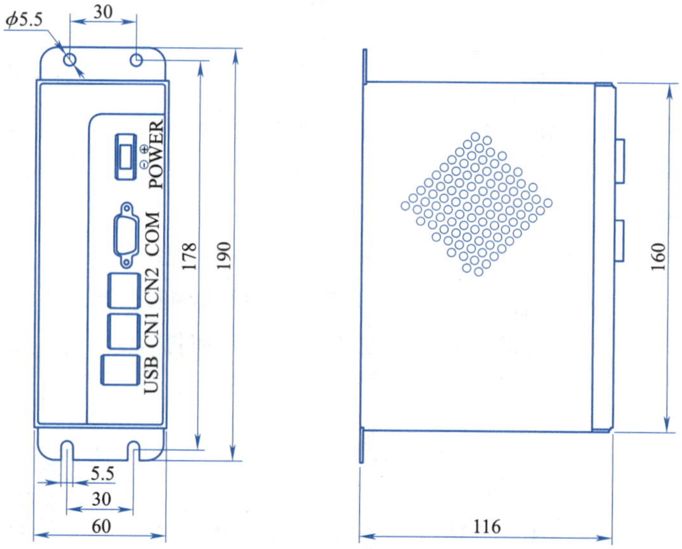

图 8-14　安装尺寸图

8.3　伺服驱动单元

伺服驱动器（见图8-15）是现代运动控制的重要组成部分，广泛应用于工业机器人及数控加工中心等自动化设备中。交流伺服驱动器设计中普遍采用基于矢量控制的电流、速度、位置三闭环控制算法。该算法中速度闭环设计合理与否，对整个伺服控制系统，特别是速度控制性能的发挥起到关键作用。

（1）使用工业机器人时，要注意严禁将伺服电机直接与市网电源连接，这样极易损坏伺服电机。伺服电机没有伺服驱动器的支持不能旋转。

图 8-15　伺服驱动器

（2）接通电源后禁止插、拔驱动器上的接插件。带电插拔极易损坏驱动器的内部电路和电机编码器。应在断电后再插拔接插件。

断电5 min后才能进行伺服系统的检查作业，因为即使切断电源，伺服驱动器内部的电容中仍然存储有相当的电量。为了防止发生触电事故，建议在确认CHARGE指示灯灭之后，再过5 min，才能开始进行伺服系统的检查操作。

（3）伺服驱动器与控制柜中其他设备的安装间隔需要保持在10 mm以上。伺服驱动器易发热，要尽可能选择有利于散热的安装布局，它与其他设备的横向间隔最好在10 mm以上，纵向间隔最好在50 mm以上，安装环境不受结露、振动、冲击的影响。

（4）抗干扰处理和接地。信号干扰极易造成机械振动和运行异常，要严格遵守如下规定：

①强电线缆和弱电线缆分开走线。

②尽量缩短走线长度。

③伺服电机和伺服驱动器的安装应采用单点接地，接地阻抗在100 Ω以下。

④伺服电机和伺服驱动器之间严禁使用电源输入干扰滤波器。

（5）应使用快速反应型的漏电保护器，或指定PWM逆变器使用的漏电保护器，严禁使用延时型漏电保护器。

（6）避免极端的调整或变更。不宜对伺服驱动器的参数进行极端的调整或变更，否则易引起机械的剧烈震荡，造成不必要的财产损失。

（7）不要直接使用电源的通/断来运行伺服电机。电源频繁通/断会使伺服驱动器内部组件迅速老化，降低驱动器使用寿命。应使用指令信号来控制伺服电机的运行。

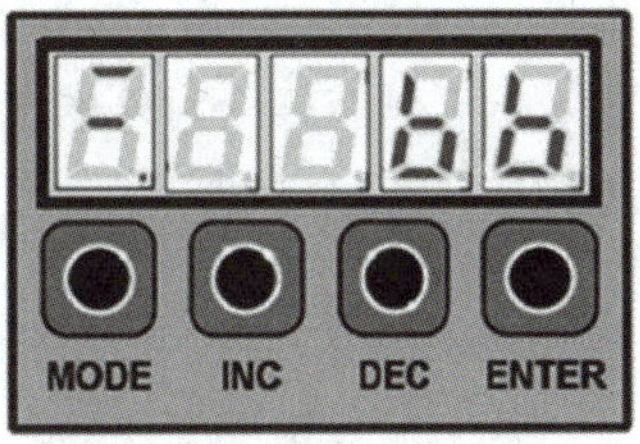

图 8-16　驱动器正常显示状态

驱动器启动正常显示状态如图8-16所示。

驱动器接线端口及功能分布如图8-17所示。

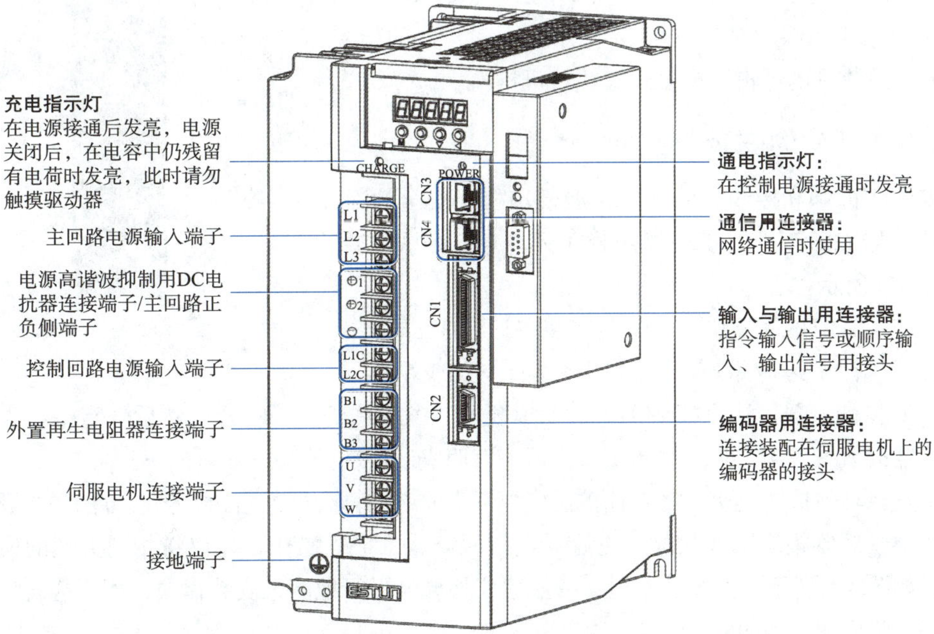

图 8-17　驱动器接线端口及功能分布

8.4 输入/输出单元

输入/输出（I/O）单元是机器人与操作对象间传递输入/输出信号的接口部件，包括耦合器、数字输入、数字输出等。

8.4.1 耦合器

耦合器是扩展模块和EtherCAT（以太网现场总线）主站之间的数据中转站，其功能如下：

（1）接收并执行主站的指令。

（2）管理所有扩展模块。

（3）收集所有扩展模块的数据，并将其发送给主站。

（4）将主站的运算结果发送给扩展模块。

耦合器不具备对外供电的能力，一般都需要带有电源模块。图8-18所示为耦合器的接口。

耦合器有四个对外的接口：2个RJ-45接口，1个电源接口和1个扩展接口（有的在耦合器背面）。

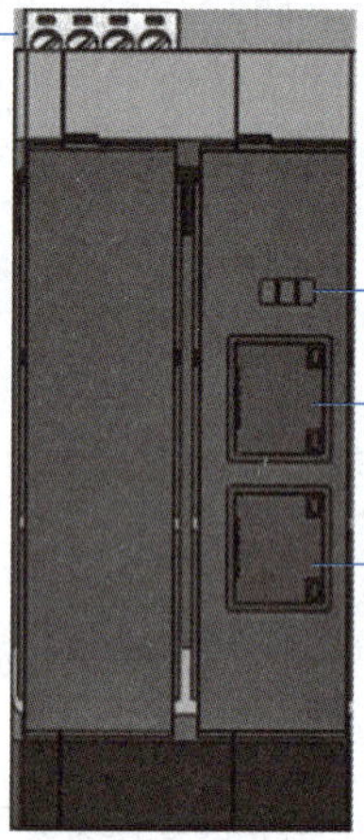

图 8-18 耦合器接口

8.4.2 数字输入/输出

数字输入扩展模块的功能：采集24 V DC逻辑输入信号，并将采集结果发给耦合器，耦合器将通过EtherCAT总线把信号再传给EtherCAT主站。数字输入模块的接口如图8-19所示，数字输入扩展模块有两个对外的接口：2个信号（扩展）接口。

逻辑输出扩展模块的功能：接收并执行耦合器的指令，把从耦合器接收到的逻辑数据发送给执行机构。

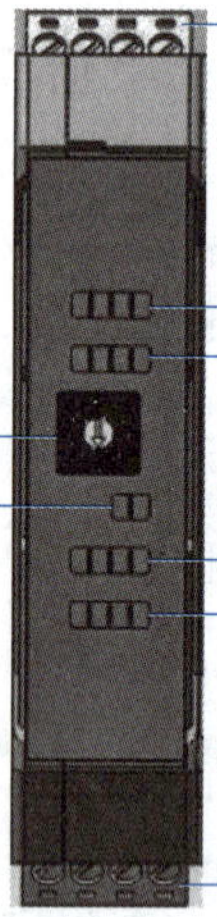

图 8-19 数字输入 ER-1311 接口

8.4.3 I/O 从站的安装与组网

在安装、拆卸和接线之前确保扩展模块处于安全的断开状态。耦合器和所有扩展模块都安装在标准T-BUS总线端子上，如图8-20所示。

（1）安装T-BUS总线端子。将其安装在标准U35导轨上。一般情况下，有多少个模块就安装多少个T-BUS总线端子。

（2）安装耦合器。注意模块下方的凹槽要与T-BUS总线端子吻合，然后任意一端先卡住导轨，再轻轻按下另一端，听到“咔嚓”声后，表明安装成功。

（3）安装其他扩展模块。将其他扩展模块依次安装在耦合器的右边，安装方法同步骤（2）。

为了便于观察模块工作状况，更容易进行检修、维护等操作，建议将相同类型的模块安装在一起，如图8-21所示。安装从站时，一般建议将导轨平行地面来安装模块，而不能将导轨垂直于地面来安装模块，如图8-22所示。

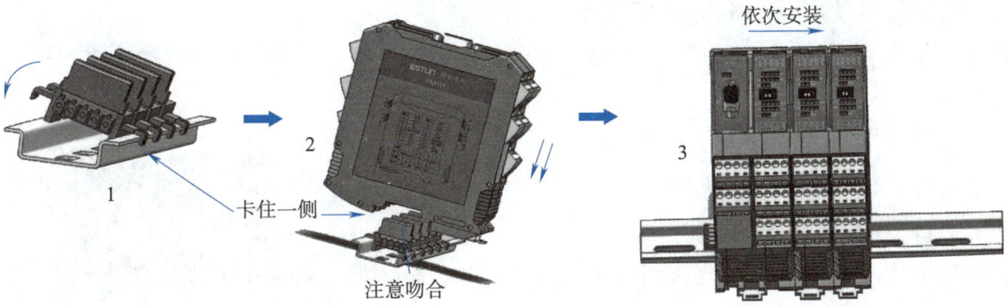

图 8-20　模块的安装示意图

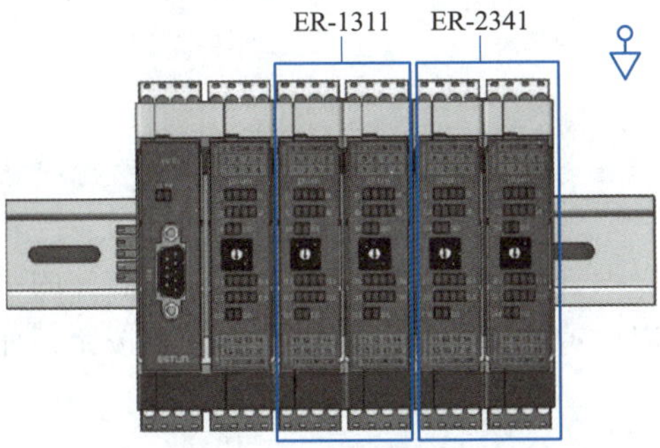

图 8-21　安装顺序示例

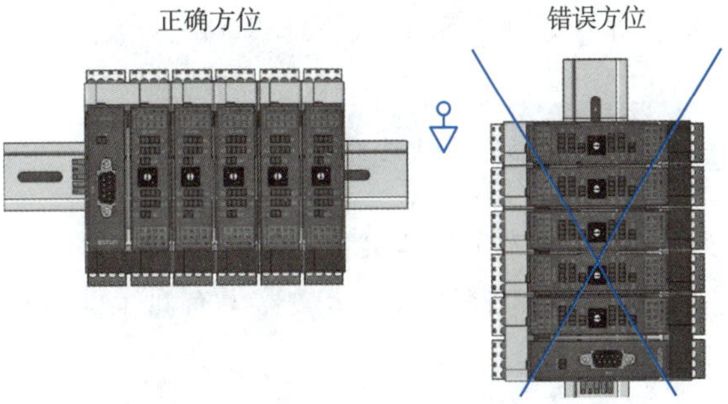

图 8-22　安装方位示意图

拆卸时，在耦合器和扩展模块的下方都有一个弹簧锁扣，在安装时会自动卡住导轨。拆卸时，只需要用螺丝刀将弹簧锁扣往外拨，再顺势将模块往垂直于导轨的方向推起，便可拆卸下来，如图8-23所示。

为了区分EtherCAT从站中不同的扩展模块，每个扩展模块的顶端都有一个拨码器，用于设置模块在从站中的ID，区分不同的模块，如图8-24所示。

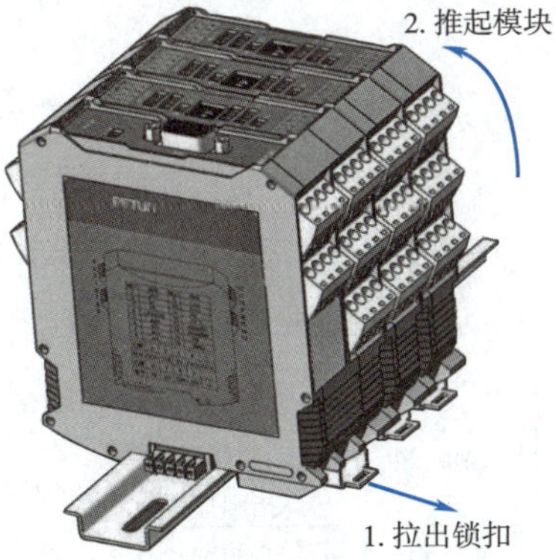

图 8-23　拆卸示意图

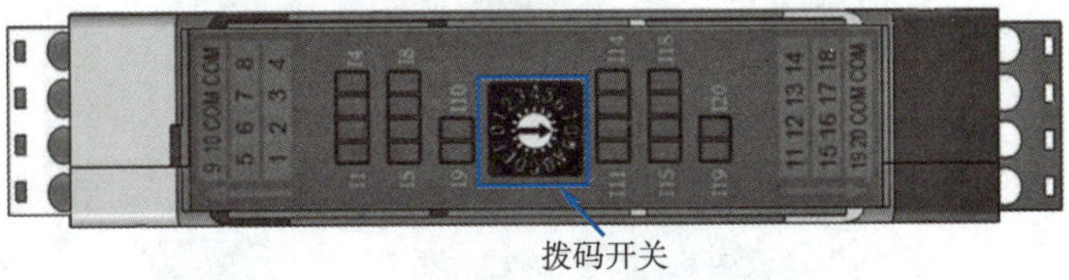

图 8-24　拨码开关示意图

为设置拨码开关，可以使用一字形螺丝刀插入箭头的凹槽，扭动拨码器，将箭头指向某个数字（0~F）。一个从站中的每个扩展模块的ID不能重复。设置ID号时，请按照从左向右的方向由低到高排列，如ER-1311块设置为1，右边的模块依次设置为2，3，4……依此类推。

接线时，推荐使用线径不小于0.3 mm，不带屏蔽层的连接线。最多可以连接12根线到一个扩展模块上。接线步骤如下：

（1）将线插入接线孔并保持稳定，同时使用一字形螺丝刀准备拧转。

（2）拧转螺丝刀，直到不能拧动。

安装分布式从站模块时，需要注意远离大功率电器的干扰，如变频器、接触器、伺服驱动器等，至少保持400 mm的距离。

为便于接线与装卸，分布式从站模块的安装位置如图8-25所示（与外界阻隔相距150 mm）。

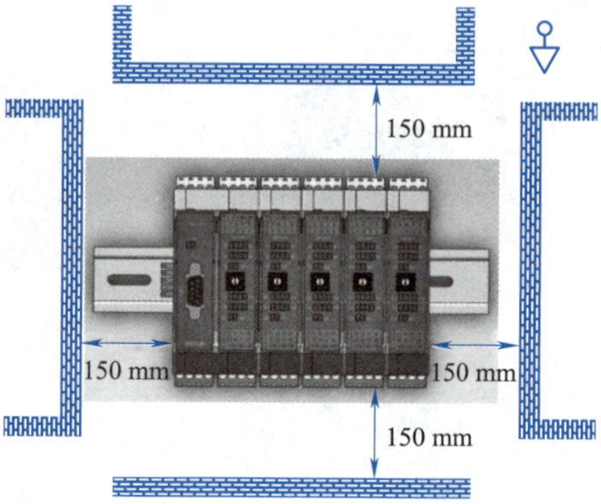

图 8-25　分布式从站模块安装位置

8.5 示教器

工业机器人示教器又称示教编程器，是进行手动操纵、程序编写、参数配置以及监控的手持装置，如图8-26所示。示教器上有对工业对机器人进行示教和编程所需的操作键和按钮，如图8-27所示。

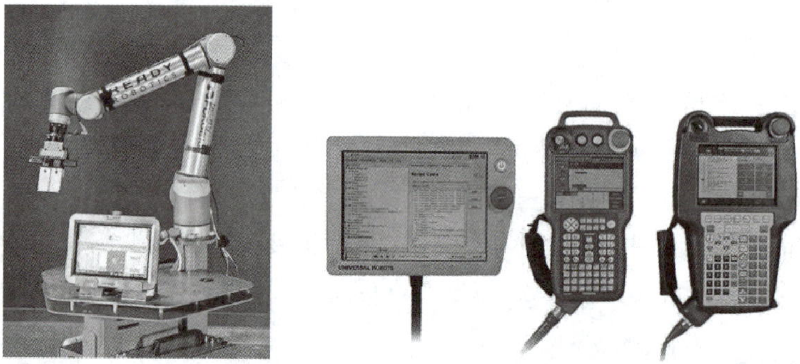

图 8-26　工业机器人示教器

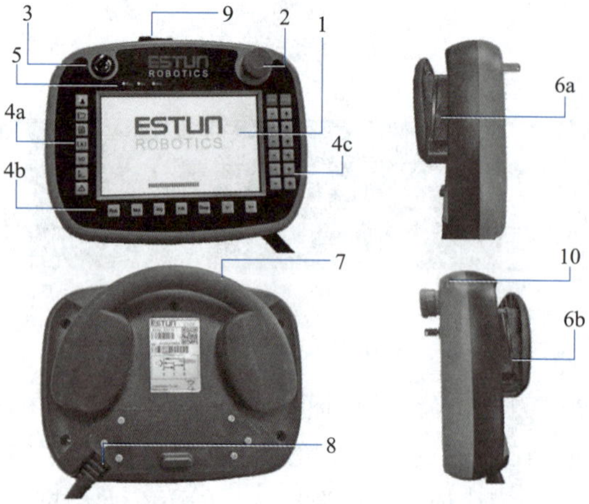

序号	说明
1	显示屏
2	紧急停止按钮
3	模式选择开关
4a、4b、4c	全局功能按键
5	状态指示灯
6a、6b	伺服使能开关
7	悬挂手柄
8	电缆接入区
9	USB插槽
10	触摸笔

图 8-27　示教编程器外观及说明

8.5.1 示教器的特点

利用示教器开展工业机器人作业有很多优点：

（1）安全：对非协作型工业机器人进行编程，需要使用失能开关。这是一种在操作者失去行为能力，诸如死亡、失去意识或者离开控制设备时，能自动动作的开关，一般作为失效安全的一种形式，停止机器以避免可能发生的危险。示教器使用户能够通过使用钥匙将工业机器人的操作模式从示教模式和无限制操作之间相互切换，从而控制使能开关。

对协作型机器人，也有一些紧急情况需要机器人自行停止工作。示教器有确保安全的保护性停机的作用。所有系统都有可能出现故障，所以操作员需要有能力控制机器人并将其行为模式切换到安全模式，以便人进入工作单元或接近机器人。示教器是执行这些操作的有效工具。

（2）监控：示教器可以用来监控工业机器人和工作单元中所有设备是否存在行为错误并报警，可以判断可能的动作错误。程序运行时，示教器是了解工业机器人操作以及整个程序控制位置的窗口。

（3）测试：示教器是测试工业机器人新程序方便快捷的工具和方法。当然，除了用示教器进行测试，还可以通过第三方工具完成测试。示教器可以完成简单编程任务，例如对于机器人的拉伸、拾取和放置、直线焊接和点胶之类的编程，这些操作简单且需要迅速完成，如图8-28所示。

图 8-28　工业机器人示教作业

使用示教器执行的其他测试活动包括示教基本框架和工具框架。操作员可以缓慢运行机器人以确认其如何在工作单元中移动，还可以验证工作单元中机器人及其工装工具的作用范围。

（4）对工业机器人程序进行实时调整：例如，有时工业机器人会因为各种原因发生漂移，导致精度降低；再如，机械臂末端工具会因为对齐不正确无法到达零件。这时，示教器能够起到补偿作用，有可能使焊接结果得以优化到令人满意的程度。

（5）示教器能主动提示操作员进行所需的输入。特别是在开始新任务时，操作员可能希望暂停程序以检查零件或检查应用程序其他区块，这样，就可以在运行时用示教器与任务交互。

（6）示教器可以在工作单元中集成许多组件，如激光扫描仪、堆栈灯等。操作员将程序加载到工业机器人上，然后编写子程序，以协调机器人的运动与工作单元中的其他组件的活动，这些子程序的编码也将由示教器执行。

（7）允许用户添加控制逻辑。一旦操作员创建并测试程序，可以使用示教器添加控制逻辑，使应用程序自动运行。通常可以与工作单元中的其他机器人或设备配合使用。

（8）示教器提供了在配置应用程序和执行应用程序之间的交互作用，使操作员可以快速有效地执行任务。但是，如今大多数示教器都是各品牌独立开发的，不能共享。

8.5.2 按键

示教器的按键包括功能键、菜单键和轴操作键。

（1）功能键：在示教编程器下方，其功能说明见表8-1。

表 8-1 功能键说明

按　键	功能说明
Rob	快捷菜单键
Mot	伺服使能功能键
Jog	坐标系选择功能键：在点动模式下实现机器人坐标系的切换，包括关节坐标系、世界坐标系、用户坐标系和工具坐标系
F/B	倒序执行程序功能键：手动模式下，按此键切换至倒序执行，再次按下，切换回至正常顺序执行
Step	示教再现运行方式选择功能键：示教再现运行时，运行方式的选择，包括单步和连续两种方式
V-	速度减功能键
V+	速度加功能键

（2）菜单键：在示教器的左侧，其功能说明见表8-2。

表 8-2 菜单键说明

按　键	功能说明
	系统设置：此菜单界面实现用户登录，版本信息等功能
	工程管理：此菜单界面实现对工程的管理功能，如导入导出、新建、删除、重命名等
	程序编辑：此菜单界面实现对程序的编辑功能，如示教指令插入、修改等
(x)	程序数据：此菜单界面实现变量的新建、赋值、管理等功能
	I/O检测：此菜单界面实现系统I/O信号的监视，并可进行I/O信号的诊断
	位置管理：此菜单界面实现对示教操作参数的设置功能，如点动速度、坐标系切换等
	系统日志：此菜单界面显示所有系统操作反馈信息，包括提示、警告、错误等

（3）轴操作键：在示教器的右侧，其功能说明见表8-3。

表 8-3　轴操作键说明

按　键	功 能 说 明
	启动示教再现按键
	示教再现停止按键
	正方向点动按键：关节坐标系下，对应关节的正方向运动，基坐标系下，对应X、Y、Z、A、B、C的正方向运动，工具坐标系下，对应TX、TY、TZ、TA、TB、TC的正方向运动
	负方向点动按键：关节坐标系下，对应关节的负方向运动，基坐标系下，对应X、Y、Z、A、B、C的负方向运动，工具坐标系下，对应TX、TY、TZ、TA、TB、TC的负方向运动

8.5.3　显示

示教器的彩色显示屏（见图8-29）一般为7英寸，能够显示数字、字母和符号。

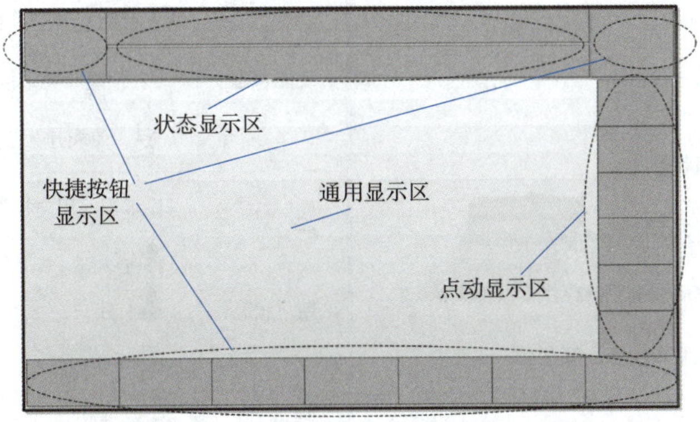

图 8-29　示教器显示区域说明

（1）通用显示区：显示菜单操作，可对程序、特性文件、各种设置进行显示和编辑。

（2）状态显示区：显示系统各运行状态，包括运行模式、伺服状态、点动坐标系和点动速度等（见图8-30和表8-4）。

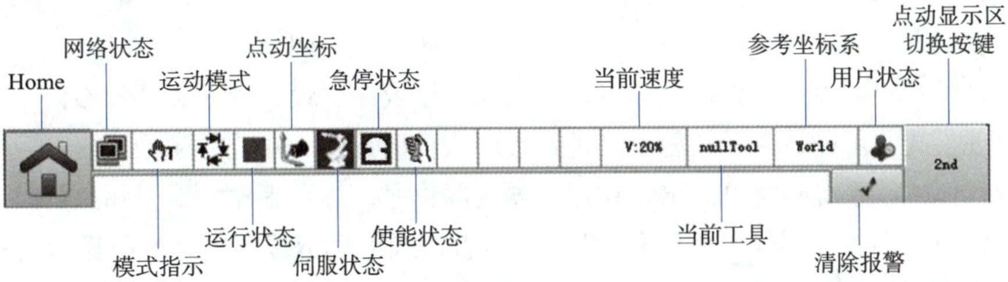

图 8-30　示教编程器状态显示区

表 8-4 状态区显示内容

状态	说明	状态	说明
模式指示	示教编程器运行模式： A：再现模式； T：示教模式； ：禁止操作模式； AE：远程模式	运行模式	再现程序的运动模式： ：单步运行模式； ：连续运行模式； ：倒序运行模式；
点动坐标系	：关节坐标系； ：直角坐标系； ：工具坐标系； ：用户坐标系； ：外部工具坐标系； ：变位机坐标系	运行状态	再现程序运行状态： ：运行； ：暂停； ：停止
		急停状态	：急停按钮未按下； ：急停按钮已按下
伺服使能	机器人伺服状态： ：伺服使能； ：伺服未使能； ：伺服使能，但存在零点丢失； ：伺服未使能，但存在零点丢失	使能状态	显示示教编程器上的使能开关当前状态： ：使能开关未接通； ：使能开关已接通
		用户状态	显示当前用户权限： ：游客； ：用户； ：管理员； ：调试

（3）快捷按钮显示区：显示当前页面下各个快捷按钮的作用。

（4）点动显示区：显示当前对应点动按键的点动方式，如当点动显示区显示A1、A2、A3、A4、A5、A6时，对应为关节点动方式。

8.5.4 模式开关

通过拨动钥匙，可以在示教、再现、远程三种系统模式之间切换。

（1）示教模式：可以编制和示教程序，修改已登录程序，设置程序文件和参数。

（2）再现模式：可以再现示教程序，进行程序文件的设置、修改或删除。

（3）远程模式：系统随时可调出存在存储器内的程序，进行程序的编辑和执行。

作为编辑对象的程序叫作“编辑程序”，是示教模式下显示程序内容时所显示的程序。作为执行对象的程序叫作“执行程序”，是再现模式下显示程序内容时所显示的程序，如图8-31所示。

在示教器上对动作模式进行切换，编辑程序和执行程序之间不发生转换。在再现模式下运行一个编辑程序，首先把模式转换成再现模式，然后读出程序。

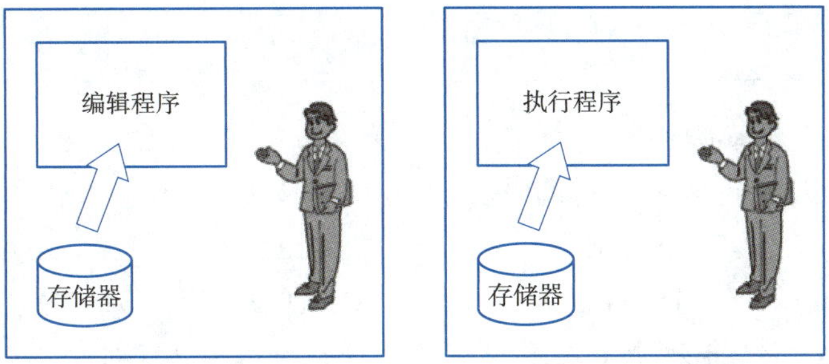

（a）示教模式　　（b）再现模式

图 8-31　运行模式与程序的对应关系

8.5.5　急停按钮与伺服使能开关

图 8-32　解除急停状态

当发生紧急情况时，可以通过快速按下急停按钮（见图8-32）采取保护措施。急停按钮位于控制柜前面板上，按下后会被锁定，解除急停状态需要按按钮上的指示方向旋转按钮。

在示教和点动运行时，需要按下伺服使能开关才能使伺服使能（励磁），开关在按下的第一个接触点时为接通使能信号，按到底时为断开使能信号。其位置在示教器右手把手位，起到接通与断开使能信号的作用。

8.6　周边设备

根据具体应用不同，工业机器人的周边设备（末端执行器）会有差异。一般情况下，这些应用工具是由专门生产厂家提供的。说到底，工业机器人只是一个位移机构和控制系统，真正实现应用功能的，是为其配备的终端工具，如点焊枪、抓具、弧焊枪、螺柱焊枪、激光焊枪、胶枪、滚刀、喷枪、检测头、打刻头、打磨头、视觉系统等。图8-33所示为带有不同终端设备的工业机器人。

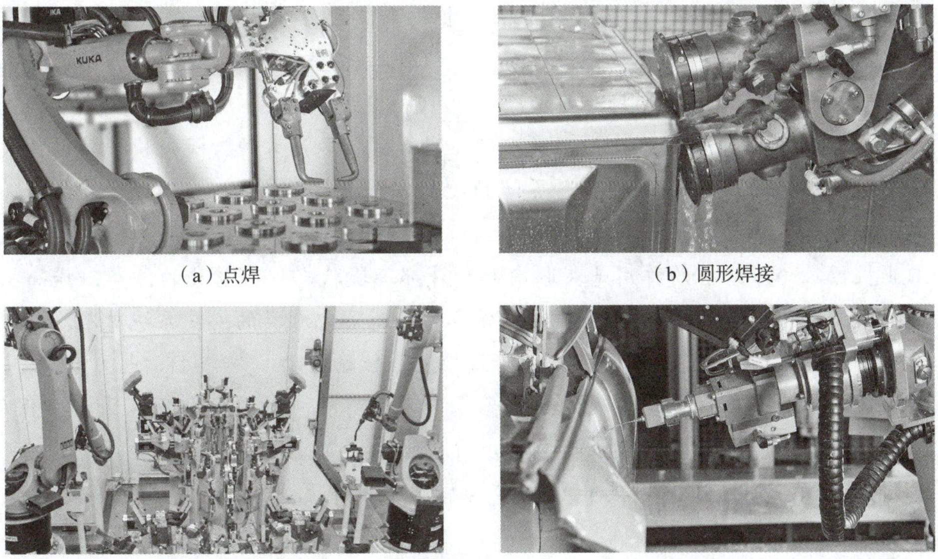

（a）点焊　　（b）圆形焊接

（c）气体保护焊（一种弧焊）　　（d）涂胶

图 8-33　带有不同终端设备（执行器）的工业机器人

作　业

1. 工业机器人的主体框架结构基本确定，一般分为（　　）三大部分，具体分为六个子系统，即驱动系统、机械结构系统、感知系统、机器人-环境交互系统、人机交互系统和控制系统。

①阻尼　②机械　③控制　④感知

A. ②③④　B. ①②③　C. ①②④　D. ①③④

2. 机械结构系统主要由机身（基座）、手臂、末端操作器（手部）三大部分组成。每部分都有若干（　　），构成一个多自由度的机械系统。

A. 传感器　B. 零部件　C. 自由度　D. 方案

3. 从（　　）来看，工业机器人总体上分为串、并联两种。串联机器人的特点是一个轴的运动会改变另一个轴的坐标原点，而并联机器人一个轴运动不会改变另一个轴的坐标原点。

A. 经费来源　B. 机械结构　C. 能量形式　D. 反应方式

4. 并联机器人有两个构成部分，分别是（　　）。与串联机器人相比较，并联机器人具有刚度大、结构稳定、承载能力强、微动精度高、运动负荷小等优点。

A. 电流和电阻　B. 连杆和曲轴　C. 下臂和上臂　D. 手腕和手臂

5. 工业机器人的（　　）向机械结构系统提供动力，给每个关节即每一个运动自由度安置的传动装置，使机器人运动起来。

A. 驱动系统　B. 电气系统　C. 输入系统　D. 输出单元

6. 根据动力源不同，工业机器人的驱动系统的传动方式分为（　　）和机械式四种。也可以把它们结合起来成为一个综合应用系统。

①液压式　②气压式　③风压式　④电动式

A. ②③④　B. ①②③　C. ①②④　D. ①③④

7. 气压驱动具有速度快、结构简单、维修方便、价格低等优点，一般用于工业机器人末端执行器的驱动，（　　）可用于中、小负荷的工件抓取和装配。

①气动吸盘　②热空气球　③旋转气缸　④气动手抓

A. ①②③　B. ①③④　C. ①②④　D. ②③④

8.（　　）是目前工业机器人中使用最多的驱动方式。取用方便，响应快，驱动力大，信号检测、传递、处理方便，并可以采用多种灵活的控制方式。

A. 畜力驱动　B. 机械驱动　C. 气压驱动　D. 电力驱动

9. 工业机器人（　　）的作用是获取内部和外部环境状态中有意义的信息，提高机器人的机动性、适应性和智能化水准。对于一些特殊信息，传感器比人类的感受系统更准。

A. 感知系统　B. 驱动系统　C. 传输驱动　D. 电力系统

10. 机器人-环境交互系统是实现工业机器人与外部环境中的设备相互联系和协调的系统。可以将工业机器人与外围设备集成为一个功能单元，如（　　）等。

①制造单元　②焊接单元　③装配单元　④耦合单元

A. ①③④　B. ①②④　C. ①②③　D. ②③④

11. (　　)系统是实现操作人员参与机器人控制并与机器人进行联系的装置。例如，计算机的标准终端、指令控制台、信息显示板、危险信号报警器等。

A. 感知感应　　B. 人机交互　　C. 传输驱动　　D. 电力电源

12. (　　)的任务是根据机器人的作业指令以及从传感器反馈回来的信号，控制机器人的执行机构去完成规定的运动和功能。

A. 感知系统　　B. 交互系统　　C. 传输系统　　D. 控制系统

13. 工业机器人控制柜有两个单元。其中，(　　)是运动控制中心，它实现机器人的运动控制及与机器人协调的部件控制，是接收示教编程器指令、发送终端控制信号的核心单元。

A. 控制单元　　B. 电源单元　　C. 信号单元　　D. 执行单元

14. 工业机器人等自动化设备中的伺服驱动器设计普遍采用基于矢量控制的(　　)三闭环控制算法，对速度控制性能的发挥起到关键作用。

①电势　　②位置　　③速度　　④电流

A. ①③④　　B. ①②④　　C. ②③④　　D. ①②③

15. 输入/输出单元通常也称I/O单元或I/O模块，是机器人与操作对象间传递输入/输出信号的接口部件，包括(　　)等。

①耦合器　　②数字输入　　③数字输出　　④异步输出

A. ②③④　　B. ①②③　　C. ①②④　　D. ①③④

16. 用于工业机器人编程和控制技术的一个重要组成部分被称为(　　)，它是进行机器人手动操纵、程序编写、参数配置以及监控用的手持装置。

A. 感应器　　B. 交互器　　C. 驱动器　　D. 示教器

17. 对非协作型工业机器人进行编程，需要使用(　　)，这是一种在操作者失去行为能力时，能自动动作的开关。它一般作为通过示教器控制失效安全的一种形式。

A. 失能开关　　B. 使能开关　　C. 驱动提速　　D. 制动降速

18. 工业机器人的示教编程器显示屏一般分为四个显示区，分别为快捷按钮显示区、(　　)。

①通用显示区　　②状态显示区　　③报警显示区　　④点动显示区

A. ①③④　　B. ①②④　　C. ①②③　　D. ②③④

19. 在示教和点动运行时，需要按下(　　)开关才能使伺服使能(励磁)，该开关在按下的第一个接触点时为接通使能信号，按到底时为断开使能信号。

A. 周边设备　　B. 交互装置　　C. 伺服使能　　D. 示教条件

20. 说到底，工业机器人只是一个位移机构和控制系统。根据具体应用不同，工业机器人的(　　)必然有所差异。一般情况下，这些应用工具是由专门的生产厂家提供的。

A. 周边设备　　B. 交互装置　　C. 驱动环境　　D. 示教条件

【实训操作】熟悉工业机器人系统部件

1. 熟悉本体一般结构

请参考图8-1，在图8-34中的横线处标注工业机器人本体一般结构部件的名称(共16处)。

请选择：☐ 掌握　　☐ 理解　　☐ 重做

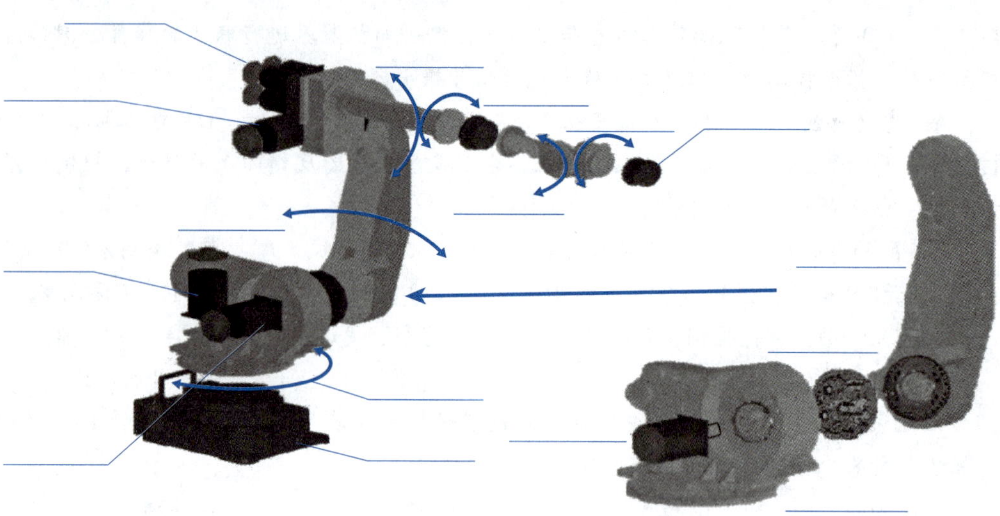

图 8-34　工业机器人一般结构标注图

2. 熟悉控制柜组成与功能

请阅读正文和网络搜索，加深理解和熟悉工业机器人示教器的组成与功能。

请选择：□ 掌握　　　　　□ 理解　　　　　□ 重做

3. 熟悉示教器

请阅读正文和网络搜索，加深理解和熟悉工业机器人示教器的组成与功能。

请选择：□ 掌握　　　　　□ 理解　　　　　□ 重做

4. 熟悉周边设备

请阅读正文和网络搜索，熟悉工业机器人周边设备（末端执行器）的组成与功能。

请选择：□ 掌握　　　　　□ 理解　　　　　□ 重做

5. 实训总结

____

____

6. 教师实训评价

____

____

第 9 课 系统操作与设置

学习目标

（1）熟悉工业机器人控制系统、驱动系统的基本组成与一般操作。

（2）了解配线连接的内容与作业顺序。

（3）重视电气功能的检查，熟悉电源的接通与切断操作。

学习难点

（1）工业机器人的控制系统与驱动系统。

（2）工业机器人电气功能的检查与调整。

9.1 控制系统

工业机器人的电气系统（见图9-1）由控制系统和驱动系统组成。其中的控制系统由控制器、机器人操作系统、功能安全系统、示教器等软件和硬件组成，可以根据系统设置和信号反馈发送控制指令。驱动系统包括配电保护、驱动器等，根据控制指令，输出功率驱动机械手臂。

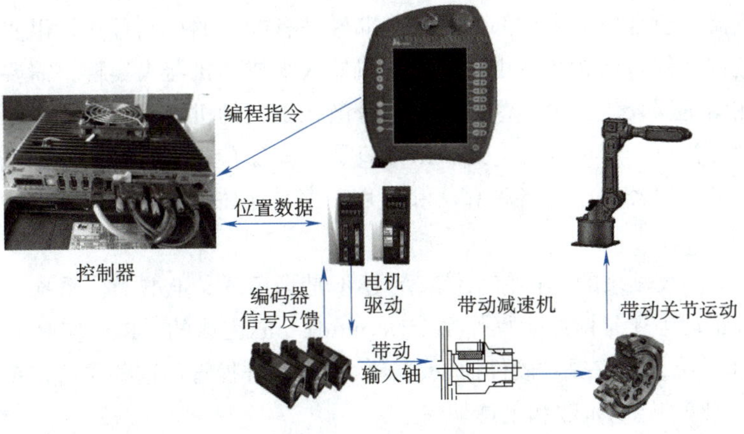

图 9-1　工业机器人的控制系统

9.1.1 控制器

工业机器人的控制器（见图9-2）可以由工业个人计算机（IPC）或可编程逻辑控制器（PLC）构成。

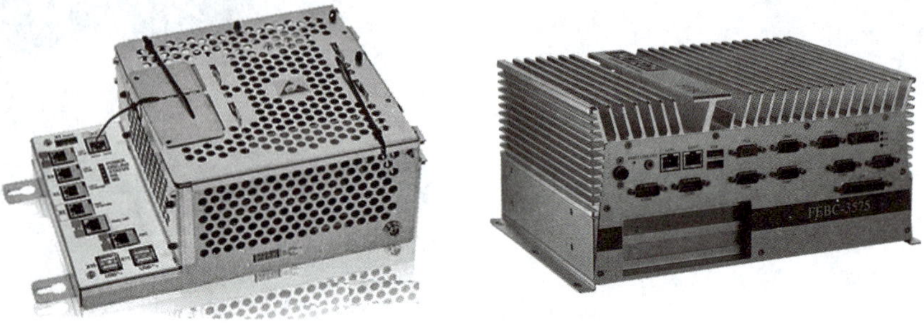

图 9-2 工业机器人的不同控制器

IPC是一种加固的增强型个人计算机，可以作为工业控制器在工业环境中可靠运行，它通常带有网络、传感器、驱动器等硬件接口，同时兼容性好、软件安装方便、通信方便。

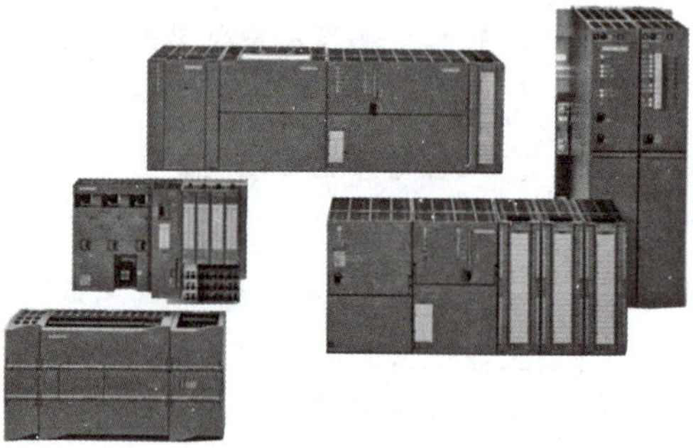

图 9-3 西门子公司的多款 PLC

PLC是一种带有微处理器的数字电子设备，是用于自动控制的数字逻辑控制器，可以将控制指令随时加载到存储器内存储与运行。PLC由内部CPU、指令及数据存储器、输入/输出单元、电源模块、数字模拟等单元模块组合而成。PLC（见图9-3）可接收（输入）及发送（输出）多种类型的电气或电子信号，用来控制或监督几乎所有种类的机械与电气系统。

9.1.2 机器人操作系统

机器人操作系统（ROS）用于处理各种工业机器人的控制指令、信号、中断请求等，一般在系统中预设了机器人参数、算法模型。

一个工业机器人通常包含多个部件，每个部件都有配套的控制程序，以实现运动与视听功能等。要协调这些部件，或者协调由多个工业机器人组成的机器人集群，需要让分散的部件能够互相通信。在多机器人集群中，这些部件还分散在不同的机器人上，解决这种分布式通信问题正是ROS的设计初衷。严格意义上讲，ROS只是一套分布式的通信框架，用来帮助程序进程之间更方便地通信。机器人中的各种算法和应用程序是用C++、Python等常见编程语言进行开发的。

ROS是一个机器人领域的元操作系统，它还不是真正意义上的操作系统，其底层的任务调度、编译、设备驱动等还是由原生操作系统Ubuntu Linux完成的。ROS实际上是运行在Ubuntu Linux上的亚操作系统，但它提供硬件抽象、函数调用、进程管理这些类操作系统功能，也提供用于获取、编译、跨平台的函数和工具。

ROS的核心思想是将机器人的软件功能做成一个个节点，节点之间通过互相发送消息进行沟通。这些节点可以部署在同一台主机上，也可以部署在不同主机上，甚至还可以部署在互联网上。ROS网络通信机制中的主节点负责对网络中各个节点之间的通信过程进行管理调度，同时提供配置网络中全局参数的服务。

ROS是松耦合软件框架，利用分布式通信机制实现节点间的进程通信。ROS的软件代码以松耦合方式组织，开发过程灵活，管理维护方便。

ROS是基于BSD协议的开源软件，具有丰富的开源功能库。ROS允许任何人修改、重用、重发布以及在商业和闭源产品中使用，使用ROS能够快捷地搭建自己的机器人原型。

为学好、用好ROS，需要进行大量的实践操作。在快速了解ROS的核心概念和编程范式后，要结合大量实际项目来深入理解ROS。学会用正确的方式解决问题，更快地提高能力。

9.1.3　功能安全系统

功能安全系统的作用是避免工业机器人系统对操作人员构成伤害，它专门研究如何避免工业机器人与安全相关的控制系统功能失效，旨在防止危险故障的发生或至少在出现故障时能够进行有效控制。功能安全系统主要涉及功能安全管理、硬件实现和软件实现三方面。

9.2　驱动系统

工业机器人的驱动系统通常由配电保护系统、驱动器等硬件组成。因为是电气系统，所以工业机器人系统的配电保护是必备的（见图9-4），其配置要求与普通的电气成套系统基本一致。

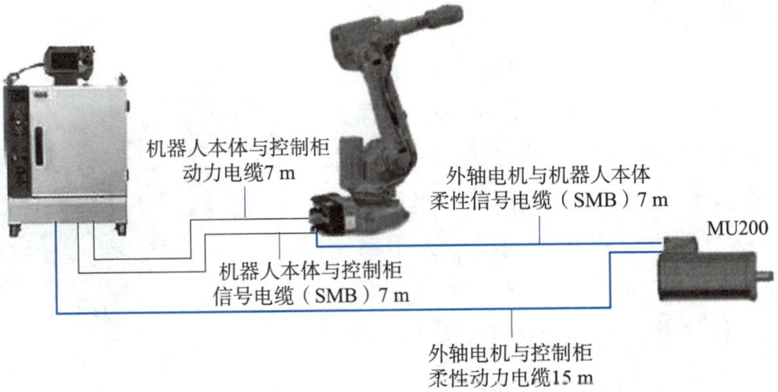

图 9-4　机器人配保护系统

驱动器负责为工业机器人的工作提供输入功率，实现对各个电机位置、速度、转矩的控制。一般都采用伺服驱动器，配备绝缘栅双极型晶体管，可以是集成式、模块式和独立型。

按动力源分，工业机器人的驱动系统有液压、气动和电动三类，各有特点。根据需要也可由这三种基本类型组合成复合式的驱动系统。

9.2.1　液压驱动系统

液压驱动系统通常由液动机（油缸、油马达）、伺服阀、油系、油箱等组成，通过压缩机油驱动执行机构工作。液压驱动是一种比较成熟的技术，其特点是动力大、力（或力矩）与惯量比大、体积小、传动平稳且动作灵敏、耐冲击、耐振动、防爆性好，能快速响应、易于实现直接驱动等。相对于电力驱动，液压驱动机器人的抓举能力要大得多，可高达上百千克，适于在承载能力大，惯量大以及在焊接作业中应用。但液压驱动系统需要进行能量转换（电能转换成液压能），对密封要求较高，且不宜在高温或低温场合工作，制造精度要求高，成本也较高。速度控制多数情况下采用节流调速，效率比电力驱动系统低。液压系统的液体泄漏会对环境产生污染，工作噪声也较高。因此，在负荷100 kg以下的机器人应用中往往被电动系统所取代。

图9-5所示为一款应用在铸锻行业的国产全液压重载机器人，其大跨度的承载可达到2 000 kg，机器人的活动半径可达到近6 m。

图 9-5　全液压重载机器人

9.2.2　气动驱动系统

气动（气压传动）是一种常见的机械部件驱动方式，动力来源于压缩空气，开关开启时由于压强差，压缩空气能强有力地推动机械部件执行机构进行工作。气动驱动系统具有速度快、系统结构简单，维修方便、价格低等特点，适合在中、小负荷的机器人中采用。但因难于实现伺服控制，多用于程序控制的机器人。一般工业机器人（机械臂）大多会选用气压传动作为其驱动系统。图9-6所示为气动装置模型图。

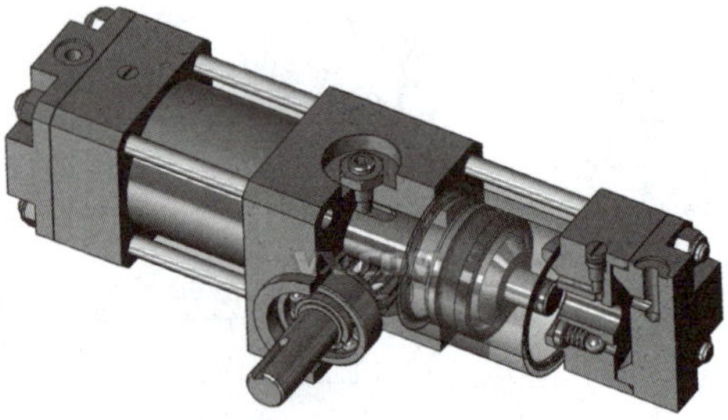

图 9-6　气动装置模型图

气动机器人由气缸、气阀、气罐和空压机（或压缩空气站直接供给）等组成。引气到机器作业位置，也可单独建立小型气源系统。由于气动机器人具有气源使用方便，不污染环境，动作灵活迅速、工作安全可靠、结构简单、造价低、维修方便、防火防爆、溜气对环境无影响、操作维修简便，以及适于在恶劣环境下工作等特点，在冲压加工、注塑及压铸等有毒或高温条件下作业，机床上、下料，仪表及轻工行业中、小型零件的输送和自动装配等作业，食品包装及输送，电子产品输送、自动插接，弹药生产自动化等方面获得广泛应用。

气动驱动系统在多数情况下用在实现两位式的或有限点位控制的中、小机器人中，适宜抓举力要求较小的场合。这类机器人多是圆柱坐标型和直接坐标型或二者的组合型结构；3~5个自由度，负荷在200 N以内，速度300 ~ 1 000 mm/s，重复定位精度为 ± 0.1 ~ ± 0.5 mm，其控制装置多数选用PLC控制器。在易燃、易爆的场合下可采用气动逻辑元件组成控制装置。

在两个固定点往返的应用案例中，如果使用电力传动，需要电机完成驱动，想要保证力足够大和行程精准，还需要一套很好的PID（比例、积分、微分控制）参数来配合，但调试过程比较漫长。如果用气动来解决，则只需要在设计时考虑好行程和所需要的驱动力对应的缸径的气缸，运动十分简洁。如果要精确移动至多个点，气动就无法通过简单方式来控制行程，此时就表现出了电动的优势。

9.2.3 电动驱动系统

电力驱动是利用电机（见图9-7）产生的力矩，直接或经过减速机构驱动工业机器人，以获得所需的位置、速度和加速度。电力驱动具有电源易取得，无环境污染，响应快，驱动力较大，信号检测、传输、处理方便，可采用多种灵活的控制方案，运动精度高成本低，驱动效率高等优点，由于低惯量，大转矩交、直流伺服电机及其配套的伺服驱动器（交流变频器、直流脉冲宽度调制器）的广泛采用，使得这类驱动系统在工业机器人中被大量选用。

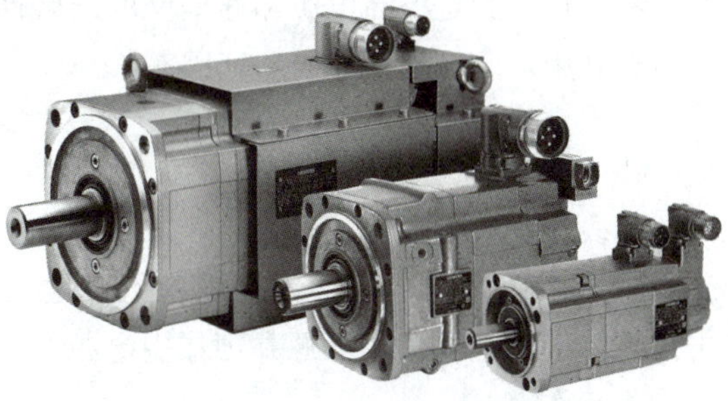

图 9-7 机器人驱动电机

驱动电机一般采用步进电机、直流伺服电机以及交流伺服电机。由于电机转速高，通常还需要采用减速机构。目前，有些企业开始采用无须减速机构的特制电机直接驱动，这样既可简化机构，又可提高控制精度。这类系统不需要能量转换，使用方便，控制灵活。大多数电机后面需要安装精密的传动机构。直流有刷电机不能直接用于要求防爆的环境中，成本较高。

图9-8所示为一个欠驱动（驱动电机的数量少于所设计自由度的数量）机械手机电系统集成的例子。机器人本体完全集成了驱动电机和电路，高系统的集成性带来了对不同机械臂的通用性。具体来说，上端机械臂只要提供电气和机械端的接口，无须任何机械臂本体结构上的改变，高集成性的机械手就能直接安装连接并使用。

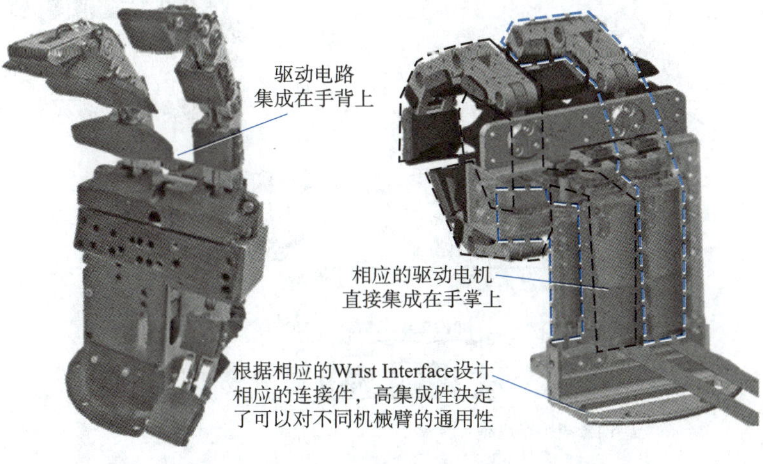

图 9-8 具有较高集成性的欠驱动机械手

欠驱动机械手的高集成性一定程度上也是牺牲高自由度性能下的结果，但在现有的技术条件下，减少冗余的手指数量和驱动器数量是提高系统集成度最有效的手段。

9.3 配线与连接

将电缆组合配置成为一个经济合理、符合应用要求的电缆系统或网络的设计技术称为电缆配线，简称配线（见图9-9），其目的是提高电源和通信网的通融性和灵活性，节省电缆利用空间，提高芯线的利用率。

图 9-9　配线

9.3.1　配线注意事项

配线作业应注意：

（1）系统必须电气接地。设备不接地会发生火警或电击。系统接地前应关闭电源并锁住主电源开关，避免造成电击和人身伤害。

（2）在切断电源后的5 min内，不要接触控制柜内的任何基板。电源切断后电容器会储存电能，故无论何时对基板进行操作均应小心。

（3）设备门不关闭就打不开电源，即安全联锁装置阻止打开电源。

（4）配线期间，控制柜处于紧急停止的模式下，所发生的任何事都由用户负责。一旦配线完成后，要做一次操作检查。防止造成人身伤害或机械故障。

（5）配线须由经授权的工作人员进行，并确认各电路接线安全牢固。

（6）按说明书规定的额定容量进行配线。

9.3.2　电缆连接注意事项

工业机器人与控制器之间的连接电缆，有动力电缆、信号电缆和接地端子，如图9-10所示。应该注意将各电缆连接于机座背面的连接器部。

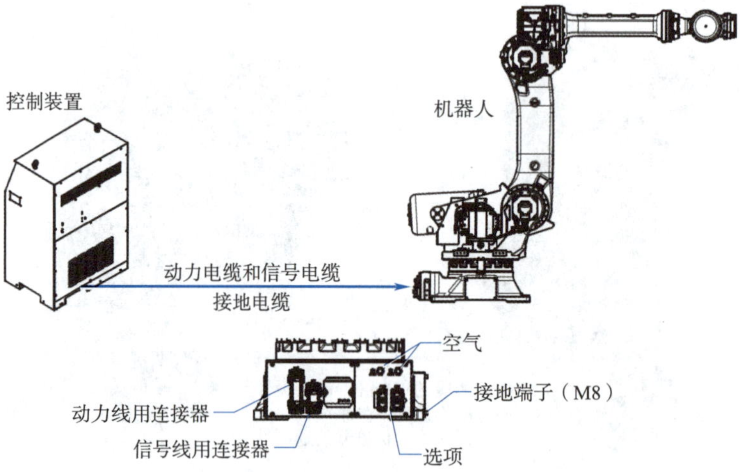

图 9-10　工业机器人与控制器之间的连接电缆

电源连接应注意：

（1）连接控制柜与外围设备间的电缆是低压电缆。控制柜的信号电缆要远离主电源电路，高压电源线路不与控制柜的信号电缆平行，若不可避免，则因使用金属管或金属槽来防止电信号的干扰。如果电缆必须交叉布置，则应使电源电缆与信号电缆做垂直正交。

（2）确认插座和电缆编号，防止错误连接引起设备的损坏。一个连接工业机器人和控制柜；另一个连接控制柜和外围设备。错误的连接有可能引起电子设备损坏。

（3）连接电缆时要让非工作人员撤离现场。要把所有电缆安放在带盖的电缆沟中，如图9-11所示。

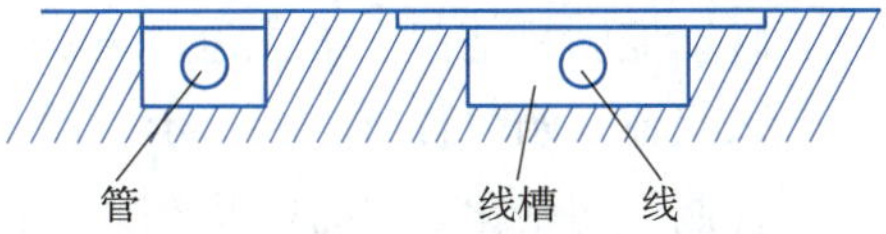

图 9-11　控制柜电缆连接示意图

（4）电缆的连接作业务必切断控制装置的电源。接通控制装置的电源之前，应通过地线连接机构部和控制部。在不连接地线的情况下有触电危险。

（5）不要将工业机器人连接电缆的多余部分（10 m以上）卷绕成线圈状。这样状态下使用时，有可能会在执行某些动作时导致电缆温度大幅度上升，从而对电缆包覆造成不良影响。

9.3.3　供电电源

三相电源电压为交流380 V，频率50 Hz。当存在临时性的电源频率中断或电压下降时，停电处理电路并将伺服电源切断。将控制柜电源连接到一个电压波动小（±10%）的稳定输入电源上，如图9-12所示。

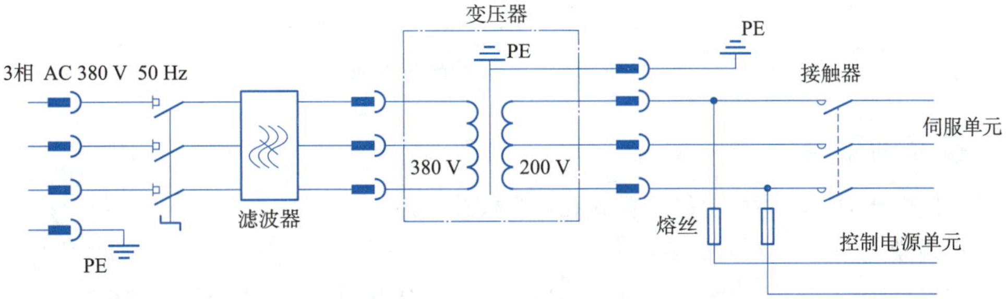

图 9-12　供电电源接线示意图

9.3.4　连接方法

配线连接的方法如下：

（1）连接供电电缆。按照如下步骤执行：

①拆去包装，取出供电电缆，将电缆连接到控制柜后面的插座上。

②将机器人与控制柜连接。

③确认电缆接头形状与尺寸以及工业机器人上的插座位置，将电缆插入相应插座上并固定牢靠。

（2）连接示教器。将示教器电缆连接到控制柜门左侧的插座上。

9.4 电源接通与切断

在合上控制柜的主电源开关之前，应确认在工业机器人动作范围内无任何人员。当有任何问题发生时应立即按急停按钮。急停按钮位于控制柜前门右上方和示教编程器的右侧。

9.4.1 接通主电源

转动控制柜前门上的主电源开关至接通（ON）的位置，此时主电源接通，进行初始化诊断并读入当前开始位置值，并在示教器的屏幕上显示启动画面。

控制柜初始化完成时的状态如下：

（1）控制柜启动完成后，控制器及驱动器处于正常运行状态。

（2）示教器启动完成后（见图9-13），Run指示灯常亮，Err指示灯不亮。

图 9-13　示教编程器主页面

9.4.2 接通伺服电源

接通伺服电源时，注意区分再现模式和示教模式。

（1）再现模式。按照如下步骤执行：

①关闭安全围栏，将示教器操作模式切换至自动，状态栏的模式指示变更为。

②按下控制柜的“主电”按钮（不同控制柜“主电”按钮的布置位置有所不同）。

③按动示教器上的Mot键，接通伺服电源，当示教编程器左上方指示灯Mot亮时，表明伺服进入准备好状态。

（2）示教模式。按照如下步骤执行：

①关闭安全围栏，将示教编程器的操作模式切换至手动模式，状态栏的模式指示变更为。

②按下控制柜上的“主电”按钮（不同控制柜的“主电”按钮的布置位置有所差异）。

③当操作者握紧示教器上的使能开关时，伺服电源被接通，并且Mot指示灯点亮。

9.4.3 切断电源

按以下步骤分别切断伺服电源和主电源：

（1）切断伺服电源（急停）。按急停按钮后，伺服电源被切断，工业机器人不再进行操作。

①按动控制柜前门上或示教器上的急停按钮，切断伺服电源。

②一旦伺服电源切断，则制动装置启动，工业机器人被制动而不能再进行任何操作。

③可在任何模式（示教模式、再现模式或远程模式）下的任何时候进入紧急停止状态。

（2）切断主电源。切断伺服电源后再切断主电源。转动控制柜前门上的主电源开关至关断（OFF）的位置，则主电源被切断。

9.5 电气功能检查与调整

在进行轴动作前，应确保进行了“电源接通与切断”的示教模式时的所有操作，并且整个系统状态与其描述相同方可进行接下来的操作。

电气设备的安装调试工作非常重要，它直接影响到设备的正常运行及效果。调试前，应先了解电气控制系统的设计原理、生产工艺和要求达到的各项指标，熟悉系统中各元器件的性能参数和调试中仪器设备的使用方法。在此基础上，制订调试计划，按计划实施调试。电气控制设备现场调试内容包括外观检查、线路检查、绝缘检查、控制单元调试、操作控制电路调试。

9.5.1 外观检查

电气控制设备安装就位后，应首先进行外观检查，着重检查所有电控设备和相关设备（包括电机、变流装置、互感器、变压器等）的数量、型号、规格及技术参数等是否符合规范要求；检查各项设备及元器件安装质量是否符合相应的规范要求；检查各动力线与控制线的型号、规格是否符合设计要求；检查各项设备的接地线及整个接地系统是否符合设计要求。

9.5.2 线路检查

检查线路时应根据原理图或接线图，检查各电控设备内部及外部连线是否正确。查线时应注意连接线头是否有松动、虚焊和接触不良等。控制柜至外围设备的连线应通过接线端子连接。在同一端子上一般不应压接三个以上的线头。

9.5.3 绝缘检查

绝缘检查主要是检查设备在运输、储存、安装过程中是否使电气设备的绝缘受到损伤或受潮湿气体的侵蚀。当受热或受潮时，绝缘材料易老化，绝缘电阻便降低，从而造成电器设备漏电或发生短路事故。

绝缘电阻一般都采用绝缘电阻表进行测量。使用的绝缘电阻表的电压等级及绝缘电阻的标准，应遵照各类电气设备的技术标准的规定。

对于1 000 V以下的各种交直流电动机、电器和线路的绝缘电阻值应不小于0.5 MΩ；1 000 V以上应不小于1 MΩ或按1 MΩ/1 000 V来考虑。对于某些控制电器及继电保护系统和自动化控制系统，为防止元器件及系统的误动作，则要求每一导电回路对地的绝缘电阻不小于1 MΩ。

绝缘电阻检查一般包括导电部件对地、两个不相同的导电回路之间等部位。测量前，应切断被测设备的电源，并对被测设备进行充分的放电，保证被测设备不带电。用绝缘电阻表测试过的电气设备也要及时放电，以确保安全。此外，要将不能承受绝缘电阻表输出电压的元器件

（如电容器及各种电力电子器件等）从回路中断开或将其短接，对于这些元器件本身的检查，应使用电压不超过它们试验电压值的绝缘电阻表或万用表进行。

9.5.4 控制单元调试

据电控设备系统图和原理图进行控制单元调试。首先检查各控制单元的电源电压与极性，并参照各单元的试验规范进行调试。一般的调试内容包括乘法器、除法器、运算放大器及其他模拟量器件的调零，输入/输出特性的检查，以及逻辑控制信号的检查等。

所有单元调试好后，可以按原理图将各单元逐步接入系统中，并送入给定的联锁控制信号，检查控制系统的输入/输出通道、封锁及逻辑状态等均应符合设计要求，为系统调试做好准备。

9.5.5 操作控制电路调试

在主电路电源断开的情况下，接通操作电路电源进行空载操作，以检查操作电路各环节和元器件动作的正确性。

应按原理图检查各有触点操作电路和主电路电器元件，对有些电器（如行程控制器、各种电流继电器、超速离心开关等）可以采用人为模拟的方法检查；有些电器（如高压开关、直流快速断路器和大容量低压断路器等）应避免多次操作。应保证各电器元件接线正确、动作灵活，不得有卡住、粘住或滞缓现象；噪声及线圈温度应正常；各触点接通时均应接触导通良好，特别是保护、联锁环节动作时应能迅速可靠地切断系统。

对于无触点逻辑控制系统（如可编程控制器），一般是先单个程序块调试，后整个程序调试；先单机调试，后全线调试。

作　业

1. 工业机器人的电气系统由控制系统和驱动系统组成。控制系统包括机器人操作系统、（　　）等软件和硬件。

①控制器　②示教器　③遥控器　④功能安全系统

A. ②③④　B. ①②③　C. ①③④　D. ①②④

2. 工业机器人电气系统中的（　　）包括配电保护、驱动器等，它根据控制系统发出的控制指令，输出功率驱动机械手臂。

A. 配电系统　B. 驱动系统　C. 电气系统　D. 安全系统

3. 工业机器人的控制器可以用（　　）构成，它是一种加固的增强型工业个人计算机，作为一个工业控制器在工业环境中可靠运行。

A. PLC　B. LED　C. IPC　D. OLED

4. 工业机器人的控制器也可以用（　　）构成，它是一种具有微处理器的数字电子设备，是用于自动化控制的数字逻辑控制器，可以将控制指令随时加载存储器内存储与运行。

A. PLC　B. LED　C. IPC　D. OLED

5. 机器人操作系统（ROS）用于专业处理各种工业机器人作业的（　　）等，一般在系统中预设了机器人参数、算法模型。

①控制指令　②科学计算　③信号　④中断请求

A. ②③④　　B. ①②③　　C. ①②④　　D. ①③④

6. 一个机器人通常包含多个部件，每个部件都有配套的控制程序，以实现机器人的运动与视听功能等。要协调一个机器人中的这些部件，或者协调由多个机器人组成的机器人集群，就需要一个（　　）通信框架，帮助程序进程之间更方便地通信。

A. 中心控制　　B. 分布式　　C. 集中式　　D. 集约化

7. ROS是基于BSD协议的（　　），具有丰富的功能库，允许任何人修改、重用、重发布以及在商业和闭源产品中使用，使用ROS能够快捷地搭建自己的机器人原型。

A. 专用软件　　B. 独立软件　　C. 开源软件　　D. 商业软件

8. 工业机器人功能安全系统的作用是避免工业机器人系统对操作人员构成伤害，旨在防止危险故障的发生或有效控制故障，它主要涉及（　　）三方面。

①硬件实现　　②数据分析　　③软件实现　　④功能安全管理

A. ①③④　　B. ①②④　　C. ①②③　　D. ②③④

9. 驱动器负责为工业机器人的工作提供输入功率，实现对各个电机（　　）的控制。一般都采用伺服驱动器，配备绝缘栅双极型晶体管。

①重量　　②位置　　③速度　　④转矩

A. ①②④　　B. ①③④　　C. ①②③　　D. ②③④

10. 液压驱动是一种比较成熟的技术，通常由液动机、（　　）等组成，以压缩机油来驱动执行机构进行工作。

①油箱　　②伺服阀　　③油系　　④配电板

A. ②③④　　B. ①②③　　C. ①②④　　D. ①③④

11. 气压传动是一种常见的机械部件的驱动方式，动力来源于（　　），开关开启时由于压强差，它能强有力地推动机械部件执行机构进行工作。

A. 空压装置　　B. 催化装置　　C. 压缩空气　　D. 强氧化剂

12.（　　）是利用电机产生的力矩，直接或经过减速机构驱动机器人，以获得所需的位置、速度和加速度。

A. 电力驱动　　B. 气压传动　　C. 液压驱动　　D. 欠驱动

13. 所谓（　　），是指驱动电机的数量少于所设计自由度的数量。这样的机械手的高集成性一定程度上是牺牲高自由度性能下的结果，但减少冗余的手指数量和驱动器数量是提高系统集成度最有效的手段。

A. 电力驱动　　B. 气压传动　　C. 液压驱动　　D. 欠驱动

14. 将电缆组合配置成为一个经济合理、符合使用要求的电缆系统或网络的设计技术简称（　　），目的是提高电源和通信网的通融性和灵活性，节省电缆利用空间，提高芯线的利用率。

A. 冗余　　B. 配线　　C. 整合　　D. 集约

15. 电气设备的安装调试工作非常重要，它直接影响到设备的正常运行及效果。制订周密的调试计划，按计划实施调试，现场调试内容包括（　　）和控制单元调试、操作控制电路调试。

①外观检查　　②线路检查　　③集成检查　　④绝缘检查

A. ①②③　　B. ①③④　　C. ①②④　　D. ②③④

16. 电气设备的（　　）主要是检查设备在运输、储存、安装过程中是否使电气设备的绝缘受到损伤或受潮湿气体的侵蚀。

A. 绝缘检查　　B. 线路检查　　C. 外观检查　　D. 单元调试

17. 进行（　　）调试，是根据电控设备系统图和原理图，检查各控制单元的电源电压与极性，并参照各单元的试验规范进行调试。

A. 绝缘要求　　B. 线路运行　　C. 电气功能　　D. 控制单元

18. 所有单元调试后，可以按原理图将各单元（　　）接入系统中，并送入给定的联锁控制信号，检查控制系统的输入/输出通道、封锁及逻辑状态等均应符合设计要求，为系统调试做好准备。

A. 倒序　　B. 逐步　　C. 一起　　D. 交错

19. 一般的调试内容包括乘法器、除法器、运算放大器及其他模拟量器件的（　　），输入/输出特性的检查，以及逻辑控制信号的检查等。

A. 中值　　B. 最小值　　C. 调零　　D. 最大值

20. 在主电路电源断开的情况下，接通操作电路电源进行（　　）操作，以检查操作电路各环节和元器件动作的正确性。

A. 空载　　B. 满载　　C. 负载　　D. 任意

【实训操作】熟练系统操作与设置

1. 熟悉工业机器人控制系统

请阅读正文和网络搜索，熟悉工业机器人控制系统组成、功能与一般操作。

请选择：□ 掌握　　□ 理解　　□ 重做

2. 熟悉工业机器人驱动系统

请阅读正文和网络搜索，熟悉工业机器人驱动系统组成、功能与一般操作。

请选择：□ 掌握　　□ 理解　　□ 重做

3. 掌握工业机器人系统配线和电源接通操作

请阅读正文和网络搜索，掌握工业机器人系统的配线和连接操作。

请选择：□ 掌握　　□ 理解　　□ 重做

4. 掌握工业机器人电气功能的检查与调整操作

请阅读正文和网络搜索，掌握工业机器人电气功能的检查与调整操作。

请选择：□ 掌握　　□ 理解　　□ 重做

5. 实训总结

____

____

6. 教师实训评价

____

____

第10课 示教与再现

学习目标

（1）清楚工业机器人作业的关节坐标系、直角（世界、工具）坐标系和用户坐标系。

（2）熟悉工业机器人示教操作的概念。

（3）熟悉工业机器人示教与再现的主要操作。

学习难点

（1）工业机器人应用的坐标系。

（2）工业机器人示教方法。

10.1 机器人的坐标系

坐标系是为确定机器人的位置和姿态，而在机器人或空间上进行定义的指标系统。在机器人领域，坐标系主要分为关节坐标系和直角坐标系。对机器人进行轴操作时，可以使用关节坐标系、直角坐标系（包括世界坐标系、工具坐标系）和用户坐标系。

10.1.1 关节坐标系

关节坐标系设置在机器人关节处，机器人的位置和姿态以各关节底座侧的关节坐标系为基准来确定。设置关节坐标系时，机器人的A1、A2、A3、A4、A5、A6各轴分别运动，各轴的运动方向如图10-1所示。

按轴操作键时各轴的动作见表10-1。

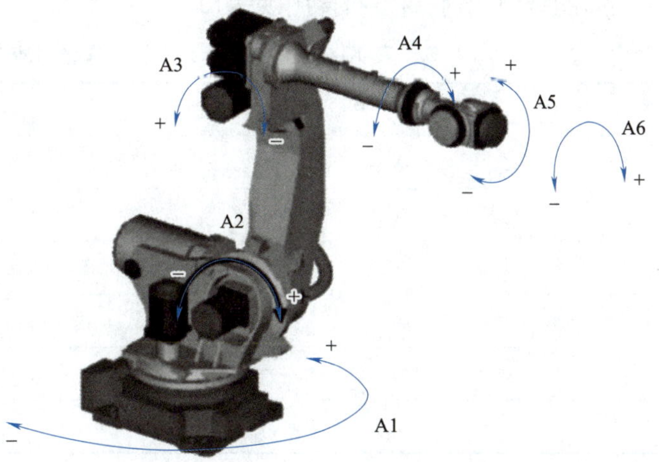

图 10-1 关节坐标系下各轴的运动方向

表 10-1　按轴操作键的各轴动作

轴名称	动　作
A1	本体左右旋转
A2	大臂前后运动
A3	小臂上下旋转
A4	手腕左右旋转
A5	手腕上下运动
A6	法兰左右回旋

10.1.2　直角坐标系

直角坐标系中，机器人的位置和姿态，通过从空间上的标准直角坐标系（世界坐标系）原点到工具侧的直角坐标系（工具坐标系）原点（工具中心点）的坐标值*x*、*y*、*z*和空间上直角坐标系的相对*x*轴、*y*轴、*z*轴周围工具侧的直角坐标系回转角来定义，如图10-2所示。

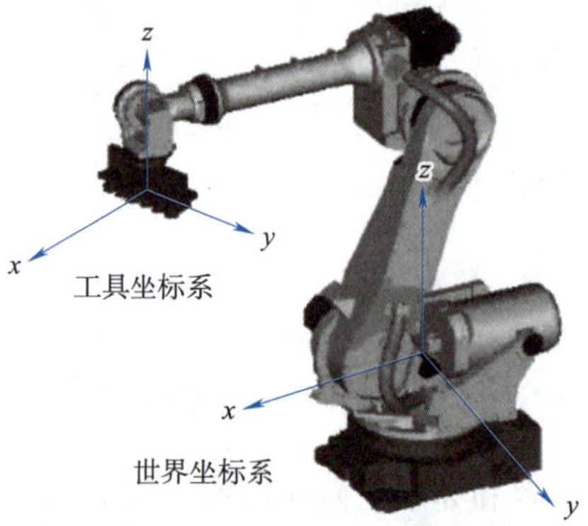

图 10-2　世界坐标系和工具坐标系

按住轴操作键时，各轴的动作见表10-2。

表 10-2　直角坐标系下轴操作键对应各轴的运动方向

轴名称	动　作
X	沿直角坐标系*x*方向运动
Y	沿直角坐标系*y*方向运动
Z	沿直角坐标系*z*方向运动
A	绕直角坐标系*x*方向旋转
B	绕直角坐标系*y*方向旋转
C	绕直角坐标系*z*方向旋转

世界坐标系被固定在机器人事先确定的位置。工具坐标系是用来定义工具中心点的位置和

工具姿态的坐标系，也必须事先设置。在没有定义时，将由默认工具坐标系来替代该坐标系。

通常，工具坐标系把机器人腕部法兰盘所持工具的有效方向作为z轴，并把坐标定义在工具的尖端点。机器人控制点沿设置在工具尖端点的x、y、z轴做平行移动。

按住轴操作键时，各轴的动作见表10-3。

表 10-3　工具坐标系下轴操作键对应的运动说明

轴　名　称	动　　作
TX	沿工具坐标系x方向运动
TY	沿工具坐标系y方向运动
TZ	沿工具坐标系z方向运动
TA	绕工具坐标系x方向旋转
TB	绕工具坐标系y方向旋转
TC	绕工具坐标系z方向旋转

工具坐标的移动以工具的有效方向为基准，与机器人的位置、姿势无关，所以进行相对于工件不改变工具姿势的平行移动操作时最为适宜。

10.1.3　用户坐标系

用户坐标系（见图10-3）是基于世界坐标系而设置的，用于位置数据的示教和执行，它是用户对每个作业空间进行定义的直角坐标系，用于位置寄存器的示教和执行、位置补偿指令的执行等。当没有定义时，由世界坐标系替代用户坐标系。

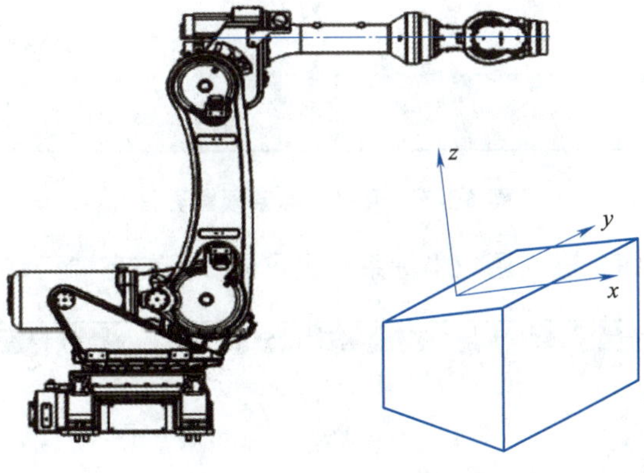

图 10-3　用户坐标系

10.2　坐标系的标定

下面以用户坐标系的标定操作为例，外部工具坐标系标定方法与此相同，只是修改时注意变量类型。用户坐标系默认名称为USERCOOR，而外部工具坐标系默认名称为EXTTCP。

按照如下操作步骤进行一个用户坐标系的标定：

（1）进入程序数据界面，点击全局域中要标定的用户坐标系，如USERCOOR1，如图10-4所示。

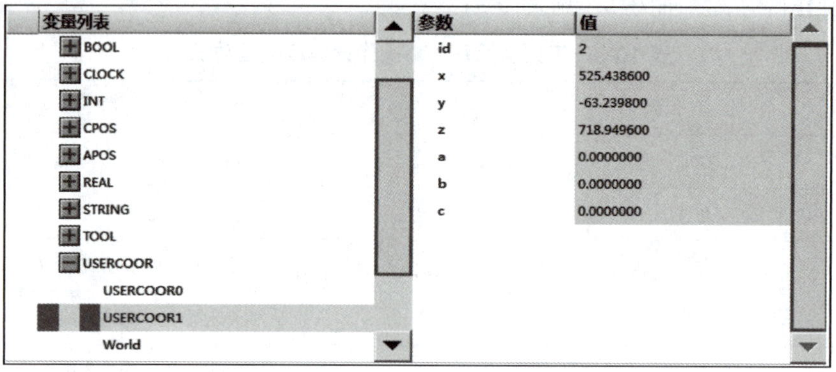

图 10-4　用户坐标系变量界面

（2）进入用户坐标系预览界面（见图10-5）进行修改。

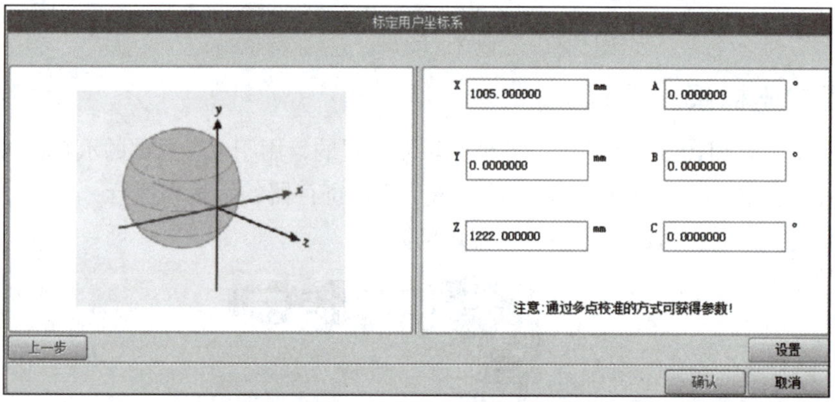

图 10-5　用户坐标系预览界面

（3）单击“设置”按钮，进入用户坐标系标定界面。目前有“三点标定法”，如图10-6所示。

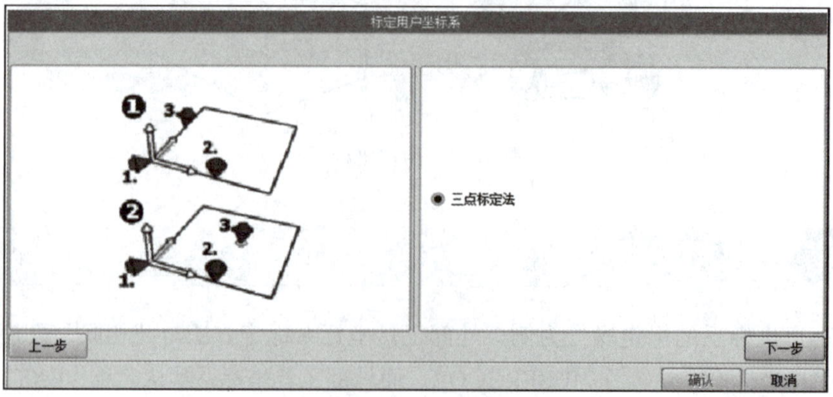

图 10-6　选择标定的方法

（4）单击“下一步”按钮，开始示教原点的坐标，移动工业机器人至用户坐标系原点。单击“示教”按钮，界面将记录原点（第一个点）的坐标，如图10-7所示。

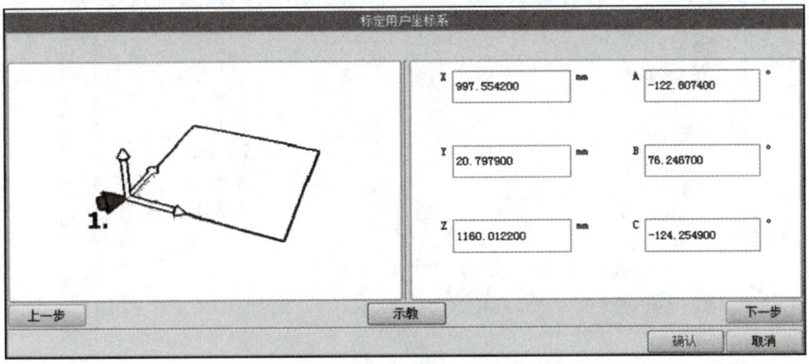

图 10-7　示教原点

（5）单击“下一步”按钮，移动工业机器人至用户坐标系*x*轴上的任意位置处。单击“示教”按钮，界面将记录第二个点的坐标，如图10-8所示。

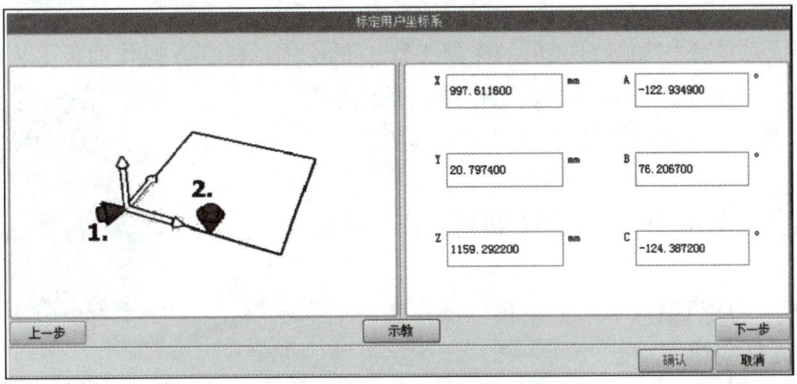

图 10-8　示教 *x* 轴上一点

（6）单击“下一步”按钮，移动工业机器人在用户坐标系*xy*平面上的任意位置。单击“示教”按钮，界面将记录第三个点的坐标，如图10-9所示。

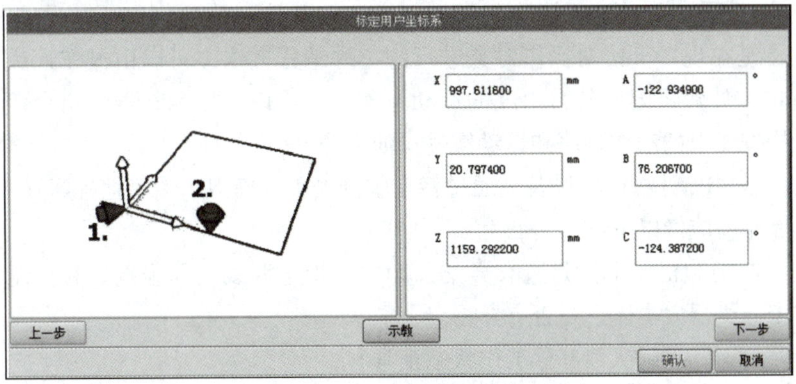

图 10-9　示教 *xy* 平面的任一点

（7）单击“下一步”按钮，回到用户坐标系预览界面。

（8）确认无误后，单击“确认”按钮，完成修改，如图10-10所示。

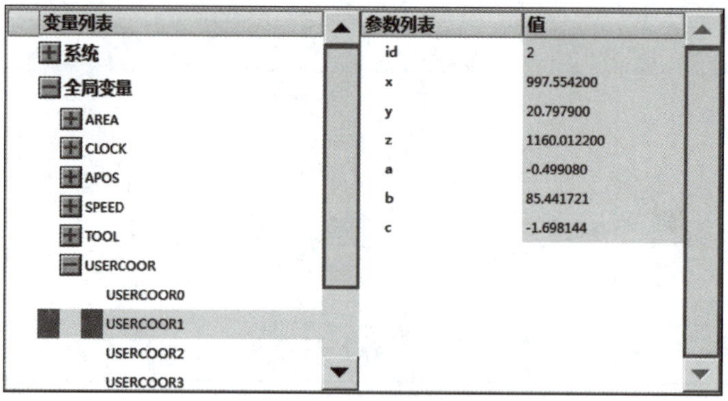

图 10-10　成功标定的用户坐标系变量

10.3 示教

工业机器人系统操作和运维人员的主要工作，是使用示教器、操作面板等人机交互设备及相关机械工具，对工业机器人本体、工作站或系统进行装配、编程、调试、工艺参数更改、工装夹具更换及其他辅助作业。

图 10-11　ABB 机器人示教器

用示教器（见图10-11）进行工业机器人作业编程，一般分为三步：

（1）示教：工业机器人学习的过程，操作者手把手地教会机器人做某些动作。

（2）存储：是工业机器人控制系统以程序形式将示教动作记忆下来。按照示教时记忆下来的程序展现这些动作，就是再现。

（3）过程：示教可分为在线示教方式和离线示教方式。

10.3.1　在线示教与离线示教

在线示教，是在现场直接对操作对象进行的一种编程方法，可以由操作人员移动工业机器人的末端执行器，计算机记忆各自由度的运动过程。也可以使用示教器将指令信号传给驱动系统，使执行机构按要求的动作顺序和运动轨迹操演一遍。

离线示教，是在PC计算机等设备上通过特定软件编程和模拟，然后把程序导入工业机器人。

开始示教操作前应做以下准备：

（1）检查控制柜和机器本体是否有异常，如控制柜电源线、伺服端口和控制器端口是否正确连接，检查工业机器人本体上是否有异物。

（2）启动控制柜，并确认各部分工作状态正常。

（3）上伺服主电，并测试控制柜和示教器上的急停按钮是否有效。

（4）把示教器上的模式开关打到示教模式。

（5）此时，按下手压开关，即可通过“轴操作键”进行相应的轴操作。

为了安全，示教时必须把示教器的模式旋钮旋至手动模式，之后若有误操作时，由于人的本能反应，会紧握安全开关，安全开关有两级，当按到第二级时，伺服电源被切断。

10.3.2 示教的基本步骤

示教的基本步骤如下：

（1）新建一个示教工程：在示教操作时，可以通过指令方式记录示教的工业机器人轨迹，再现时，即可通过记录的指令来再现示教动作。

新建一个示教工程的步骤如下：

①按键或在主界面（见图9-13）上单击“工程管理”按钮进入工程管理界面。

②单击“新建”按钮，打开“新建程序”对话框，如图10-12所示。

图 10-12 “新建程序”对话框

③在“请选择工程”右侧的下拉列表中选择“新建工程”。

④单击“请输入工程名”文本框，通过弹出的软键盘输入新建工程名，如project0。

⑤单击“请输入程序名”文本框，在弹出的软键盘中输入新建程序名，如program0。

⑥单击“确认”按钮，新建工程或程序成功，界面直接跳至程序编辑界面，如图10-13所示。

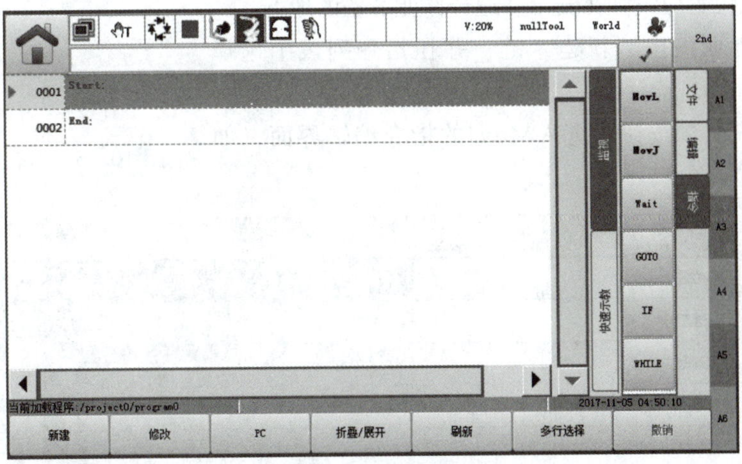

图 10-13 程序编辑界面

⑦在程序界面中进行指令编辑。控制工业机器人运动的指令就是运动指令。在移动指令中，记录有移动的位置、插补方式、再现速度等。

```
MovJ(P1,V50,"RELATIVE",C0)          //点到点的运动方式
```

```
MovL(P2,V50,"RELATIVE",C0)                    //直线的运动方式
```

（2）示教：执行示教操作时，确认操作员与机器人之间保持着安全距离。

程序，就是把工业机器人的作业内容用计算机语言加以描述。为工业机器人输入以下从工件一点到二点的加工程序，此程序由1~6的6个程序点组成，如图10-14所示。

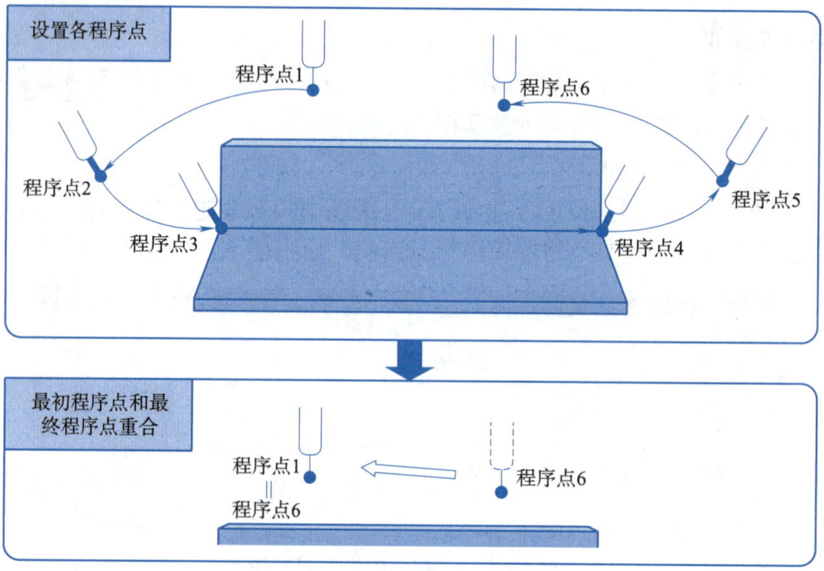

图 10-14　示教程序的运行路径示意

（3）程序点1：开始位置（见图10-15）。把工业机器人移动到完全离开周边物体的位置，输入程序点1。

①按住手压开关，用“轴操作键”将工业机器人移动至开始位置，开始位置应设置在安全并适合作业准备的地方。

②在程序界面内按“新建”键，并在指令列表中选择“运动指令”→MovJ。

③单击“确认”按钮，进入MovJ的指令编辑界面，如图10-16所示。

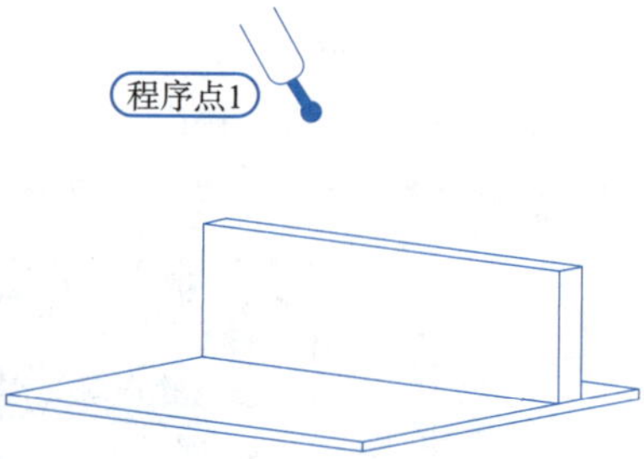

图 10-15　示教程序开始点示意

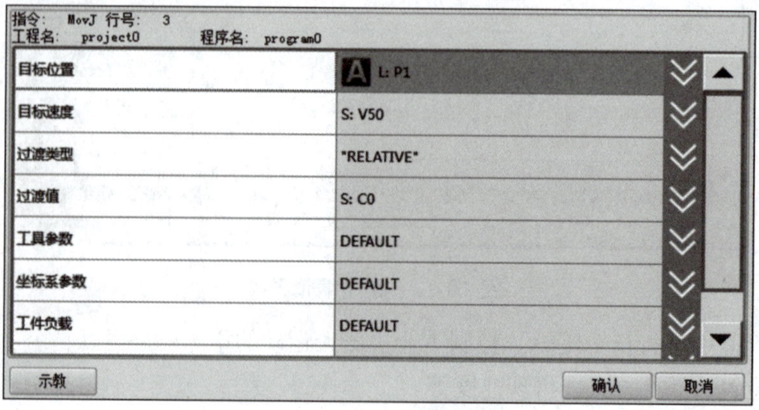

图 10-16　MovJ 的指令编辑界面

④单击“示教”按钮后，P1点记录此时程序点1处的工业机器人坐姿，单击“插入”，完成程序点1的示教工作，在程序界面内显示的指令如下：

```
MovJ(P1,V50,"RELATIVE",C0)
```

（4）程序点2：作业开始位置附近，如图10-17所示。

用“轴操作”键使工业机器人姿态成为作业姿态。用示教程序点1作为开始位置来示教程序点2。示教完成后程序指令如下：

```
MovJ(P2,V50,"RELATIVE",C0)
```

（5）程序点3：保持程序点2的姿态不变，移向作业开始位置，即程序点3处，如图10-18所示。

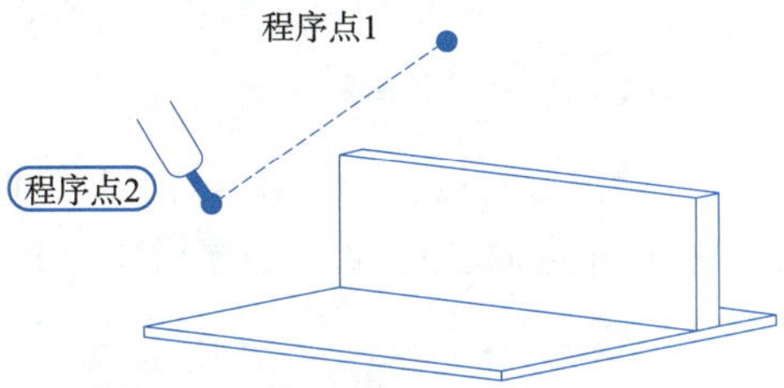

图 10-17　示教程序点 2

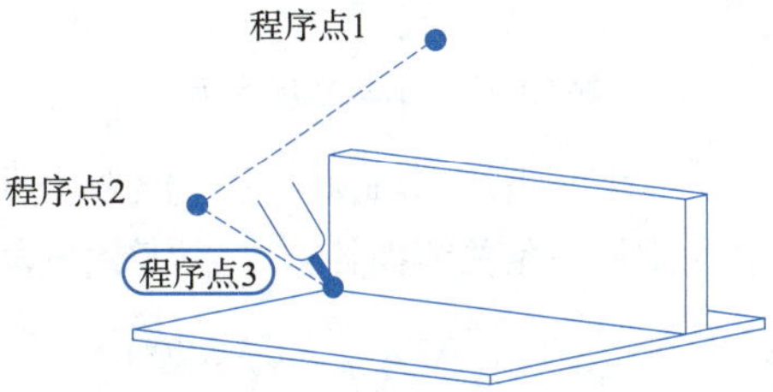

图 10-18　示教程序点 3

①保持程序点2的姿态不变，按Jog键，设置工业机器人坐标系为直角坐标系，用“轴操作键”把工业机器人移到作业开始位置。

②在程序界面内单击“新建”按钮，进入指令界面选择直线插补指令。

③单击“示教”按钮，完成对程序点3的示教工作。程序指令如下：

```
MovL(P3,V50,"RELATIVE",C0)
```

（6）程序点4：指定作业结束位置，如图10-19所示。

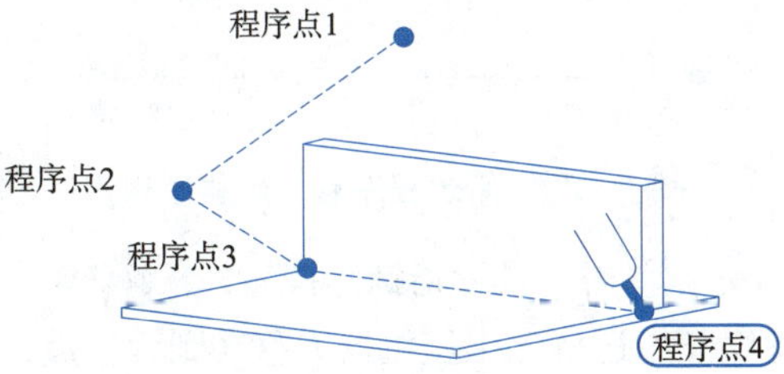

图 10-19　示教程序点 4

用“轴操作键”把工业机器人移动到作业结束位置。从作业开始位置到结束位置，不必非常精确，为了不碰撞工件，移动轨迹可远离工件。

用示教程序点3：作业开始的位置相同的方法，添加一条直线插补指令，其中P4为工业机器人在程序点4处的坐姿。程序指令如下：

```
MovL(P4,V50,"RELATIVE",C0);
```

（7）程序点5：把工业机器人移动到不碰触工件和夹具的位置，如图10-20所示。

用“轴操作键”把工业机器人移动到不碰触夹具的位置。用示教程序点3相同的方法，添加一条直线插补指令，其中P5为工业机器人在程序点5处的坐姿。程序指令如下：

```
MovL(P5,V50,"RELATIVE",C0);
```

（8）程序点6：把工业机器人移动到开始位置附近，如图10-21所示。

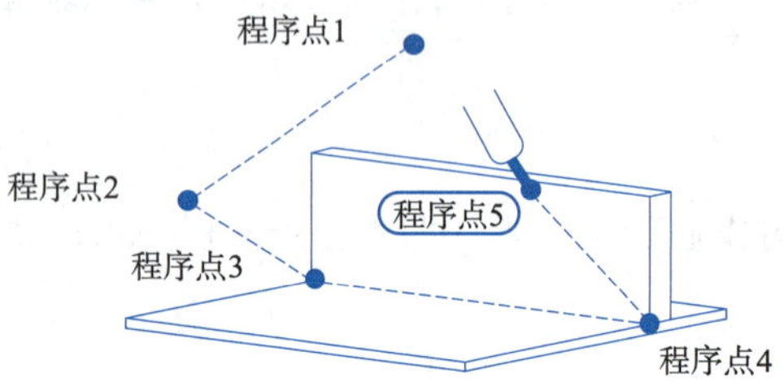

图 10-20　示教程序点 5

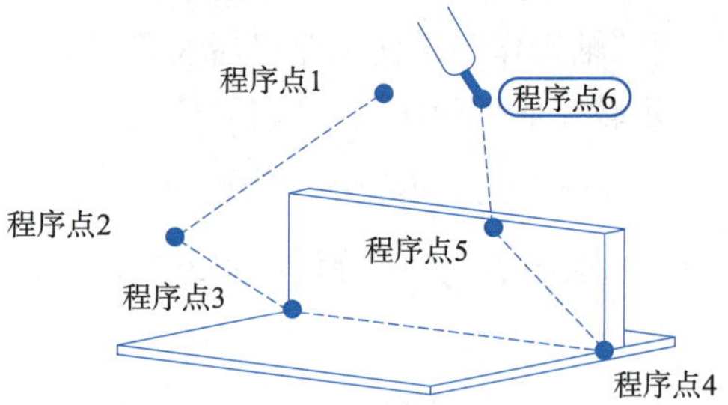

图 10-21　示教程序点 6

在关节坐标下用“轴操作键”把工业机器人移动到开始位置附近。用示教程序点2作业相同的方法，添加一条关节插补指令，其中P6为工业机器人在程序点6处的坐姿。程序指令如下：

```
MovJ(P6,V50,"RELATIVE",C0);
```

（9）最初的程序点和最后的程序点重合。现在，工业机器人停在程序点1附近的程序点6处。如果能从作业结束位置的程序点5直接移动到程序点1的位置，就可以立刻开始下一个工件的作业，从而提高工作效率。

下面试着把最终的程序点6与最初位置的程序点1设在同一个位置，如图10-22所示。

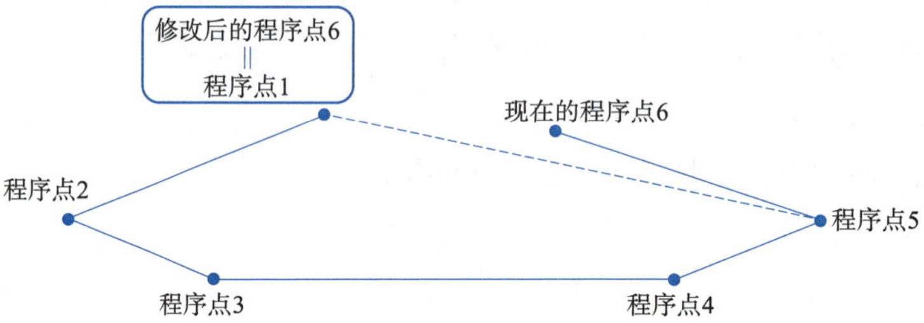

图 10-22　修改程序点 6 到程序点 1

①把光标移动到程序点1处，单击“设置指针”按钮，按Step键，选择单步模式，把速度设置为10%以内后，按Start键，程序开始运行，工业机器人移动到程序点1。

②把光标移动到程序点6处，单击“修改”按钮后，进入修改界面。

③单击“示教”按钮，程序点6的位置被修改到与程序点1相同的位置。

10.3.3　轨迹的确认

在完成工业机器人动作示教后，运行示教程序，以便检查各程序点是否有不妥之处。在轨迹确认时，一定要保证示教器在示教模式，且在运动时按下手压开关。

（1）把光标移动到程序点1，单击PC按钮。

（2）按Step键，选择单步模式。

（3）按速度增减键将速度设置在10%以内。

（4）按下手压开关，工业机器人伺服使能。

（5）按Start键，程序开始单步运行，每按一次Start键，工业机器人运行一条指令程序。

（6）程序确认完成后，把光标移到程序起始处。

（7）最后试一试所有程序点的连续动作。按Step键，选择连续模式。按Start键后，工业机器人连续再现所有指令程序，一个循环后停止运行。

在示教模式下，运行轨迹时，轨迹速度受限于国标速度的限制，线速度最高不超过250 mm/s，姿态速度最高不超过180 deg/s。

10.4 程序修改

如果工业机器人和想象的运动有差别，可以通过改变程序中的程序点位置和速度来修改工业机器人的运动。

（1）修改前。确认在各程序点工业机器人的动作，当有必要进行位置修改、程序点插入或删除时，可按以下步骤对程序进行编辑。

①按键或在主界面上单击“工程管理”按钮进入工程管理界面。

②选择需要编辑的程序。

③单击“加载”按钮，进入程序编辑界面。

（2）修改程序点的位置数据，试着把程序点2的位置稍做修改。

①按上面的方法，设为单步模式，速度设为10%以内，按Start键将工业机器人移至待修改的程序点2处。每按一次Start键，工业机器人移动一个程序点。

②用“轴操作”键移动工业机器人至新程序点2处，如图10-23所示。

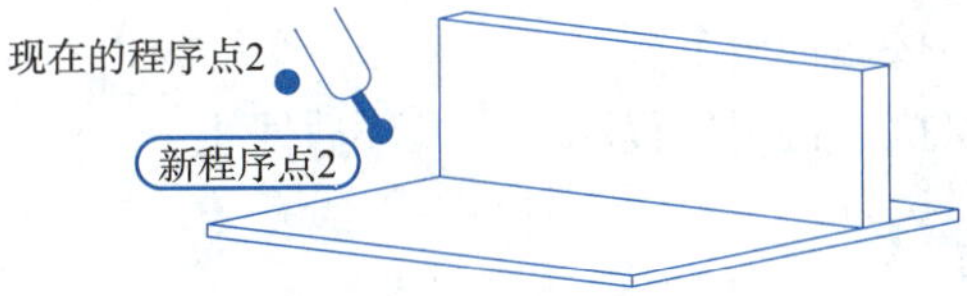

图 10-23　修改程序点 2 的位置

③单击“修改”按钮，进入点修改界面。

④单击“示教”按钮，完成对程序点位置数据的修改。

（3）插入程序点。试着在程序点5、6之间插入新的程序点。

①按Start键，把工业机器人移动到程序点6，在移动之前需要确认工业机器人从当前位置可以移动到位置点6，不会发生碰撞。

②用“轴操作键”把工业机器人移至欲插入的位置。

③参见添加程序点6：把工业机器人移动到开始位置附近的方法，添加一条关节插补指令。

（4）删除程序点。试着删除刚插入的程序点。从图10-24左图状态返回到原来的右图状态。

进入程序编辑界面，单击需要删除的指令，然后单击右侧的“删除”按钮，并在弹出的“删除指令”提示框中单击“确定”按钮。

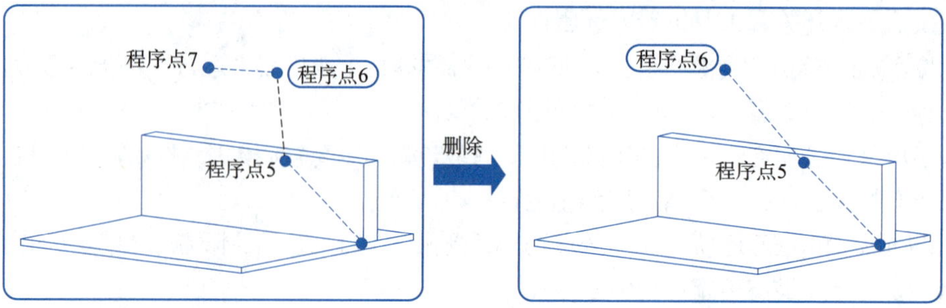

图 10-24　删除程序点

10.5 再现

执行示教完的程序称为再现。在再现之前，请确保进行了如下操作：

（1）在操作之前，确定操作人员及其他工作人员处在工业机器人工作区之外。

（2）确保控制柜和示教器上的急停按钮处于无效状态。

（3）加载需要再现的工程文件。

（4）选择需要首先执行的程序，然后单击PC按钮，确保程序从第一行开始执行。

（5）按速度增减键将速度设置较为理想的速度。

10.5.1　再现步骤

再现的操作步骤如下：

（1）把示教器上的模式旋钮设置在自动模式，把光标移到程序开头。

（2）上主电，按Mot键，接通伺服电源。

（3）按Start键。机器人将执行再现的程序一个循环后停止。

10.5.2　停止与再启动

因为以下原因，需要使动作中的工业机器人停止或自动停止：

（1）暂停操作：

①用示教器执行暂停。

- 暂停：按示教器上的Step键，工业机器人将暂停动作。
- 解除：按示教器上的Start键，工业机器人从之前暂停的位置继续开始动作。

②用外部输入信号（专用）执行暂停。

- 暂停：按外部控制装置上的停止信号后，工业机器人即暂停动作。
- 解除：按外部控制装置上的启动信号后，工业机器人从之前暂停的位置继续开始动作。

当程序处于暂停状态时，进行如下操作程序将会自动转到停止状态：

③程序上下文改变，如工程加载/注销、指令新增、删除等。

④设置PC。

⑤切换系统模式。

⑥End结束。

⑦点动操作。

⑧回零操作。

⑨其他一些系统设置的操作。

（2）急停操作：可在示教器、控制柜各处执行，或者利用外部输入信号（专用）。

（3）急停后的再启动：按Start键操作确认位置，确认无工件、夹具的干涉。

连续程序在高速再现过程中被急停后，工业机器人有时会在所显示的程序点前2~3个程序点附近停止。从此处再启动可能会有工件或夹具的干涉。

（4）报警引起的停止：动作过程中发生报警后，工业机器人会立刻停止动作。示教器上显示报警画面，用户可以进入系统日志界面，查看报警的详细信息。

报警可分为轻故障报警和重故障报警两大类：

①轻故障报警：在示教器报警画面上，选择“清除报警”，解除报警状态。

②重故障报警：切断主电源，排除报警因素。

（5）其他暂停：

①切换模式引起的暂停。再现过程中，从再现模式切换到示教模式时机器人立即停止。再开始启动时，要回到再现模式并执行启动操作。

②执行PAUSE命令引起的暂停。这时，再开始动作要执行启动操作，工业机器人从下一个命令处开始继续动作。

10.5.3 修改再现速度

通过速度增减键调节执行再现速度的修改有以下特点：

（1）再现中可即时修改。

（2）可对速度执行几次试验性修改后，在确认动作的基础上执行修改。

作　业

1. 工业机器人系统的操作和运行维护人员的主要工作，是使用（　　）等人机交互设备及相关机械工具，对机器人本体、工作站或系统进行装配、编程、调试、工艺参数更改、工装夹具更换及其他辅助作业。

①操作面板　　②工作日志　　③示教器　　④蜂鸣器

A. ③④　　B. ①③　　C. ②④　　D. ①②

2. 对机器人进行轴操作时，可以使用（　　）。

①区域坐标系　　②关节坐标系　　③直角坐标系　　④工具坐标系

A. ②③④　　B. ①②③　　C. ①③④　　D. ①②④

3. 工业机器人的A1、A2、A3、A4、A5、A6各轴进行单独动作，分别运动，就称为（　　）。

A. 区域坐标系　　B. 关节坐标系　　C. 直角坐标系　　D. 工具坐标系

4. 设置为（　　）时，工业机器人末端点（控制点）可沿该坐标系下设定的x、y、z轴平行移动和旋转。

A. 区域坐标系　　B. 关节坐标系
C. 直角坐标系　　D. 工具坐标系

5.（　　）把工业机器人腕部法兰盘所持工具的有效方向作为z轴，并把坐标定义在工具的尖端点。机器人控制点沿设置在工具尖端点的x、y、z轴做平行移动。

A. 区域坐标系　　B. 关节坐标系
C. 直角坐标系　　D. 工具坐标系

6. 工具坐标的移动以（　　）的有效方向为基准，与机器人的位置、姿势无关，所以进行相对于工件不改变工具姿势的平行移动操作时最为适宜。

A. 手臂　　B. 工具　　C. 手腕　　D. 基座

7. 示教是使用示教器开展机器人作业的一种编程方法，一般分为（　　）三个步骤。

①规划　　②示教　　③存储　　④过程

A. ②③④　　B. ①②③　　C. ①②④　　D. ①③④

8.（　　）是机器人学习的过程，操作者手把手地教会机器人做某些动作。

A. 规划　　B. 示教　　C. 存储　　D. 过程

9.（　　）是机器人控制系统以程序的形式将示教动作记忆下来。机器人按照示教时记忆下来的程序展现这些动作，就是再现。

A. 规划　　B. 示教　　C. 存储　　D. 过程

10.（　　）是指工业机器人示教作业的方式，可以分为在线示教方式和离线示教方式。

A. 规划　　B. 示教　　C. 存储　　D. 过程

11.（　　）是在现场直接对操作对象进行的一种编程方法，可以由有经验的操作人员移动机器人的末端执行器，计算机记忆各自由度的运动过程，也可以使用示教器将指令信号传给驱动系统，使执行机构按要求的动作顺序和运动轨迹操演一遍。

A. 离线示教　　B. 在线示教　　C. 手动模式　　D. 急停按钮

12.（　　）可在PC等设备上通过特定软件编程和模拟，然后把程序导入机器人。

A. 离线示教　　B. 在线示教　　C. 手动模式　　D. 急停按钮

13. 为了安全，示教时必须把示教编程器的模式旋钮旋至（　　），之后若有误操作时，由于人的本能反应，会紧握安全开关，安全开关有两级，当按到第二级时，伺服电源被切断。

A. 离线示教　　B. 在线示教　　C. 手动模式　　D. 急停按钮

14. 操作机器人之前应先分别按下控制柜和示教编程器上的（　　），确认伺服电源是否被切断。

A. 离线示教　　B. 在线示教　　C. 手动模式　　D. 急停按钮

15. 示教第一步：新建一个示教工程。在示教操作时，可以通过指令方式记录示教的机器人轨迹。此后，即可通过记录的指令来（　　）示教动作。

A. 调整　　B. 再现　　C. 反向　　D. 单步

16. 执行示教操作时，应确认操作员与机器人之间已经保持了（　　）的距离。

A. 安全　　B. 紧密　　C. 很远　　D. 很近

17. 在完成机器人动作示教后，运行示教程序，进行轨迹确认时，一定要保证示教编程器在（　　）模式，且在运动时按下手压开关。

A. 自动　　B. 离线　　C. 示教　　D. 再现

18. 在示教模式下，运行轨迹时，轨迹速度受限于（　　）对速度的限制，线速度最高不超过250 mm/s，姿态速度最高不超过180 deg/s。

A. 文明守则　　B. 加工材料　　C. 行业约定　　D. 国家标准

19. 执行示教完的程序称为再现。再现时，把示教编程器上的模式旋钮设置在（　　）模式，把光标移到程序开头。

A. 自动　　B. 离线　　C. 示教　　D. 再现

20. 执行PAUSE命令使机器人暂停时，再开始动作要执行启动操作，机器人从（　　）命令处开始继续动作。

A. 当前　　B. 第一个　　C. 下一个　　D. 上一个

【实训操作】工业机器人的示教与再现作业

1. 利用坐标系操作机器人，记录和更改示教程序点

仔细阅读正文，熟悉工业机器人应用的各坐标系。

按10.2节所述步骤完成操作，体验利用坐标系操作工业机器人。

☐ 掌握　　☐ 理解　　☐ 重做

2. 手动或自动模式控制机器人末端执行器作业

仔细阅读正文，熟悉工业机器人示教作业步骤。

按10.3节所述步骤完成操作，体验用手动或自动模式控制工业机器人末端执行器的作业，学习利用示教器编制机器人基本运动轨迹程序。

☐ 掌握　　☐ 理解　　☐ 重做

3. 使用示教器操作机器人

仔细阅读正文，熟悉工业机器人的示教与再现作业。

（1）使用示教器执行机器人视角再现操作。

（2）使用示教器进行机器人程序调用操作。

☐ 掌握　　☐ 理解　　☐ 重做

4. 实训总结

____

____

5. 教师实训评价

____

____

第11课 控制工业机器人

学习目标

（1）熟悉工业机器人工程管理基本操作。

（2）熟悉工业机器人程序编辑和数据变量知识。

（3）熟悉工业机器人 I/O 检测、位置管理、系统设置等基本内容。

学习难点

（1）工业机器人程序中的数据类型。

（2）掌握工业机器人控制的主要操作。

11.1 工程管理

工业机器人控制器与用户的交互主要通过示教编程器（简称示教器）进行，如图11-1所示。操作者通过示教器进行手动示教，控制工业机器人到达不同位置，并记录各个位置点坐标，利用机器人语言进行在线编程，实现程序回放，从而让工业机器人执行程序要求的轨迹运动。

图 11-1 示教编程操作

11.1.1 工程或程序的操作

用户通过示教器的按键或触摸板来与控制系统交互。

（1）新建工程或程序。按照如下指导步骤新建一个工程或程序。

①按键或在主界面上单击“工程管理”按钮进入工程管理界面，如图11-2所示。单击下方的“刷新”按钮，可更新工程列表。

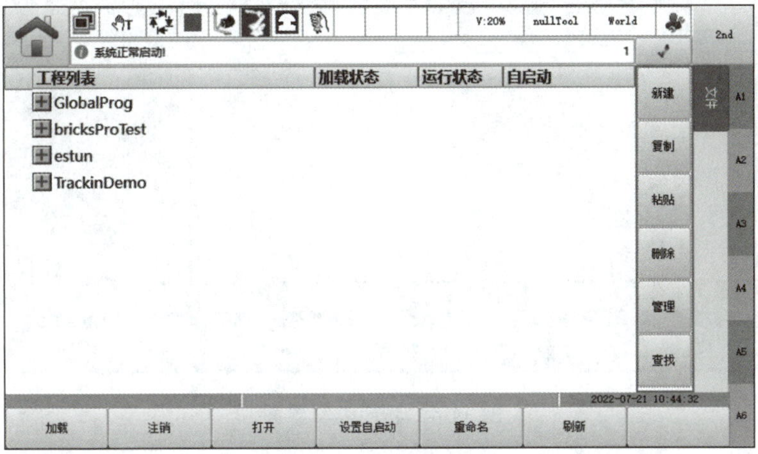

图 11-2　工程管理界面

②单击右侧的“文件”→“新建”按钮，打开“新建程序”对话框，如图11-3所示。

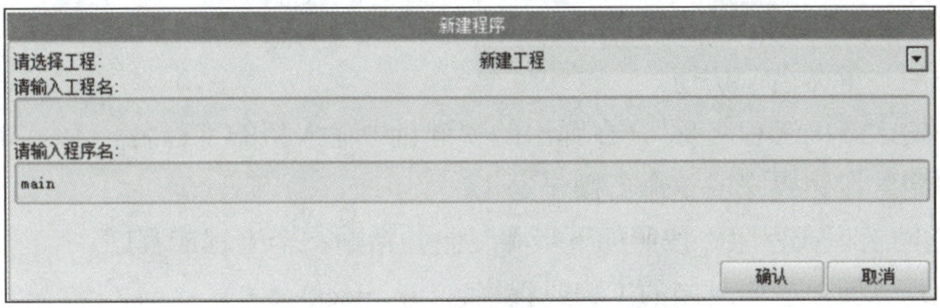

图 11-3　“新建程序”对话框

在其他界面中单击右侧的“文件”→“新建”按钮可直接进行新建工程的操作。

③若要新建一个工程，可单击“请选择工程”右侧的下拉按钮，在弹出的下拉列表中选择“新建工程”。

若要在某个工程中新建一个程序，则在其下拉列表中选择所需要的工程名，并跳至步骤⑤。或者事先在工程列表中选择想要的工程，然后单击“新建”按钮。若工程列表中没有程序，默认且仅有的选项即是“新建工程”。

④单击“请输入工程名”文本框，在弹出的软键盘中输入新建的工程名，如project0。

⑤单击“请输入程序名”文本框，在弹出的软键盘中输入新建的程序名，如program0。

⑥单击“确认”按钮，新建工程或程序成功，界面直接跳至程序编辑界面，如图11-4所示。

（2）删除工程或程序。按照如下指导步骤删除一个工程或程序。

①在工程管理界面中单击要删除的工程或程序，如project0。

若要删除的工程已被“加载”，则需要先单击下方的“注销”按钮，才能正常执行删除操作。必须确保程序所在的工程被注销，才能删除该程序。

②单击右侧的“删除”按钮弹出提示框，单击“确认”按钮，即可删除工程。

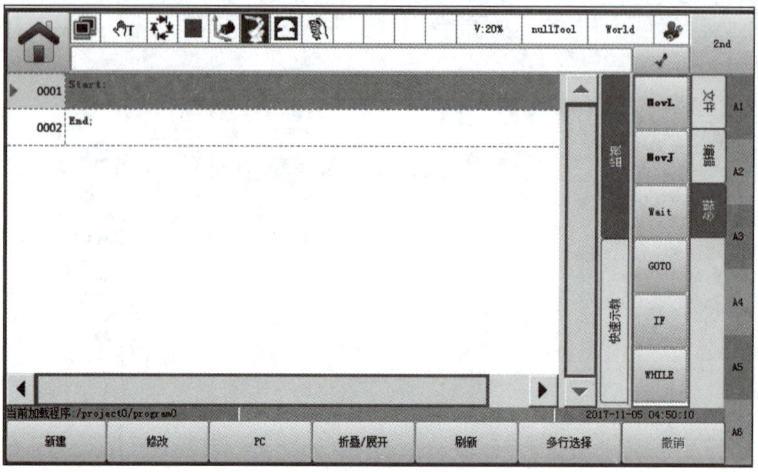

图 11-4　程序编辑界面

（3）重命名工程或程序。按照如下步骤重命名一个工程或程序：

①在工程管理界面单击要重命名的工程或程序，如project0。

若要重命名的工程或程序已被“加载”，则需要单击“注销”按钮，才能正常执行重命名操作。

②单击下方的“重命名”按钮。

③单击“请输入新的工程名称”，在弹出的软键盘中输入新的工程名。

④单击“确定”按钮以完成重命名操作。

（4）复制/粘贴工程或程序。按照如下步骤复制并粘贴一个工程或程序。

①在工程管理界面单击要复制的工程或程序，如project0。

②单击“粘贴”按钮。

当复制目标是一个程序时，如果粘贴的路径是在另一个工程下，则会弹出提示信息“不能将程序复制到另一个工程中！”，单击并选择正确的工程，再继续执行操作。

③单击“请输入新的工程名称”，在弹出的软键盘中输入新的工程名。

④单击“确定”按钮以完成复制/粘贴操作。

（5）加载/注销工程或程序。在工程列表中，显示了工程或程序的“加载状态”。

最多只有一个工程或程序被加载，当另一个工程或程序被加载时，之前被加载的工程或程序会自动注销。若要加载或注销一个工程或程序，只需要单击要进行该操作的工程或程序，然后单击“加载”或“注销”按钮即可。

11.1.2　自启动程序

在工程列表中，单击需要自启动的程序，然后单击下方的“自启动”按钮，在打开的对话框中单击“确认”按钮，该程序的自启动操作即可完成。当用户启用远程模式时，该程序将被自动加载。

11.1.3　工程导入 / 导出

在执行工程导入/导出操作前，用户需要准备一个可读/写的U盘，然后按如下步骤操作：

（1）将U盘插入示教器的USB接口。

（2）按 键，进入工程管理界面。

（3）单击右侧的“管理”按钮，打开如图11-5所示对话框。左侧为示教器中的工程文件列表，右侧为U盘文件中的工程文件列表。

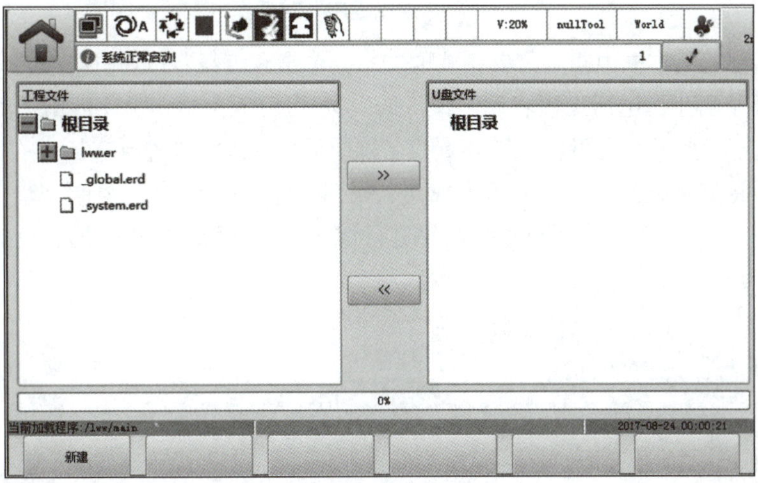

图 11-5　工程程序导入 / 导出界面

1. 工程导入

工程导入是指将U盘中的工程或程序文件导入控制器中。单击界面中间的“<<”按钮，可将所选的程序文件导入至控制器。

2. 工程导出

工程导出是指将控制器中的工程或程序文件导出至U盘中。

（1）从左侧“工程文件”列表中选择需要导出的程序文件。

（2）单击界面中间的“>>”按钮，可将所选的程序文件导出至U盘。

3. 新建工程

（1）单击下方的“新建”按钮，打开如图11-6所示的新建工程对话框，输入新工程名。

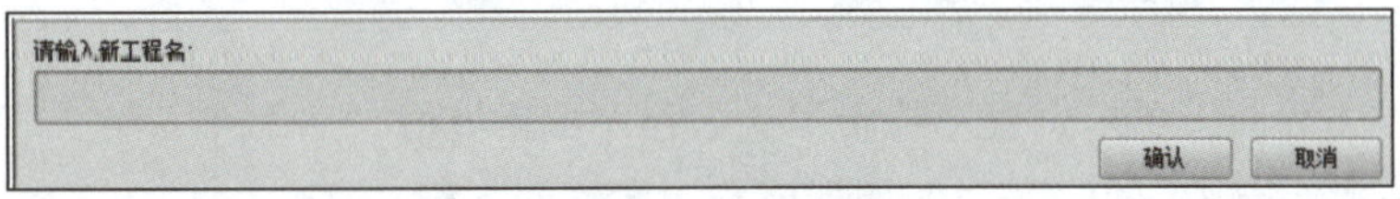

图 11-6　输入新工程名

（2）单击“输入新工程名”文本框，在弹出的软键盘中输入新建的工程名，如project0。

（3）单击“确认”按钮，生成新工程，可在左侧示教盒中的工程文件列表中看到新生成的工程。

11.1.4　查找工程 / 程序

按照如下指导步骤查找工程或程序。

（1）在工程管理界面中单击“查找”按钮，打开“查找程序”对话框，如图11-7所示。

图 11-7 “查找程序”对话框

（2）在“名称”文本框中输入需要查找的文本，单击“查找”按钮进行查找。

在查找界面左侧存在包括工程名称（默认选中）、区分大小写、全字匹配三种筛选条件复选框，根据需要选择。此外，也可输入需要查找名称中部分连续字符进行查找。

（3）查找后将显示查找结果，分为未找到、找到一处、找到多处三种类型，当找到多处时，可单击“上一个”“下一个”按钮对查找结果进行切换，工程列表中也会随着查找结果定位到该行，如图11-8所示。

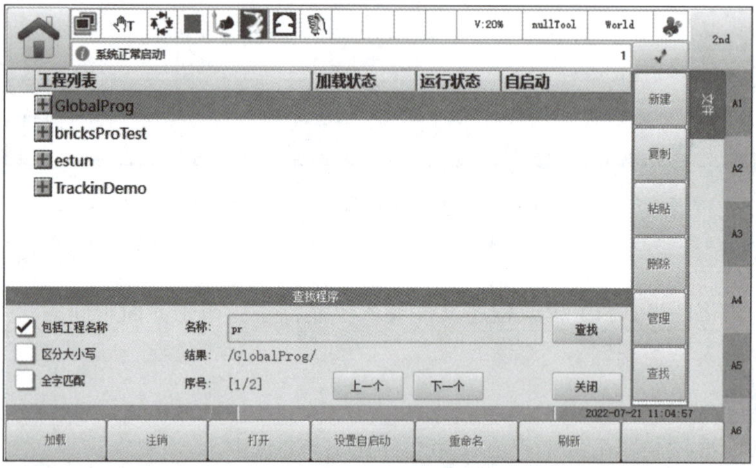

图 11-8 显示查找结果

（4）单击“关闭”按钮，退出查找功能。

11.2 程序编辑

按键或在主界面上单击“程序编辑”进入程序编辑界面。

（1）在进行指令编辑之前，必须先加载该程序所在的工程。

（2）通过菜单键或在主界面中进行程序编辑，针对的是正在加载的程序。

用户也可以在工程管理界面中单击正被加载的程序，然后单击下方的“打开”按钮，进入程序编辑界面。使用该方法可在正加载的工程下，编辑尚未被加载的程序。

11.2.1 新增指令

按照如下步骤新建一个指令：

（1）进入程序编辑编辑界面，系统会显示一个空程序的界面，如图11-9所示。在新程序中插入第一个指令时，可将光标移至End所在行。

①新建的指令插入在光标所在行之前。所以，新建一个指令前，应将光标移动至正确位置。

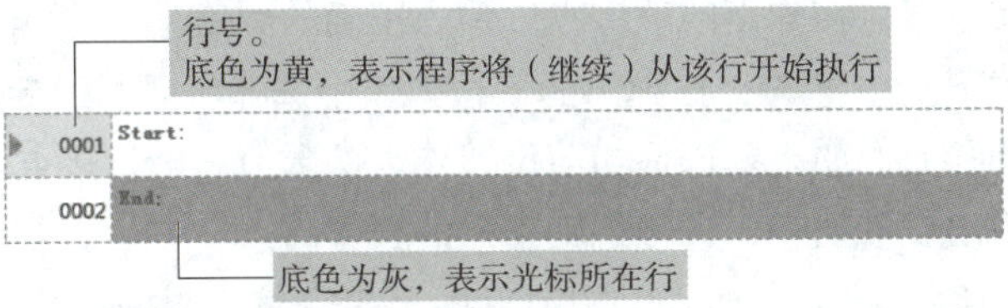

图 11-9　空程序界面说明

②新建成功后的程序将会被自动加载并进入程序编辑界面。

（2）单击界面下方的“新建”按钮，进入指令选择界面，如图11-10所示。

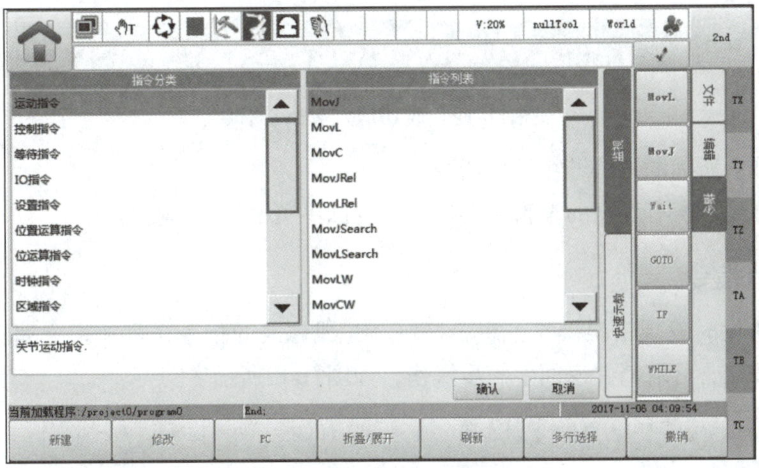

图 11-10　指令选择界面

（3）选择“指令分类”，然后在右侧选择所需用到的指令。例如，需要新建一个运动指令MovJ，则选择“运动指令”→MovJ。

（4）单击“确认”按钮，打开“新建指令”对话框，在此界面中可编辑所需插入的指令参数。图11-11所示为MovJ指令的参数编辑对话框。部分指令可能没有参数。

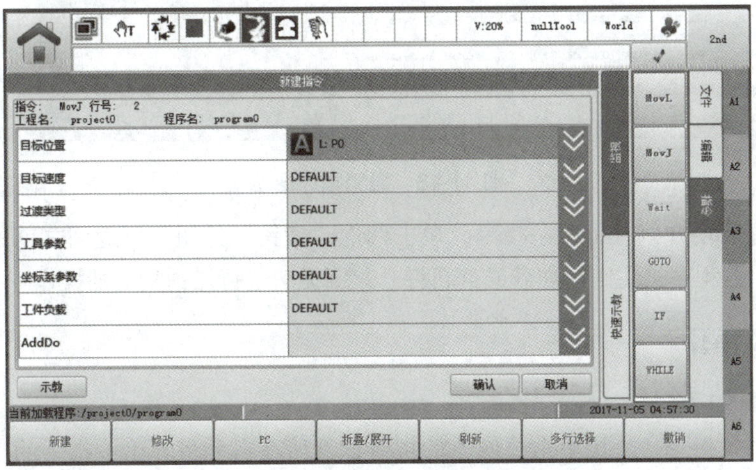

图 11-11　编辑 MovJ 指令的参数

（5）按照实际要求编辑指令的参数。编辑不同的参数时，可使用如下方式：

①单击该参数的文本框，在弹出的软键盘中输入正确的数值。

②单击文本框后的下拉按钮，在弹出的下拉列表中选择所需要的参数值。

③对于表示位置的参数，如果要选择当前位置作为参数值，则直接点击“示教”按钮。

某些参数可能会弹出变量列表，进行编辑变量的操作。

（6）参数编辑成功后，单击“插入”按钮返回至指令编辑界面，成功插入一个MovJ指令，如图11-12所示。

图 11-12　成功插入 MovJ 指令

（7）按照如上所述的方法继续添加指令。

（8）检查并确认所有程序的编辑无误后，可返回主页面进行其他操作。

11.2.2　撤销指令

若在编辑程序时发现错误操作，想要撤销新建或修改的指令，可在指令编辑界面中单击下方的“撤销”按钮，可取消并返回上一步操作，如图11-13所示。

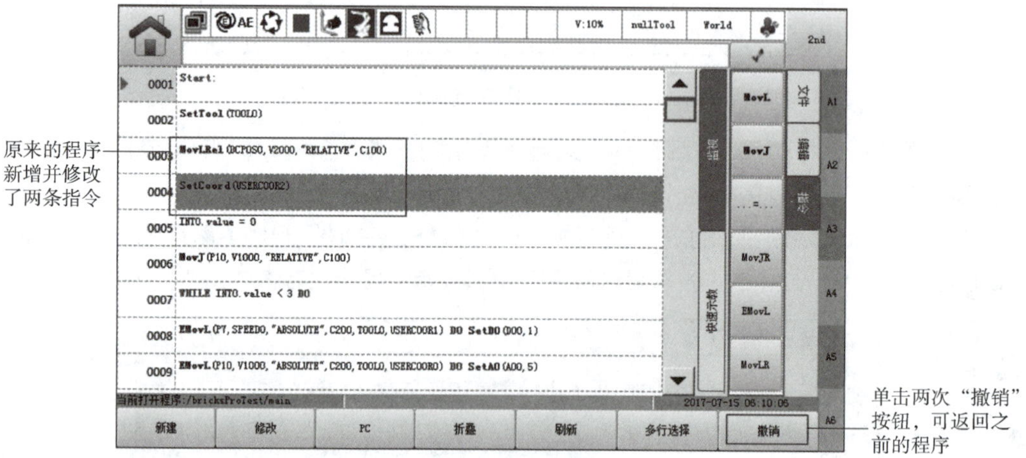

图 11-13　撤销指令图示

原来的程序新增并修改了两条指令，单击两次“撤销”按钮，可返回之前的程序，最多可撤销64步指令。若程序被注销、加载或重新打开，则无法进行撤销指令的操作。

11.2.3　其他操作

1. 快速修改指令

若要修改某条指令，直接单击要修改的指令，然后在右侧将弹出该指令的“快速示教”中选择要修改的参数进行修改操作，如图11-14所示。

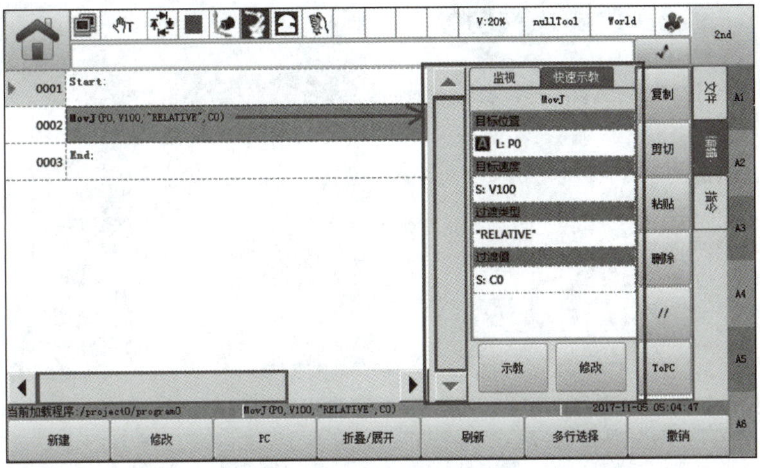

图 11-14　快速修改某条指令的参数

修改完成后，单击“修改”按钮，即可成功修改该指令的参数。

若要指定程序从某一指令开始执行，直接单击要开始执行的指令，然后单击下方的PC按钮，指针将变更至该指令（见图11-15），已经将指令执行位置变更为0003行。

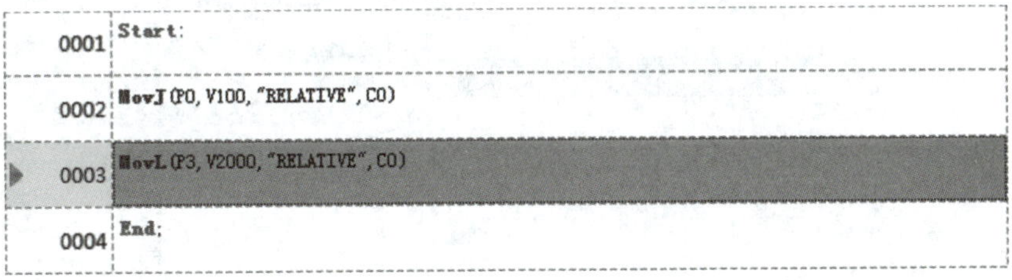

图 11-15　变更指令执行的开始位置

用户可单击右侧的“指令”按钮快速新建一个常用的指令。

此外，用户单击右侧的“编辑”按钮，可在执行以下操作：

（1）复制：选择要复制的指令，然后单击“复制”按钮。

（2）剪切：选择要剪切的指令，然后单击“剪切”按钮。

（3）粘贴：选择要粘贴的指令的位置，然后单击“粘贴”按钮。

（4）删除：选择要删除的指令，然后单击“删除”按钮。

（5）//：选择要注释的指令，然后单击“//”按钮。

（6）ToPC：单击ToPC可使程序编辑界面回到指针所在行。

2. 指令点一点到达

在手动模式下，用户可在程序页面中，单击右侧“快捷到达”→“位置点”按钮，以手动定位至目标点，如图11-16所示。

在上浮的选项中选择目标“点”以及运行的指令MovJ或MovL，然后按住Go按钮，TCP将持续运行至目标点；松开Go可停止TCP的运动，如图11-17所示。

（1）选择指定目标点的指令行，上浮的选项中的“点”会自动出现目标点的变量。

指令行中出现多个点时，可在下拉列表中选择需要的目标“点”。

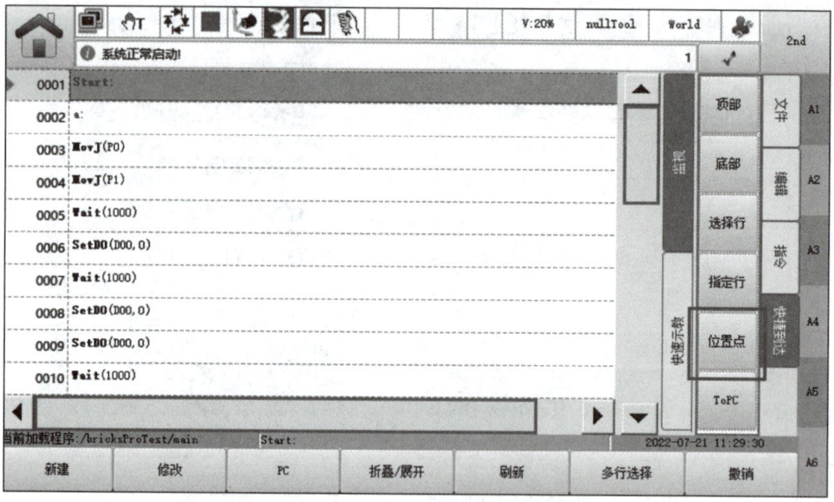

图 11-16　快捷到达位置点

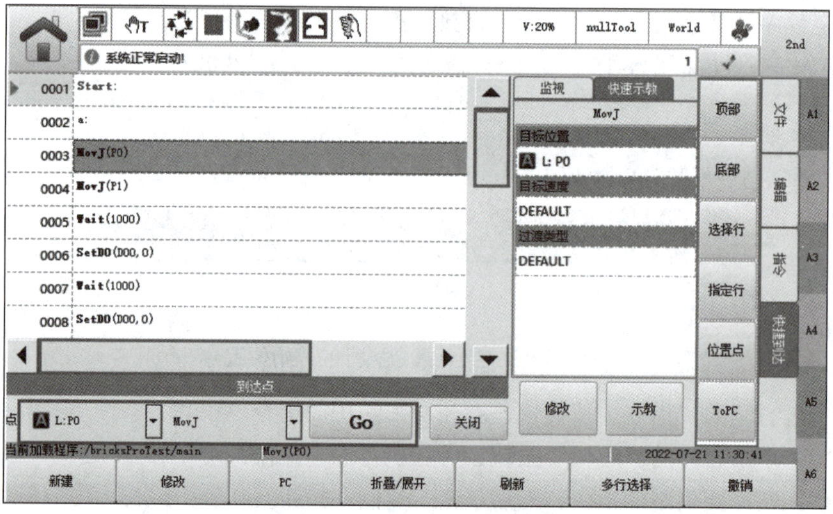

图 11-17　选择目标点并运行

（2）运行至目标点时的指令操作仅限MovJ和MovL可选。

（3）若指令中带有tool、usercoord这些坐标系参数，可将坐标系切换至这些设置的坐标系再进行点位运动，避免执行出错导致撞机相关问题的产生。

3. 快速定位程序行位置

用户可在程序页面中单击右侧“快捷到达”按钮，选择需要进行快速定位的位置，如“顶部”“底部”“选择行”或者“指定行”，如图11-18所示。

（1）单击“顶部”按钮，程序行位置的显示将定位至Start行。

（2）单击“底部”按钮，程序行位置的显示将定位至End行。

（3）单击“选择行”按钮，程序行位置的显示将定位至当前选择行的位置。

（4）单击“指定行”按钮，在上浮选项中选择需要定位的“标签”或“行号”，程序行位置的显示将定位至所指定位置，如图11-19所示。

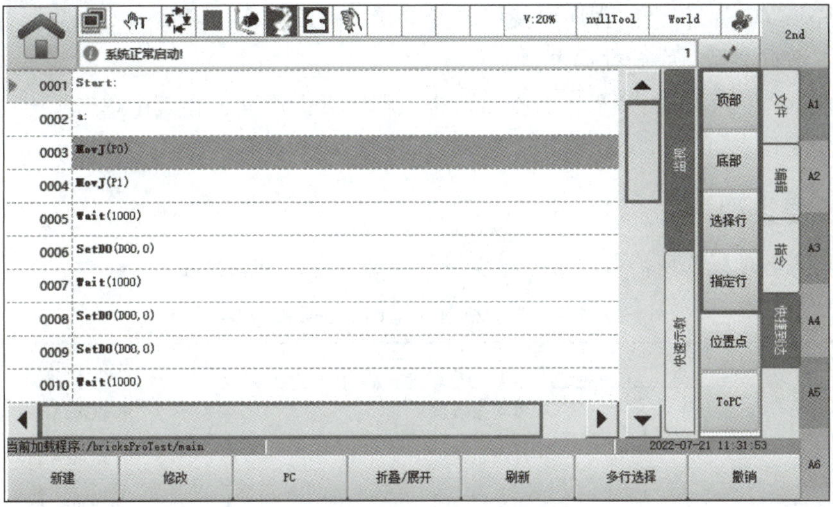

图 11-18　快速定位程序位置

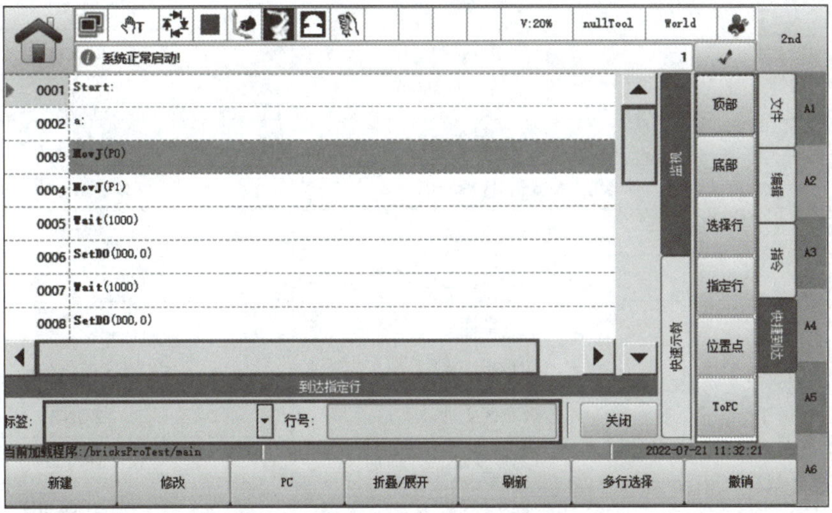

图 11-19　快速定位指定的程序行

11.3　数据与变量

工业机器人的操作和所定义的作用域有关，不同域支持不同的数据（变量）类型，分为系统、全局、工程和程序四个域（范围）。

（1）系统域（S）：系统初始定义的一些变量，系统预定义变量不可编辑。

（2）全局域（G）：所有工程或程序都可使用的变量，包括I/O数据类型、PLC数据类型、socket（插座）数据类型、位置数据类型、区域数据类型、基本数据类型、摆动数据类型、时钟数据类型、码垛数据类型、系统数据类型。

（3）工程域（P）：同一个工程下的程序都可使用的变量，包括I/O数据类型、socket数据类型、位置数据类型、基本数据类型、摆动数据类型、码垛数据类型、系统数据类型。

（4）程序域（L）：仅当前程序可使用的变量，包括I/O数据类型、socket数据类型、位置数据类型、基本数据类型、系统数据类型。

按(x)键或在主界面单击“程序数据”可进入程序数据界面，在其中单击下方的“刷新”按钮，可更新变量列表。

11.3.1 数据类型

工业机器人各项操作所涉及的数据（变量）类型丰富，见表11-1。

表 11-1 工业机器人操作的主要数据类型

分　类	类　型	默认名称前缀
基本数据类型	一维实数数组	RealOneArray
	一维布尔数组	BoolOneArray
	一维整型数组	IntOneArray
	字符串变量	STRING
	实数变量	REAL
	布尔变量	BOOL
	整型变量	INT
位置数据类型	关节位置类型	P
	关节相对位置类型	DAPOS
	坐标系位置类型	P
	坐标系相对位置类型	DCPOS
系统数据类型	工具坐标系	TOOL
	用户坐标系	USERCOOR
	转弯区变量	ZONE
	速度变量	SPEED
	动坐标系	SYNCOORD
	变位机坐标系	POSITIONER
	负载变量	PAYLOAD
	外部TCP坐标系	EXTTCP
I/O 数据类型	数字量输入	DI
	数字量输出	DO
	模拟量输入	AI
	模拟量输出	AO
	虚拟数字量输入	SimDI
	虚拟数字量输出	SimDO
	虚拟模拟量输入	SimAI
	虚拟模拟量输出	SimAO

续表

分　类	类　型	默认名称前缀
摆动数据类型	摆弧变量	WEAVE
区域数据类型	标准区域	AREA
	多边体区域	POLYHEDRON
PLC 数据类型	PLC 实数变量	PLCREAL
	PLC 布尔变量	PLCBOOL
	PLC 整型变量	PLCDINT
	PLC 短整型变量	PLCINT
码垛数据变量	码垛变量	PALLET
时钟数据类型	时钟类型	CLOCK
socket 数据类型	socket名	Socket

11.3.2　新增变量

按照如下步骤新建一个变量。

（1）进入程序数据界面，如图11-20所示。

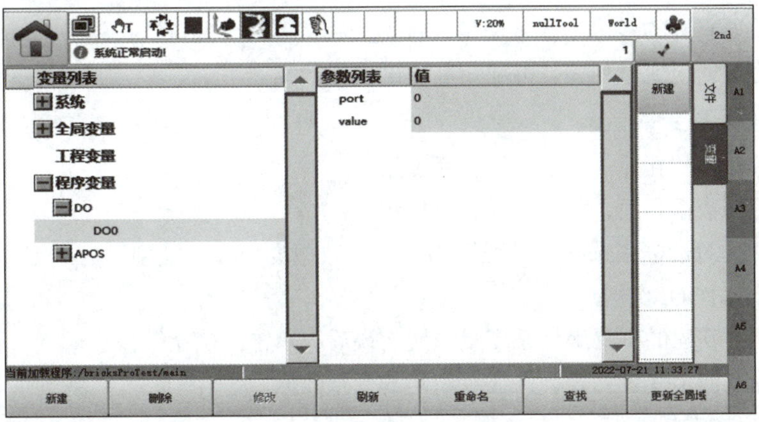

图 11-20　程序数据界面

（2）单击需要新建的所属范围，如“全局变量”。

（3）单击“新建”按钮，在打开的“新建变量”对话框中设置相关参数，如图11-21所示。

图 11-21　“新建变量”对话框

（4）确认或选择所要新建的变量所属的“域”（范围）。

（5）设置新建变量的类别。

（6）单击“名称”文本框，在弹出的软键盘中输入要定义的名称。用户不可创建与系统保留名称同名的变量。

（7）新增变量设置无误，单击“确认”按钮，界面返回变量列表，并显示新增变量数据。

1. 标准区域变量

按照如下操作步骤新建一个标准区域变量：

（1）进入程序数据界面，单击“新建”按钮。

（2）在打开的对话框中选择“分类”为“区域数据类型”，“类型”为“标准区域”，并输入想要的名称，如AREA1。

（3）确认所要新建的标准区域变量设置无误后，单击“确认”按钮。

（4）界面将返回至变量列表，并显示新建的变量数据。

2. 多边体区域变量

按照如下操作步骤新建一个多边体区域变量：

（1）进入程序数据界面，单击“新建”按钮。

（2）在打开的对话框中选择“分类”为“区域数据类型”，“类型”为“多边体区域”，并输入想要的“名称”，如POLYHEDRON1。

（3）确认所要新建的多边体区域变量设置无误后，单击“确认”按钮。

（4）界面将返回至变量列表，并显示新建的变量数据。

3. 工具坐标系变量

按照如下操作步骤新建一个工具坐标系变量：

（1）进入程序数据界面，单击“新建”按钮。

（2）在打开的对话框中选择“分类”为“系统数据类型”，“类型”为“工具坐标系”，并输入想要的名称，如TOOL0。

（3）确认所要新建的工具坐标系变量设置无误后，单击“确认”按钮。

（4）界面将返回至变量列表，并显示新建的变量数据。

4. 用户坐标系变量

按照如下操作步骤新建一个用户坐标系变量：

（1）进入程序数据界面，单击“新建”按钮。

（2）在打开的对话框中选择“分类”为“系统数据类型”，“类型”为“用户坐标系”，并输入想要的名称，如USERCOOR1。

（3）确认所要新建的用户坐标系变量设置无误后，单击“确认”按钮。

（4）界面将返回至变量列表，并显示新建的变量数据。

11.3.3 其他操作

1. 修改变量值

按照如下步骤修改一个变量的值：

（1）选择所要修改的变量，在界面右侧将显示该变量所有的参数及参数值。

（2）单击要修改的参数值并在弹出的软键盘中重新输入正确的数值。

对于某些特殊变量，可单击下方的“修改”按钮，界面将显示相应的修改界面来辅助用户的操作。

2. 删除变量

选择需要删除的变量，单击下方的“删除”按钮，将弹出提示框，单击“确认”按钮，该变量将被删除。

3. 重命名变量

选择需要重新命名的变量，单击下方的“重命名”按钮，将打开“修改变量名称”对话框。单击“新的变量名”文本框，在弹出的软键盘中输入想要的名称，再单击“确认”按钮，该变量将被重命名。

4. 查找变量

在“变量列表”界面中单击下方的“查找”按钮，并在上浮的选项中输入想要查找的变量“名称”。选择想要查找的“域”或“类型”能够更加精确地找到想要查找的变量。查找到匹配的名称，如果出现多个结果，可通过单击“上一个”或“下一个”按钮来选择。

11.4 I/O 检测

工业机器人系统的I/O功能可以指定具体的系统输入/输出项，将I/O信号与系统的一些特殊功能相关联，使得使用者不需要通过示教器或者其他硬件就可以对工业机器人进行某种控制或者状态监控。

按键或在主界面单击“I/O检测”进入I/O检测界面，如图11-22所示。

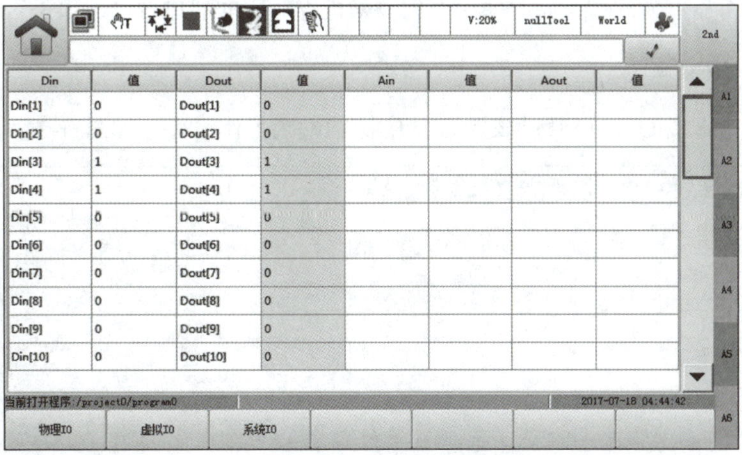

图 11-22 I/O 检测界面

11.4.1 物理 I/O

进入I/O检测界面，默认显示的是“物理I/O”列表的界面。用户可通过该界面查看控制模块上的I/O状态：0表示低电平；1表示高电平。Din表示数字量输入端口，Dout表示数字量输出端口；

Ain表示模拟量输入端口，Aout表示模拟量输出端口。

（1）若要检测数字量输入端口，用户需要改变某个端口的信号状态（一般改变相应的继电器状态），然后检查界面中的端口值是否改变。

为了便于用户的检测操作，可单击界面中想要变化的输入端口的“值”，并在弹出的软键盘中输入变化的值，然后单击软键盘左下侧的按钮切换至“强制”（见图11-23），改变该端口的状态。

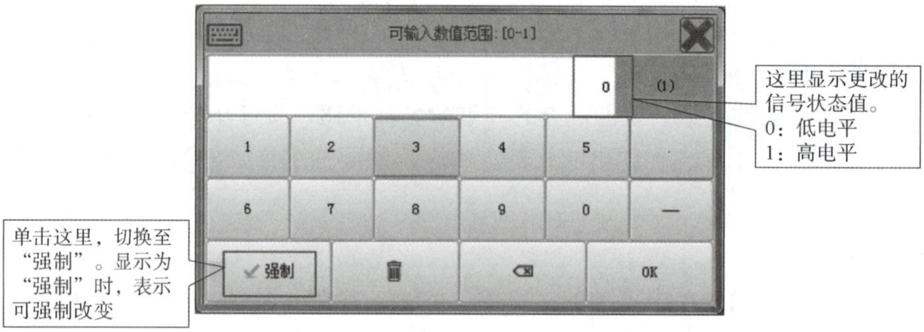

图 11-23　强制更改 Din 的信号状态

“强制”信号的改变只是影响程序对输入口状态判断，而不会改变实际继电器的状态，也不会更新输入口的上升沿、下降沿状态。

（2）若要检测数字量输出端口，单击某个输出端口的“值”，在弹出的软键盘中输入要修改的值（0或1），同时使用万用表来检查对应端口的电平是否改变。

（3）若要检测模拟量输入端口，用户需给相应的输入端口指定电平（如5 V），界面将会显示该端口的电压值。

（4）若要检测模拟量输出端口，单击某个输出端口的“值”，在弹出的软键盘中输入要修改的电压值（界面将显示为5 V），同时使用万用表来检查对应的端口的电压值是否为5 V。

11.4.2　虚拟 I/O

单击下方的“虚拟IO”，可通过该界面查看虚拟I/O的工作情况，如图11-24所示。

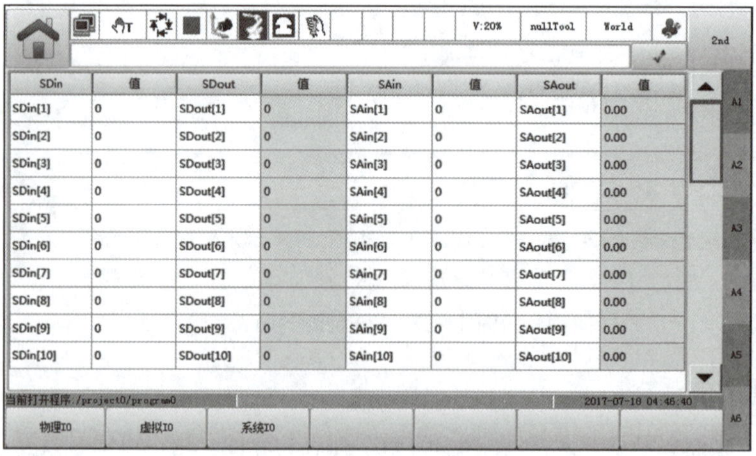

图 11-24　虚拟 I/O 检测界面

SDin表示虚拟数字量输入端口，SDout表示虚拟数字量输出端口；SAin表示虚拟模拟量输入端口，SAout表示虚拟模拟量输出端口。

11.4.3 系统 I/O

单击下面的“系统IO”按钮，在打开的对话框输入密码后，可进入系统I/O配置界面（见图11-25）。该界面可以配置各种系统I/O对应的I/O端口及有效电平。

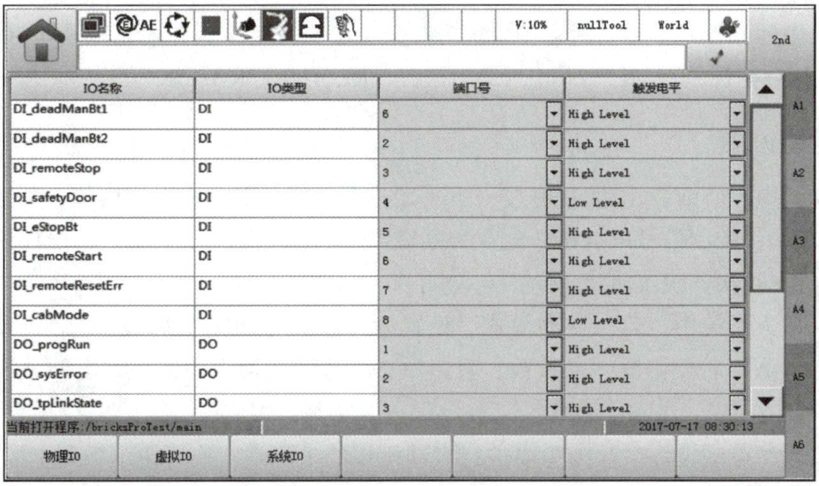

图 11-25　系统 I/O 界面检测界面

11.5 位置管理

所谓“点动”，即按下按钮使电机转动工作，手松开按钮时电机停转。点动控制多用于机床刀架、横梁、立柱等快速移动和机床对刀等场合。按键或在主界面上单击“点动管理”的“位置管理”，进入位置管理界面，如图11-26所示。

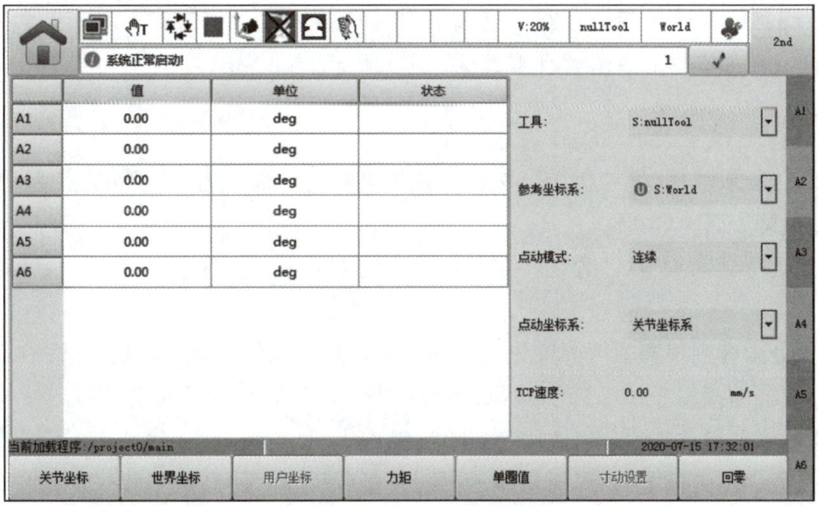

图 11-26　位置管理界面

11.5.1 坐标管理

执行以下操作，可以对坐标系进行管理：

（1）关节坐标：单击“关节坐标”，界面显示机器人当前的关节位置信息（A1、A2、A3、A4、A5、A6）。

（2）世界坐标：单击“世界坐标”，界面显示机器人TCP在世界坐标系下的位置信息（X、Y、Z、A、B、C）。

（3）用户坐标：若“参考坐标系”设置为“G: USERCOOR”，单击“用户坐标”，界面显示机器人TCP在用户坐标系下的位置信息（RX、RY、RZ、RA、RB、RC）。

11.5.2 寸动设置

在机械加工中，所谓“寸动”，有按一下（走一下）停一下的意思。例如，某品牌变频器中“寸动”的意思是：控制信号可以按一定规律断续驱动电机动作，电机严格按照控制信号的动停指令动作，停机期间电机不做惯性转动。

在工业机器人系统中。若“点动模式”设置为“寸动”，单击“寸动设置”，界面显示机器人各轴的寸动参数。若要修改寸动参数，直接单击参数值的输入框并在弹出的软键盘中输入要修改的数值。

用户可修改“点动坐标系”为想要进行点动操作的坐标系，或者按示教器上的Jog键切换要想进行点动操作的坐标系。

11.6 系统设置

在工业机器人日常操作中，日志可以帮助追踪程序执行的过程，快速定位问题的根源，追踪数据的变化，以及协助进行数据统计、性能分析，还能采集运行环境数据。一般在工业机器人执行流程时，一旦发生异常，第一件事就是要弄清楚当时发生了什么。例如，工业机器人当时做什么操作，环境有无影响，数据有无变化，是否反复发生等，然后再进一步确定大致是哪方面的问题。问题确定后再交由开发人员去重现、研究、提出解决方案。日志提供的是第一手资料。按⚠键或在主界面上单击“日志管理”进入日志管理界面。

11.6.1 报警

单击图11-27所示“1”处“报警”按钮，切换到报警界面，若当前存在需要清除的报警时，优先显示当前报警界面。

（1）单击2处“当前报警”，界面将显示当前未清除的报警。选中/取消选中：3处报警类型可进行过滤。

（2）单击4处内容列报警项可弹窗显示当前报警现象、原因与建议解决方式。

（3）若存在当前报警，单击5处“清除当前报警”可清除当前的报警，以继续正常运行。用户也可点击报警信息栏右侧的✓按钮清除报警操作。

（4）单击6处“历史报警”，界面将显示本次开机后所发生的报警信息，如图11-28所示。

（5）单击7处“清空历史报警”，可清除所有的报警信息。

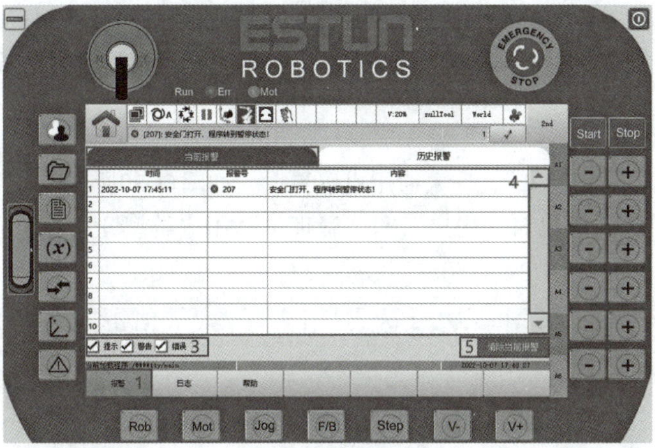

图 11-27　当前报警界面

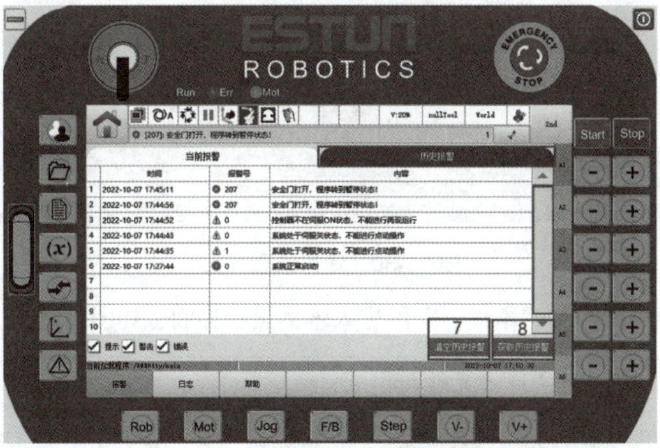

图 11-28　历史报警界面

（6）单击8处“获取历史报警”，同步控制器的所有历史报警信息，并更新历史报警界面。

11.6.2　用户管理

在主界面单击“用户登录”，进入用户管理界面，如图11-29所示。

（1）切换用户。默认用户为“游客”，此外还有“用户”“管理员”“调试”三种用户类型，对应不同等级的操作权限。若要切换，可点击选择下拉列表中需要的用户类型并输入密码登录。

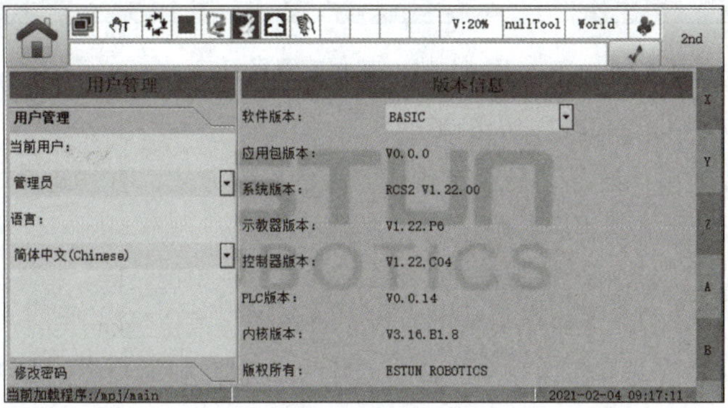

图 11-29　用户管理界面

单击“修改密码”并输入两次想要修改的密码，以修改当前所登录用户的密码。

（2）选择语言。默认显示语言为“简体中文”。切换系统语言后重启系统才生效。

11.6.3 通用设置

在主界面上单击“通用设置”，进入通用设置界面，如图11-30所示。

通用设置界面里的功能仅对“用户”和“管理员”用户类型开放。若需要使用，可在“主页”→“用户登录”中切换用户。

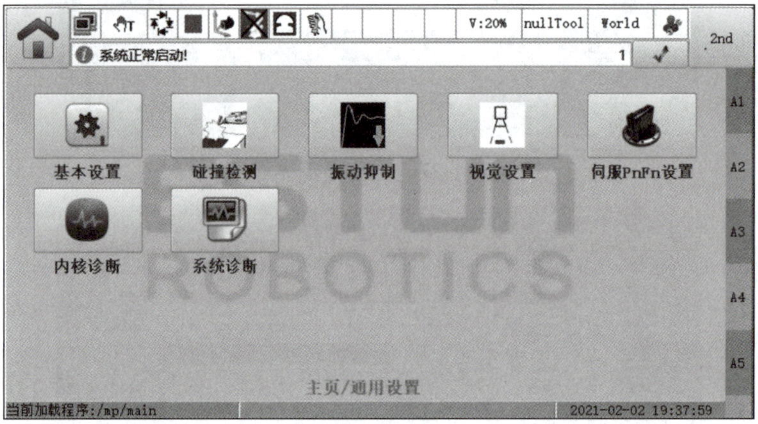

图 11-30 通用设置界面

在通用设置界面中点击“基本设置”可进入基本设置界面，如图11-31所示。

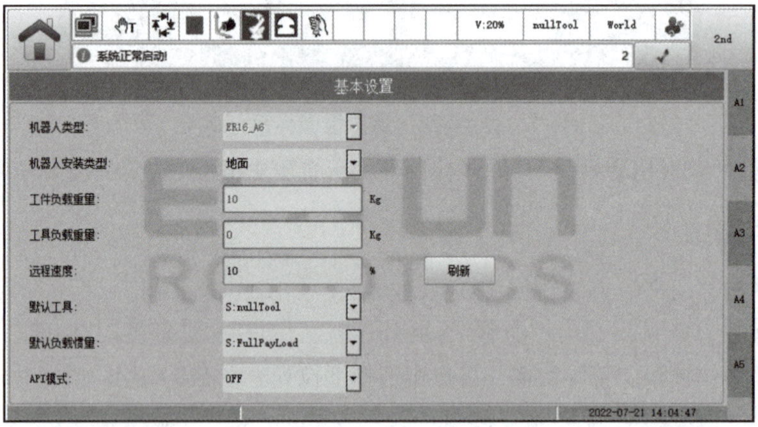

图 11-31 基本设置界面

（1）机器人类型：显示当前机器人的类型。

（2）机器人安装类型：设置和显示当前机器人的安装方式，有“地面”和“吊装”两种方式，设置完成后根据提示需要重启系统。

（3）工件负载重量：显示系统中设置的有效工件重量，单位是kg。

（4）工具负载重量：显示系统中设置的有效工具重量，单位是kg。

（5）远程速度：单击文本框在弹出的软键盘中输入切换到远程模式时需要设置的系统全局速度百分比值。

（6）默认工具：选择开机默认加载的工具坐标系。

（7）默认负载惯量：选择开机默认加载的负载惯量变量。

（8）API模式：开启/关闭外部控制（API）模式。

11.6.4 本地设置

在主界面单击“高级设置”，进入高级设置界面，如图11-32所示。

高级设置里的功能仅对“管理员”用户类型开放。若需要使用，可在“主页”→“用户登录”中切换用户。

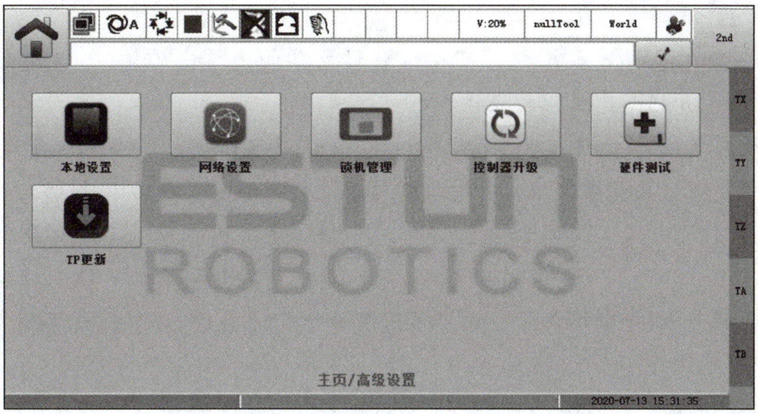

图 11-32 高级设置界面

在高级设置界面中单击“本地设置”按钮可进入本地设置界面，如图11-33所示。

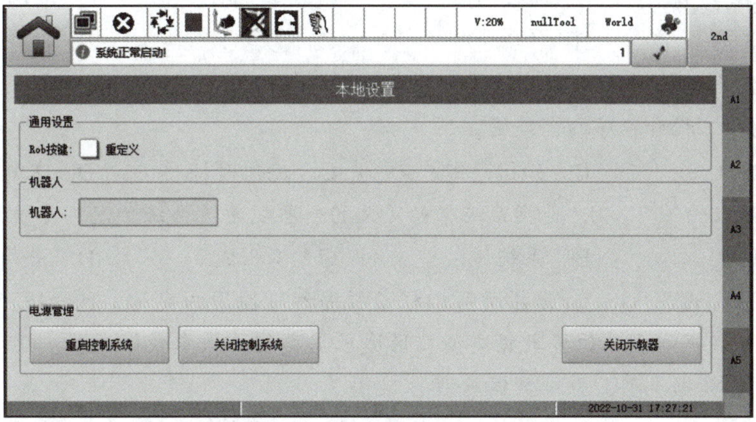

图 11-33 本地设置界面

（1）Rob按键：勾选重定义，通过Rob按键不能进入快捷启动项。

（2）机器人：标识机器人设置。仅在使用虚拟示教器时显示，以设置标识机器人ID。

（3）关闭示教器：对虚拟示教器则关闭虚拟示教器程序，实际示教器则进入可选择界面（示教器、维护模式等）。

（4）重启控制系统：对虚拟示教器将关闭虚拟示教器程序，实际示教器则重启示教器。

（5）关闭控制系统：控制器关机，虚拟示教器则关闭虚拟示教器程序，实际示教器则进入可选择界面（示教器、维护模式等）。

在通用设置分组界面中，还有“碰撞检测”“振动抑制”“视觉设置”“跟随设置”“伺服PnFn设置”等，在高级设置分组界面中还有“锁机管理”“网络设置”等内容。

作　业

1．机器人控制器与用户的交互主要通过（　　）进行，即操作者通过它进行手动训练，记录各个位置点坐标，利用机器人语言进行在线编程，实现程序回放实现轨迹运动。

A．示教器　B．电脑终端　C．开发平台　D．工厂设计

2．为新建一个工业机器人工程，可在示教器主界面上单击（　　），在交互界面中选择“文件”→“新建”，开始新建工程的操作。

A．示教工程　B．开始作业　C．工程管理　D．新建业务

3．在“工程管理”交互操作中，针对工程可以进行新建、重命名以及（　　）等操作。

①自动重复　②删除　③复制 / 粘贴　④加载 / 注销

A．①②③　B．②③④　C．①②④　D．①③④

4．在执行工程导入/导出作业时，用户需要准备一个（　　），然后在工程管理界面完成工程导入、工程导出等操作。

A．另一台设备　B．专用软盘　C．远程终端　D．可读写 U 盘

5．使用者可以在示教器的主界面上单击“程序编辑”，对工业机器人作业程序进行编辑。编辑操作包括（　　）等。

①新增指令　②编译程序　③撤销指令　④修改指令

A．②③④　B．①②③　C．①③④　D．①②④

6．工业机器人的操作和所定义的（　　）有关，不同范围支持不同的数据（变量）类型，涉及系统、全局、工程和程序四个范围。

A．作用域　B．知识范围　C．应用领域　D．工作区间

7．工业机器人的（　　），是指系统初始定义的一些变量。系统预定义变量不可编辑。

A．程序域　B．系统域　C．工程域　D．全局域

8．工业机器人的（　　），是指所有工程或程序都可使用的变量，包括I/O数据类型、PLC数据类型、socket数据类型、位置数据类型、区域数据类型、基本数据类型、摆动数据类型、时钟数据类型、码垛数据类型、系统数据类型。

A．程序域　B．系统域　C．工程域　D．全局域

9．工业机器人的（　　），是指同一个工程下的程序都可使用的变量，包括I/O数据类型、socket数据类型、位置数据类型、基本数据类型、摆动数据类型、码垛数据类型、系统数据类型。

A．程序域　B．系统域　C．工程域　D．全局域

10．工业机器人的（　　），是指仅当前程序可使用的变量，包括I/O数据类型、socket数据类型、位置数据类型、基本数据类型、系统数据类型。

A．程序域　B．系统域　C．工程域　D．全局域

11. 工业机器人系统的I/O功能可以指定具体的系统输入/输出项，将（　　）与机器人系统的一些特殊功能相关联，使用者可以直接对工业机器人进行某种控制或者状态监控。

A. 禁止信号　　B. I/O 信号　　C. 模拟信号　　D. 数字信号

12. 在（　　）列表界面，用户可以查看控制模块上的I/O状态：0表示低电平；1表示高电平。Din表示数字量输入端口，Dout表示数字量输出端口；Ain表示模拟量输入端口，Aout表示模拟量输出端口。

A. 系统 I/O　　B. 混合 I/O　　C. 虚拟 I/O　　D. 物理 I/O

13. 在（　　）列表界面，用户可以查看的工作情况，包括SDin表示数字量输入端口，SDout表示数字量输出端口；SAin表示模拟量输入端口，SAout表示模拟量输出端口。

A. 系统 I/O　　B. 混合 I/O　　C. 虚拟 I/O　　D. 物理 I/O

14. 在（　　）列表界面，用户可以配置各种系统I/O对应的I/O端口以及有效电平。

A. 系统 I/O　　B. 混合 I/O　　C. 虚拟 I/O　　D. 物理 I/O

15. 在示教器的主界面上单击“点动管理”→“位置管理”，可进入位置管理界面。工业机器人的位置管理包括（　　）。

①坐标管理　　②寸动设置　　③回零　　④力矩与单圈值

A. ①②③　　B. ①②③④　　C. ①②④　　D. ①③④

16. 工业机器人的伺服控制系统对（　　）的要求各种各样，各厂家的运动控制器或驱动器支持的该操作的方式各不相同。

A. 重复　　B. 回零　　C. 归位　　D. 清场

17. 在工业机器人伺服励磁状态下，“回零”的方式主要有（　　）等三种。回零操作要防止工业机器人零位精度丢失。

①单轴回零　　②整体回零　　③指令回零　　④自动回零

A. ①③④　　B. ①②④　　C. ①②③　　D. ②③④

18. 在工业机器人日常操作中，（　　）可以帮助我们追踪程序执行的过程，快速定位问题的根源，追踪数据的变化，以及协助进行数据统计、性能分析，还能采集运行环境数据。

A. 传感器　　B. 数据库　　C. 档案　　D. 日志

19. 在示教器的主界面上单击“用户登录”，进入用户登录界面。系统中，默认用户为“游客”，此外还有对应不同等级的（　　）三种用户操作权限。

①用户　　②管理员　　③运行　　④调试

A. ①②③　　B. ②③④　　C. ①②④　　D. ①③④

20. 在示教器的主界面上单击“高级设置”→“本地设置”，可进入“本地设置”界面，其操作内容包括（　　）等。

①关闭示教器　　②重定义机器人　　③重启控制系统　　④关闭控制系统

A. ①③④　　B. ①②④　　C. ①②③　　D. ②③④

【实训操作】操作控制工业机器人

1. 熟悉工业机器人工程管理操作

仔细阅读正文，熟悉工业机器人工程管理操作。

按11.1节所述步骤完成操作，熟悉工业机器人工程管理。

☐ 掌握　　☐ 理解　　☐ 重做

2. 熟悉工业机器人程序编辑操作

仔细阅读正文，熟悉工业机器人程序编辑操作。

按11.2节所述步骤完成操作，熟悉工业机器人程序编辑。

☐ 掌握　　☐ 理解　　☐ 重做

3. 熟悉工业机器人数据与变量操作

仔细阅读正文，熟悉工业机器人数据与变量操作。

按11.3节所述步骤完成操作，熟悉工业机器人数据与变量。

☐ 掌握　　☐ 理解　　☐ 重做

4. 熟悉工业机器人I/O检测操作

仔细阅读正文，熟悉工业机器人I/O检测操作。

按11.4节所述步骤完成操作，熟悉工业机器人I/O检测。

☐ 掌握　　☐ 理解　　☐ 重做

5. 熟悉工业机器人位置管理操作

仔细阅读正文，熟悉工业机器人位置管理操作。

按11.5节所述步骤完成操作，熟悉工业机器人位置管理。

☐ 掌握　　☐ 理解　　☐ 重做

6. 熟悉工业机器人系统设置操作

仔细阅读正文，熟悉工业机器人系统设置操作。

按11.6节所述步骤完成操作，熟悉工业机器人系统设置。

☐ 掌握　　☐ 理解　　☐ 重做

7. 实训总结

____

____

8. 教师实训评价

____

____

第12课

工业机器人操作指令

学习目标

（1）熟悉机器人操作指令的概念。

（2）掌握工业机器人运动指令的表达与运用方法。

（3）了解大多数工业机器人的操作指令。

学习难点

（1）掌握运动指令的运用方法。

（2）熟悉工业机器人操作指令。

12.1 操作指令概述

随着机器人技术的快速发展，工业机器人任务的复杂程度也不断提高，用户对产品的质量和效率追求越来越高，这样，如何降低编程难度和工作量，提高编程效率和质量，实现编程的自适应性，是工业机器人编程技术亟待解决的问题。

常用的工业机器人编程方法有示教、离线、自主、增强现实、示教学习等方法。现有方法针对特定任务进行工业机器人编程，所编写程序只适用于该任务，当遇到相似任务时，需要重新进行编程。编程效率低、成本高，限制了工业机器人的广泛应用。

各种不同型号的工业机器人产品都有丰富的指令系统，但它们在功能实现上基本一致，仅在指令格式上略有差异。实际工作中，使用者应该努力熟悉所有操作指令，熟练掌握控制工业机器人的各种方法。表12-1所示为埃斯顿ER系列工业机器人操作指令的类别。

表 12-1　埃斯顿 ER 系列工业机器人操作指令的类别

指令类别	指令类别	指令类别
运动指令	设置指令	时钟指令
控制指令	位运算指令	软浮动指令
等待指令	时钟指令	数学运算函数
I/O指令	区域指令	字符串指令
设置指令	视觉指令	阵列指令
位置运算指令	码垛指令	ModbusTCP指令

注：限于篇幅，这里以埃斯顿ER系列工业机器人为例，选取其中的主要命令进行介绍。

工业机器人在作业中有工具中心点（tool central point，TCP），初始状态TCP是工具坐标系的原点。当以手动或者编程方式让工业机器人去接近空间的某一点时，其本质是让工具中心点去接近该点。因此，可以说工业机器人的轨迹运动，就是工具中心点的运动。

12.2 运动指令

工业机器人运动指令见表12-2。下面重点分析其中的直线运动、关节运动、圆弧运动指令。

表 12-2　运动指令

关节运动指令	MovJ
直线运动指令	MovL
圆弧运动指令	MovC
整圆指令	MovCircle
插补相对偏移指令	MovJRel
插补相对偏移指令	MovLRel
寻位指令	MovJSearch
寻位指令	MovLSearch
插补相对偏移指令	MovLOffset
摆动指令	MovLW
摆动指令	MovCW
摆动指令	MovCircleW
拱形运动指令	MovArch
螺旋运动指令	MovH
距离触发指令	OnDistance
距离百分比触发指令	OnParameter

12.2.1　常用的运动指令

下面了解三种运动指令以及它们在路径规划上的基本原理。

（1）直线运动也称线性运动，工业机器人工具中心点从A点到B点，两点之间的路径轨迹保持为直线（见图12-1），常用于已知路径为直线的轨迹，如涂胶、焊接、切割等。

（2）关节运动也称轴运动，工业机器人工具中心点从A点开始沿非线性路径运动至B点位置，所有关节均同时到达目的位置，如图12-2所示。因为所呈现出的路径轨迹类似曲线，对此，初学者容易混淆为弧线运动。关节运动常用于对路径规划要求不高的操作，同时，它适合大范围运动时使用，不容易出现奇点。

图 12-1　线性运动轨迹

（3）圆弧运动也称弧线运动，需要工业机器人定三个位置点（起始点、中间点、终点），机器人从起始点开始，通过中间点以圆弧移动方式运动至终点，如图12-3所示。工业机器人状态可控，运动路径保持唯一，常用于工业机器人在工作状态中的移动。

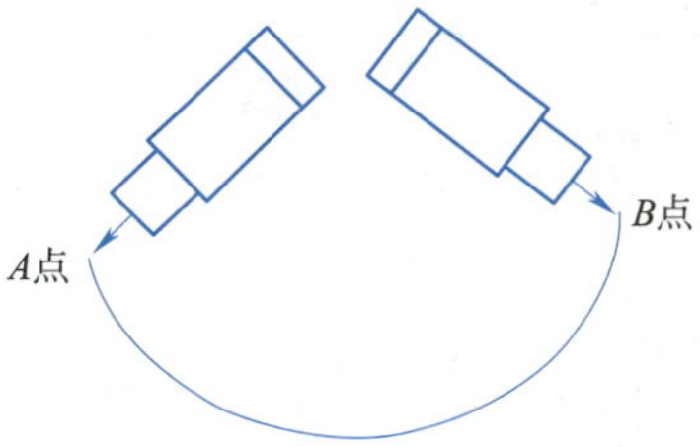

图 12-2　关节运动轨迹

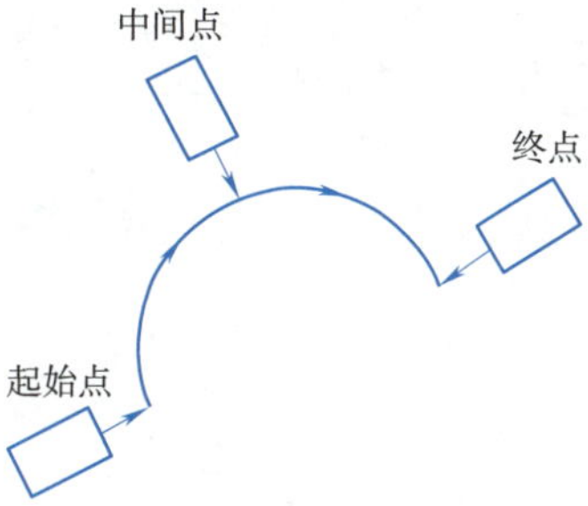

图 12-3　圆弧运动轨迹

12.2.2　运动路径规划

下面通过简单的两自由度工业机器人（见图12-4），分析、理解关节运动和线性运动进行路径规划的基本原理。

1. 关节运动轨迹规划

从实际运动角度看，关节运动有两种方式：一种是关节运动速度相同，运动时间不同（见图12-5），结果是两关节不同时到达；另一种方式是关节运动时间相同，两关节同时到达，但是运动速度不同，如图12-6所示。

图12-5中画出工业机器人末端每一秒的路径轨迹，可见路径是不规则的、非线性的，距离也不均匀。这就是各关节速度相同，运动时间不同得到的效果。

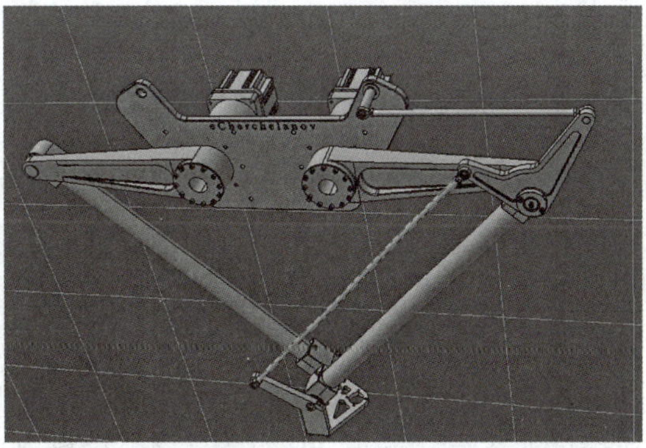

图 12-4　两自由度工业机器人

从图12-6可以看出，两个关节每一秒各自改变的角度是一致的，得出的轨迹与前例不同，该运动轨迹的各部分是均衡的，但是所得路径仍然是不规则的、非线性的。

这两个例子都是在关节空间中进行规划的，第一个例子中两关节无须配合，只需得到运动终点的关节量，设置速度，各自运动到位即可。而第二个例子中找到两个关节的公共因子（运动时间），进行关节速率的归一化处理，让两关节同时到达，运动轨迹均衡。第二种就是工业机器人关节运动指令使用的轨迹规划方案。

时间	角度	
	a	b
0 s	20	30
1 s	30	40
2 s	40	50
3 s	40	60
4 s	40	70
5 s	40	80

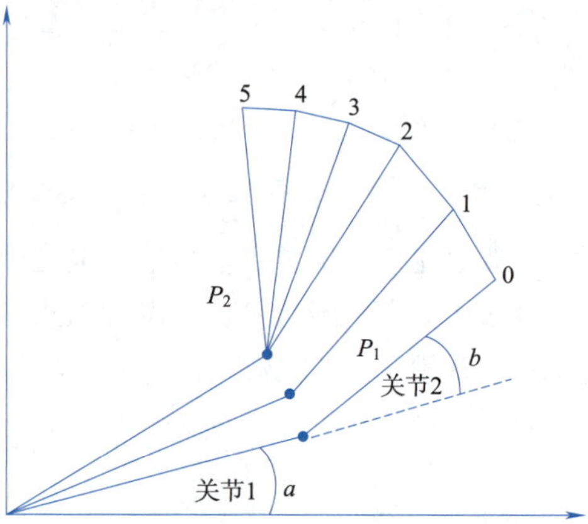

图 12-5　关节运动轨迹

时间	角度	
	a	b
0 s	20	30
1 s	24	40
2 s	28	50
3 s	32	60
4 s	36	70
5 s	40	80

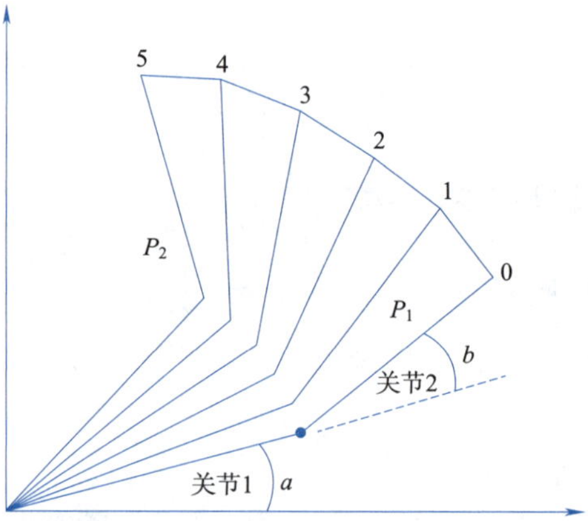

图 12-6　关节运动轨迹

2. 线性运动轨迹规划

下面仍以两自由度的工业机器人为例进行说明。假设工业机器人的末端手可以沿P_1点到P_2点之间的一条已知直线路径运动，最简单的解决方法是首先在P_1点和P_2点之间画一直线，再将这条线等分为几部分，例如分为5份（见图12-7），然后计算出各点对应的两个关节角度a和b的值，这一过程称为在P_1点和P_2点之间插值，可以看出，这时路径是一条直线，而关节角并非均匀变化。

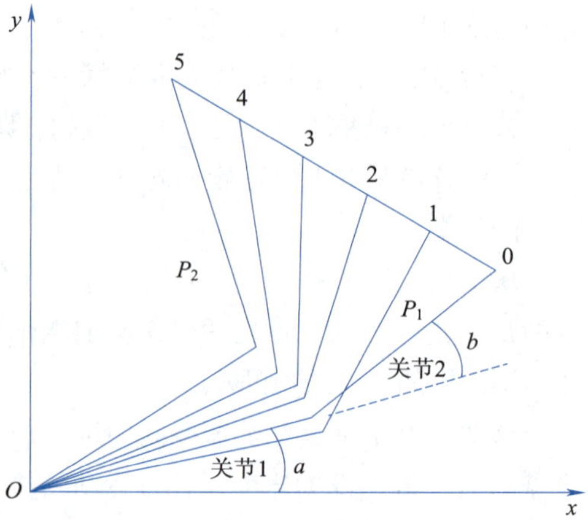

图 12-7　直线运动轨迹

虽然得到的运动路径是一条已知的直线轨迹，但必须计算直线上每点的关节量（已知机器人位姿，计算关节值称为机器人逆运动学）。显然，如果路径分割的部分太少，不能保证工业机器人在每一段内严格地沿直线运动。为获得更好的沿循精度，需要对路径进行更多的分割，也就需要计算更多的关节点。由于工业机器人轨迹的所有运动段都是基于直角坐标进行计算的，因此它是直角坐标空间的轨迹。

12.2.3 关节运动指令 MovJ

MovJ指令表示工业机器人各个关节进行点到点的运动，其末端轨迹为不规则的曲线，并且在该指令运行结束时可进行I/O指令操作。相关编辑界面如图12-8所示。

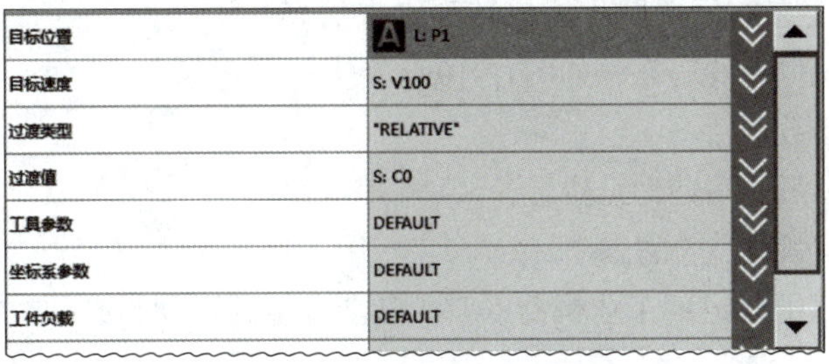

图 12-8 MovJ 参数编辑界面

（1）目标位置：指令终点位置，数据类型指示空间位置。

在下拉列表中选择已有的点或在弹出的对话框中新建并示教一个变量。当选择变量类型为CPOS时，目标位置取决于confdata的配置，但若设置mode值为-1，则终点位置不受限于confdata的值，而是以最优解的方式到达目标位置。

（2）目标速度：指令运行速度。

（3）过渡类型：逼近终点时的过渡方式。

（4）过渡值：逼近终点时的过渡值。

（5）工具参数：执行该轨迹时使用的工具参数。

（6）坐标系参数：执行该轨迹时使用的坐标系参数。

（7）工件负载：执行该轨迹时使用的工件负载参数。

（8）AddDo：执行完该指令后，可进行I/O操作。

【例1】 工业机器人以V50的速度运行到P_1点，并与下一轨迹存在过渡，过渡值为100%。

```
MovJ(P1,V50,"RELATIVE",C100)
```

【例2】 工业机器人以速度V50运行到P_2点，且无过渡，运行至P_2点时，设置DO0为0。

```
MovJ(P2,V50,"RELATIVE",C0)Do SetDo(DO0,0)
```

示例的运行轨迹如图12-9所示。

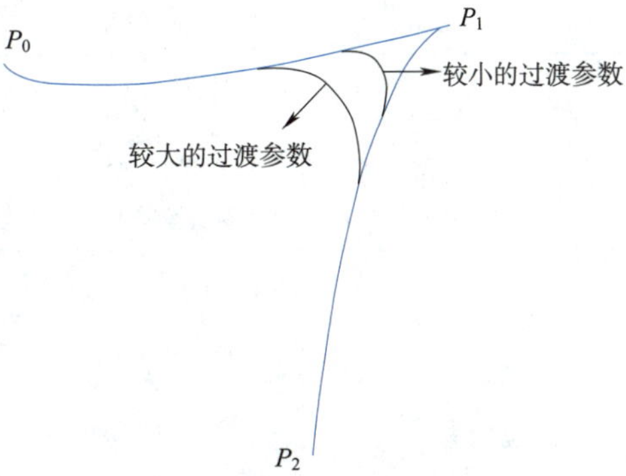

图 12-9 轨迹示意图

12.2.4 直线运动指令 MovL

MovL为直线运动指令，通过该指令可以使工业机器人TCP点以设置的速度直线运动到目标位置，若运动的起止姿态不同，则运行过程中姿态随位置同步地旋转到终点的姿态。与MovJ相同，在执行完该指令时可以附加进行I/O操作。MovL的参数设置与MovJ相似，不同之处为目标速度为绝对速度值，不是百分比。

相同编辑界面参数含义与MovJ指令相同（下同）。

12.2.5 圆弧运动指令 MovC

图 12-10 MovC 圆弧关键点示意

圆弧运动指令指工业机器人TCP点从起始位置，经过中间位置到目标位置做圆弧运动，若运动的起止姿态不同，则运行过程中姿态随位置同步地旋转到终点的姿态，但不一定经过中间位置的姿态，如图12-10所示。

相关编辑界面的参数包括：

（1）中间位置：圆弧中间辅助点位置。

（2）目标位置：圆弧终点位置。

该指令必须遵循以下规定：工业机器人TCP末端做整圆运动，必须执行两条MovC指令或使用MovCircle指令。

12.2.6 整圆指令 MovCircle

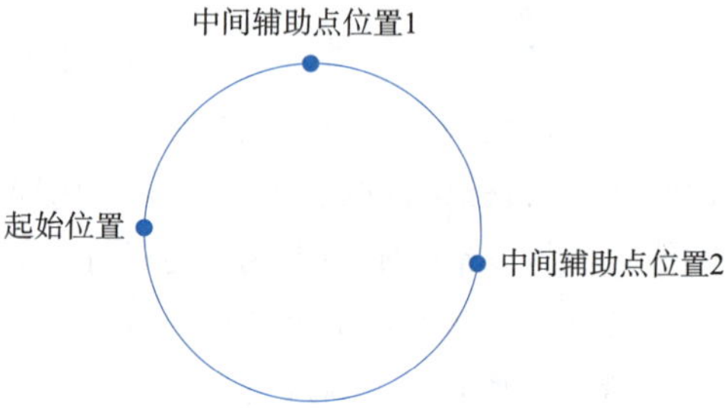

图 12-11 MovCircle 整圆关键点示意

MovCircle为整圆指令，指工业机器人TCP点从起始位置，经过中间辅助点1与中间辅助点2位置到起始位置做整圆运动，整圆运动过程中姿态保持不变，如图12-11所示。

相关编辑界面的参数包括：

（1）中间位置1：整圆中间辅助点位置1，用于确定圆弧大小和运动方向，该点的姿态不会影响最终轨迹的运行。

（2）中间位置2：整圆中间辅助点位置2，用于确定圆弧大小和运动方向，该点的姿态不会影响最终轨迹的运行。

12.3 控制指令

控制指令列表见表12-3。实现跳转时，内部程序块可能是WHILE循环程序块或者IF程序块。当选择“控制指令”→IF后，将进入IF语句的设置界面，如图12-12所示。

表 12-3 控制指令

定义GOTO跳转目标	LABEL
跳转指令（不允许从外部跳转）	GOTO
IF指令（条件跳转控制）	IF
ELSIF指令	ELSIF
ELSE指令	ELSE
WHILE指令	WHILE
调用指令	CALL

续表

并行运行指令	RUN
停止并行运行指令	KILL
返回指令	RETURN
建立表达式	=

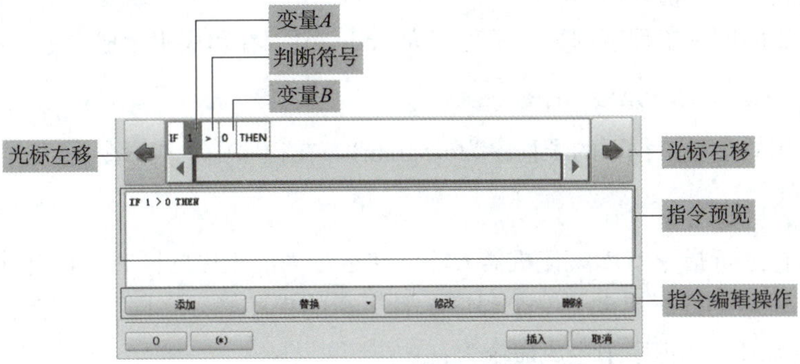

图 12-12　IF 语句设置界面

（1）变量*A*和*B*可设置为常数或参数：单击“替换”按钮，然后选择想要替换的常量、变量或函数。若要修改变量的值，可将光标移至需要修改的变量上，单击“修改”按钮，在打开的对话框中设置想要修改的数值。

（2）判断符号用来判断变量*A*和变量*B*之间的关系，若为真，则执行THEN后的指令，若为假，则跳过THEN后的指令。若要修改判断符号，可将光标移至判断符号上，再单击“修改”按钮，在打开的对话框中选择需要的符号。

（3）若要删除括号，单击运算符号或操作数，再单击“(＊)”，可删除被选中的运算符号或操作数响应的括号。

若要删除IF指令，需要在程序编辑界面中单击“多行选择”，然后单击IF和ENDIF之间的控制语句，再单击右侧的“编辑”→“删除”。例如：

```
IF x>1 and y==1  and z<1 THEN
y=10
ENDIF
```

（4）ELSIF指令依赖于IF指令，紧跟IF指令块后，若IF逻辑不成立，则进行ELSIF逻辑判断。设置ELSIF表达式的方法与设置IF表达式的方法相同。

（5）ELSE指令依赖于IF或ELSIF指令，紧跟IF或ELSIF指令块后，是当IF或ELSIF条件判断均不成立时，将执行的语句。

（6）WHILE指令在满足条件时循环执行子语句。循环控制表达式必须是BOOL类型。该指令必须以关键字ENDWHILE作为循环控制结束。

设置WHILE表达式的方法与设置IF表达式的方法相同。例如：

```
INT0= 1
WHILE INT0<=100DO
```

```
MovJ(P1,V50,"RELATIVE",C0)
MovJ(P2,V50,"RELATIVE",C0)
INT0=INT0+1
ENDWHILE
```

该指令执行两点之间的循环运动100次。

（7）CALL调用指令，当前程序跳转至同一工程下另一个子程序或全局工程下的全局程序，子程序执行完后跳转回当前程序。

假如需要调用的同一工程下的另一子程序为program1，在程序中生成命令为：

```
CALL program1 或者 CALL L:program1
```

假如需要调用的全局工程下的子程序为program1，在程序中生成命令为：

```
CALL G:program1
```

（8）程序并行运行指令RUN，使机器人能够在运行当前程序的同时，运行其他程序，（当前程序继续运行不跳转的同时启动另一个程序）且运行的程序必须在同一个工程下。假如需要运行的程序为 program1，在程序中生成命令为：

```
RUN program1
```

目前，控制器可支持运行八个并行程序。

（9）KILL停止并行运行的指令使机器人能够在运行当前程序的同时，停止运行其他程序，且停止运行的程序必须在同一个工程下且为运行状态。假如需要停止运行的程序为 program1，在程序中生成命令为：

```
KILL program1
```

（10）一般情况下，执行RETURN指令后，程序会跳转至程序的末尾，如果是在CALL指令中使用了RETURN指令，则返回至 CALL指令的上一级程序。

（11）“=”指令建立一个表达式，用来给某个变量赋值，如图12-13所示。

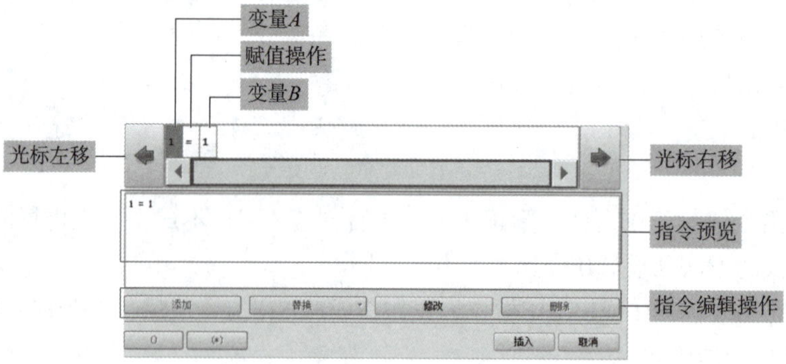

图 12-13　建立表达式说明

12.4 等待指令

等待指令列表见表12-4。

表 12-4　等待指令

设置等待时间	Wait
控制指令	WaitFinish
等待指令	WaitCondition

（1）Wait指令：用于设置工业机器人等待时间，时间单位为ms，可为int常量或者INT变量类型。假如设置等待1 s，生成命令的两种方式如下：

```
// 使用常量的方式
Wait(1000)
// 使用变量的方式
INT0.value=1000
Wait(INT0)
```

（2）WaitFinish指令：用于同步工业机器人的运动及程序执行。

如下面示例程序所示，SetDO指令将在第一条MovL指令执行到20%时触发。第一条MovL指令执行完后直接过渡执行第二条MovL指令。

```
MovL(P1,V1000,"RELATIVE",C100)
WaitFinish(20)
SetDO(DO1,1)
MovL(P2,V1000,"RELATIVE",C100)
```

若删去WaitFinish（20），则SerDO将在第一条MovL指令执行完后执行，然后再执行第二条MovL指令。此情况下两条MovL指令间无过渡，且有停顿。

（3）WaitCondition指令：设置执行等待条件。若在设置时间内未满足条件，返回超时状态。

①当“判别条件”为真时，执行下一步指令，否则程序将继续等待直到表达式为真。

②“时长”表示执行等待时所需的时间，可为int常量或者INT变量类型，单位为ms。

- 如果该参数的值为0，将强制等待判别条件为真时才继续执行下一条指令。
- 如果该参数的值非0，即使判别条件仍未为真，系统也将在等待给定时长后跳过该指令，并继续执行下一条指令。

③中断使能：设置等待过程中是否在程序恢复后继续计时。

- 0：遇到程序停止时，停止计时，并在恢复时继续程序停止前的计时。
- 1：遇到程序停止时，停止计时，并在恢复时重新计时。

④超时判断值：选择一个变量并在如下两种情况下为其赋值。

- 若输入条件为真且该指令执行完成时，对该变量赋值0。
- 当该指令由于超时执行完成时，对该变量赋值1。

⑤超时跳转的标签名：当执行超时，会选择跳转的标签名所在行。

```
WaitCondition("1>0",1 000,0,INT0,"Goto ggg")
```

12.5 I/O 指令

I/O指令见表12-5。这些指令运用到输入/输出模块的数字信号和模拟信号，数字与模拟信号经常与触发信息一起配合使用。

表 12-5　I/O 指令（部分）

指　令	指令内容	示　例
SetDO	数字量输出端口设置为TRUE（1）或者FALSE（0）状态	SetDO（DO1,1）
SetAO	模拟量输出端口设置为一定值	SetAO（AO2,5.000000）
SetSimDO	将虚拟数字量输出端口设置为TRUE（1）或者FALSE（0）状态	SetSimDO（SimDO0,0）
SetSimAO	将虚拟模拟量输出端口设置为一定值	SetSimAO（SimAO1,5.000000）
WaitDI	等待直到数字量输入端口被设置或复位	WaitDI（DI0,0,1 000,0,INT0,"Goto ggg"）
WaitAI	等待直到模拟量输入端口值与给定值相等	WaitAI（AI0,0,1 000,0,INT0,"Goto ggg"）
WaitSimDI	等待直到虚拟数字量输入端口被设置或复位	WaitSimDI（SimDI0,0,1 000,0,INT0,"Goto ggg"）
WaitSimAI	等待直到虚拟模拟量输入端口值与给定值相等	WaitSimAI（SimAI0,0,1 000,0,INT0,"Goto ggg"）
PulseOut	设置I/O变量输出的脉冲时间与条件	PulseOut（DO1,1,500,1）
PulseSimOut	设置SimI/O变量输出的脉冲时间与条件	PulseSimOut（SimDO1,1,500,1）

12.6 传送带跟随指令

传送带跟随指令列表见表12-6。

表 12-6　传送带跟随指令

等待视觉信号指令	WaitWObj
传送带同步跟随启动指令	MovLSync
传送带同步跟随退出指令	MovJSyncQuit
传送带同步跟随退出指令	MovLSyncQuit
工件位置信息设置指令	SetTargetPos
动坐标系设置指令	SetSyncoord
示教参考坐标系转换指令	SynCToUserC
等待增量指令	WaitConvDis
虚拟传送带开启指令	SimConveyorOn
虚拟传送带关闭指令	SimConveyorOff
设置工件数据的接收状态指令	ReceiveWObj
复位已接收到的工件数据队列指令	ResetWObjBuf

（1）WaitWObj：等待视觉信息指令，等待视觉发来的工件位置信息。

①动坐标系：SYNCOORD类型变量，设置的动坐标系需与传送带配置界面启用的动坐标系一致。

②工件id：INT类型变量，用来返回当前接收到的工件id号。

③时长：表示执行等待时所需的时间，单位为ms。

④超时判断值：选择一个变量并在如下两种情况下为其赋值。

⑤超时跳转的标签名：当执行超时时，选择跳转的标签名所在行。

（2）MovLSync：传送带同步跟随启动指令，通过该指令可以使机器人TCP点以设置的速度跟随传送带一起进行同步跟随以到达目标位置。

执行该指令前，工业机器人控制系统会通过I/O触发视觉拍照并收到视觉系统发来的目标位置。执行该指令时，工业机器人会从当前位置运动到目标位置，并与运动目标物体保持同步。

①相对于目标物体的偏移量：相对于跟随目标物体的偏移量，仅可设置为CPOS类型的位置点，在下拉列表中可选择已有的点。

②坐标系参数：工业机器人执行该轨迹时使用的坐标系参数。仅可设置为SYNCOORD类型的变量，并且需要与传送带配置界面设置的动坐标系一致。

③同步过程中放弃时跳转标签：用于跟随丢弃功能，当工业机器人与目标工件同步过程中无法实现同步，即MovLSync指令执行失败时，程序指针会转至跳转标签所在行以执行丢弃操作，在该Label标签下用户可根据现场工况加入相应的指令。

④同步后放弃时抬升高度：同步后放弃时边跟随边抬升的距离，该值为相对于动坐标系z轴正方向的偏移量。

⑤同步后放弃时跳转标签：用于跟随丢弃功能，当工业机器人在跟随运动的过程中无法继续跟随，即MovLSync指令后续的指令执行失败时，程序指针会转至跳转标签所在行以执行丢弃操作，在该Label标签下用户可根据现场工况加入相应的指令。

（3）MovJSyncQuit：传送带同步跟随退出指令，通过该指令可以使工业机器人TCP点以设置的速度退出传送带跟随状态并以速度最快方式到达目标位置。

执行该指令时，工业机器人与上一条运动指令平滑过渡并且退出跟随状态，之后恢复常规用户坐标系下的运动。

目标位置：指令终点位置（APOS或CPOS类型位置点）。

（4）MovLSyncQuit：传送带同步跟随退出指令，通过该指令可以使工业机器人TCP点以设置的速度退出传送带跟随状态并以直线运动方式到达目标位置。

（5）SetTargetPos：工件位置信息设置指令，用于设置工件进入传送带上被检测到的位置信息。使用时需注意，目前系统仅支持2D视觉数据。

（6）SetSyncoord：动坐标系设置指令，用于将当前工业机器人参考的坐标系设置为动坐标系，该指令可以将当前工业机器人参考的坐标系切换成动坐标系，快速示教跟随过程中点位的姿态信息。

①坐标系参数：当前工业机器人所参考坐标系参数仅可设置为SYNCOORD类型的变量。

②需要注意，切换至动坐标系后，仅能点动切换前所设置的点动坐标系，例如切换动坐标系前设置的点动坐标系为世界坐标系，则执行该指令后仅能点动世界坐标系且不能切换。

（7）SynCToUserC：示教参考坐标系转换指令，用于解算示教跟随同步后轨迹点位时参考的坐标系。

①目标位置：DCPOS类型变量，表示工件进入传送带的位置相对于动坐标系原点的偏移量信息。

②坐标系参数：USERCOORD类型变量，指示教跟随同步后轨迹点位时参考的坐标系。

（8）WaitConvDis：该指令用于使工业机器人沿传送带正方向与传送带同步运动到一定增量后再执行后续的指令，从而让工业机器人能够达到延时指定增量再运动的需求。与Wait指令不同的是，本指令需要等固定增量，而Wait指令需要等固定时间。

等待增量：工业机器人待同步运动的增量值。直线传送带时，单位为mm；圆盘传送带时，单位为deg。

（9）SimConveyorOn：虚拟传送带开启指令，用于使能虚拟传送带，并指定其运行的速度。虚拟传送带的运行速度在直线传送时单位是mm/s，圆盘传送时单位是deg/s。

（10）SimConveyorOff：虚拟传送带关闭指令，用于禁能虚拟传送带。

（11）ReceiveWObj：设置工件数据的接收状态指令，通过组合使用该指令可以让机器人系统在某一段轨迹内不接收视觉或RUN程序中发来的工件位置信息。其中，使能接收状态即使能工业机器人系统对工件位置信息的接收状态。

（12）ResetWObjBuf：复位已接收到的工件数据队列指令，该指令可以将队列中已接收且未被执行的工件信息清空。

12.7 视觉指令

视觉指令列表见表12-7。

表 12-7 视觉指令

指　令	指令内容	示　例
TrigCam	触发相机拍摄指令	TrigCam（"OK",0）
WaitFinishCAM	等待相机拍摄完成的指令	WaitFinishCAM（1 000,0）
GetCamPos	获取相机位置的指令	GetCamPos（P6,INT0,INI1,0）
SendMessage	发送字符串消息，可用于3D视觉指令，给相机发送指定的字符串，让相机拍照	SendMessage（"OK",0）
Tracking	跟踪传送带指令	Tracking（10.0,10.0,DO2,DO1,INT0,INT1）

12.8 码垛指令

工业机器人码垛，是机械与计算机程序有机结合的产物。为现代生产提供了更高的生产效率，在仓库货栈的码垛岗位有着相当广泛的应用。码垛系统采用坐标式工业机器人，其安装占用空间灵活紧凑，能够在较小的占地面积范围内建造高效节能的全自动砌块成型机生产线，如图12-14所示。工业机器人码垛作业指令见表12-8。

图 12-14　码垛机器人

表 12-8　码垛指令列表

码垛重置指令	PalletReset
放置工件指令	PalletToPut
放置后机器人从放置位离开指令	PalletFromPut
抓取工件动作指令	PalletToGet
进行抓取工件动作后离开指令	PalletFromGet

12.8.1　码垛重置指令

当一个跺体在未码放完成而被迫停止时，可调用PalletReset指令进行还原。相关编辑界面的参数包括：

（1）码垛名：当前码垛的PALLET变量。

（2）已码工件数：当前码垛上已经放置的工件数量。一般必须设置为0至该跺体的最大码垛工件数：

```
PalletReset(PALLET0,0)
```

例如，最大工件数为60的跺体PALLET0，在放置完8个工件时中止。可调用“PalletReset（PALLET0，8）”重新开始后续工件的码放。

12.8.2　放置工件指令

放置工件指令PalletToPut：

```
PalletToPut(PALLET1,V2000)
```

码垛功能的垛位计算取决于示教的第一个工件位置和配置的码垛的距离。在前一个工件的位置基础上加上设置的码垛距离，从而得到下一个工件的位置，如图12-15所示。

在图12-16中，默认码垛的顺序从X开始。首先放置X方向上的所有部件，然后再开始放置下一行。在X方向上放置工件直到达到设置好的X方向工件数。

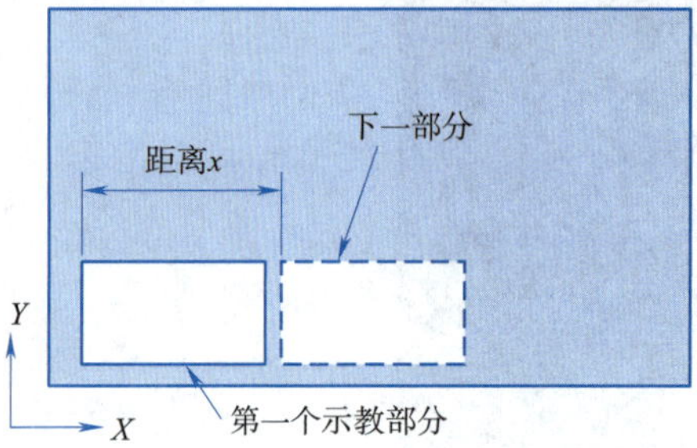

图 12-15　计算下一个工件的位置

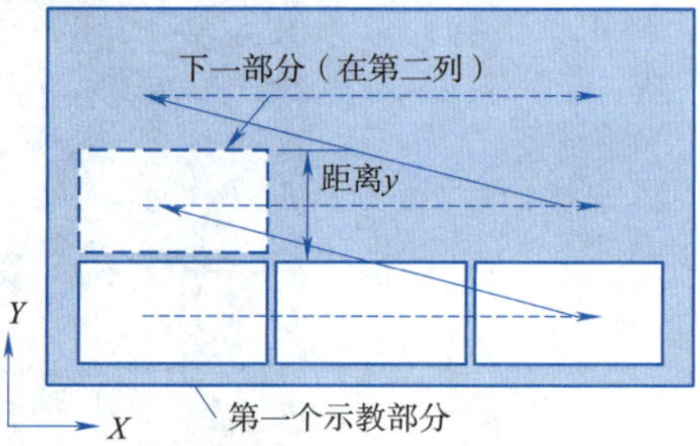

图 12-16　默认码垛顺序

当新的一行开始放置时，在第一行工件位置的基础上加上Y方向上的偏移即生成了新行的工件的位置数据。

这个例子里默认的码垛顺序是x、y、z。首先在X方向放置工件然后再进行第二行。新的一行的第一个部件从图12-16中所示的位置开始。只要行满的，就会被放在下一行。在这一层的所有行都被填满后，XY层在Z方向重复平移，直到跺满。进行放置时，建议路径如图12-17所示。

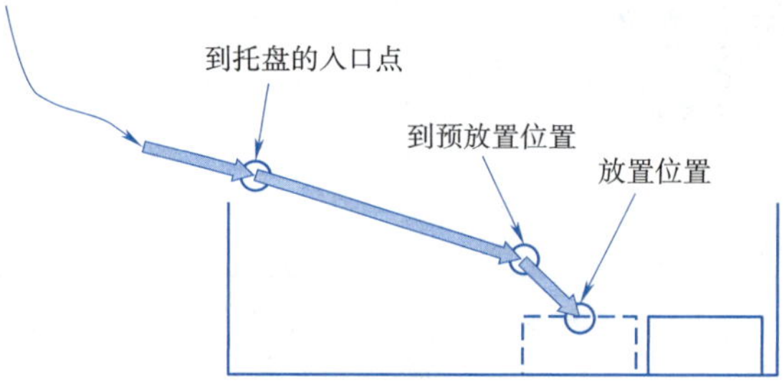

图 12-17　放置路径

在调用PalletToPut指令时，执行了以下运动指令：

（1）机器人以直线的运动方式移动至跺的进入位置（可选）。

（2）机器人以直线的运动方式移动至垛点的前点位置（可选）。

（3）机器人以直线的运动方式移动至工件的放置位置（必选）。

12.8.3　从放置位离开指令

放置工件完成后，工业机器人从放置位离开指令PalletFromPut。例如：

```
PalletFromPut(PALLET2,V2000)
```

该指令是放置工件的相反动作，从放置好的工件位置离开。离开时，建议路径如图12-18所示。

在调用PalletFromPut指令时，执行了以下运动指令：

（1）工业机器人以直线的运动方式移动至垛点的后点位置（可选）。

（2）工业机器人以直线的运动方式移动至跺的进入位置（可选）。

如果跺体的后点和进入位置没有设置，执行PalletFromPut指令时会保持当前姿态不变。

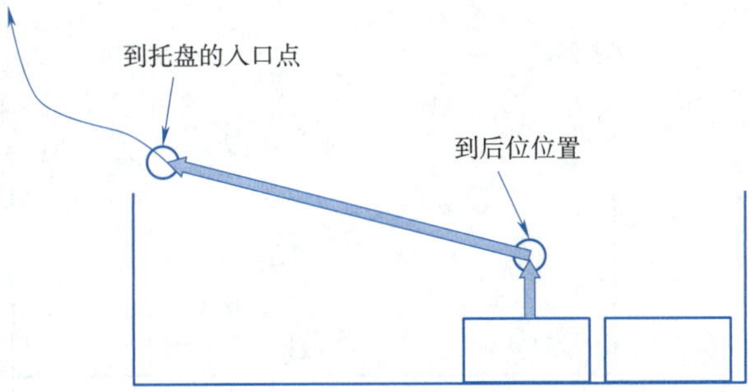

图 12-18　放置后离开的路径

12.8.4　抓取工件动作指令

进行抓取工件动作时，工业机器人执行PalletToGet指令，会从当前点移动到目标工件的码垛点抓取工件。例如：

```
PalletToGet(PALLET3,V2000)
```

抓取过程中，路径的规划建议如图12-19所示。

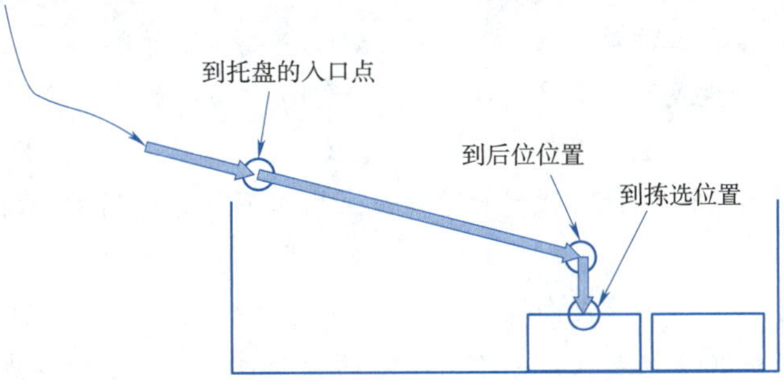

图 12-19　抓取工件路径

在调用 PalletToGet指令时，执行了以下运动指令：

（1）工业机器人以直线的运动方式移动至跺的进入位置（可选）。

（2）工业机器人以直线的运动方式移动至垛点的后点位置（可选）。

（3）工业机器人以直线的运动方式移动至抓取位置（必选）。

在这些运动序列之后，工业机器人到达工件的放置位置，然后关闭夹具，抓取工件。

12.8.5　抓取后离开指令

PalletFromGet指令是执行抓取工件动作后离开的过程，工业机器人会从抓取工件的码垛点离开。例如：

```
PalletFromGet(PALLET4,V2000)
```

抓取过程中，路径的规划建议如图12-20所示。

在调用PalletFromGet指令时，执行以下运动指令：

（1）工业机器人以直线的运动方式移动至垛点的前点位置（可选）。

（2）工业机器人以直线的运动方式移动至码垛的进入位置（可选）。

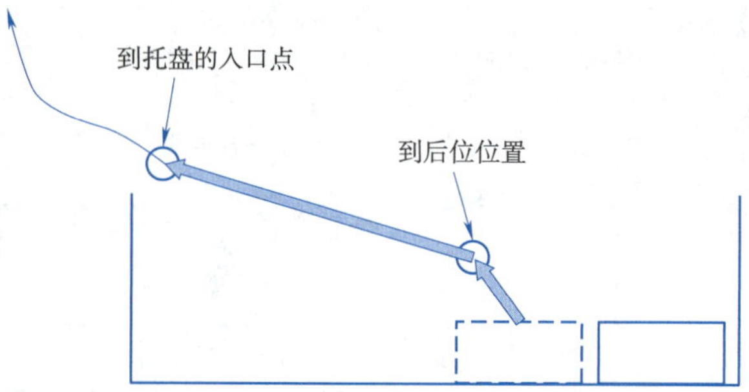

图 12-20　抓取后离开的路径

如果垛点的后点和进入位置都没有被设置，执行PalletFromGet指令时，工业机器人保持当前的姿态不变。

作　业

1. 随着机器人技术的快速发展，工业机器人任务的复杂程度也不断提高，如何（　　），是工业机器人编程技术亟待解决的问题。

①降低编程难度和工作量　　②提高编程效率

③实现程序自动生成　　④实现编程的自适应性

A. ①②④　　B. ①③④　　C. ①②③　　D. ②③④

2. 现有机器人编程方法仅针对特定制造业务，所编写程序适用于专门任务，当遇到相似任务时，需要（　　）。

A. 重复运行　　B. 反向运行　　C. 重新编程　　D. 逆向工程

3. 各种不同型号的工业机器人产品都有丰富的指令系统，且在功能实现上基本一致，而在（　　）上会略有差异。

A. 系统繁简　　B. 指令格式　　C. 外观设计　　D. 自然语言

4. 工业机器人在作业中有工具中心点（　　），其初始状态是工具坐标系的原点。

A. APP　　B. ZIP　　C. JCP　　D. TCP

5. 当编程让机器人去接近空间的某一点时，其本质是让TCP去接近该点。因此，可以说机器人的（　　）就是TCP的运动。

A. 轨迹运动　　B. 直线运动　　C. 重复运动　　D. 逆向运动

6. 工业机器人的运动指令比较丰富，除了关键的关节运动指令之外，还有（　　）等指令。

①直线运动　　②圆弧运动　　③垂线运动　　④整圆运动

A. ②③④　　B. ①②③　　C. ①②④　　D. ①③④

7. 工业机器人的（　　）指工具中心点从A点到B点，两点之间的路径轨迹保持为直线，常用于已知路径为直线的轨迹，如涂胶、焊接、切割等。

A. 圆弧运动　　B. 直线运动　　C. 整圆运动　　D. 关节运动

8. 工业机器人的（　　）也称轴运动，指工具中心点从A点开始沿非线性路径运动至B点位置，所有关节均同时达到目的位置。它适合大范围运动时使用，不容易出现奇点。

A. 圆弧运动　B. 直线运动　C. 整圆运动　D. 关节运动

9. 工业机器人的（　　）需要定三个位置点（起始、中间、终止），从起始点开始，通过中间点以圆弧移动方式运动至终点。状态可控，运动路径保持唯一，常用于在工作状态中的移动。

A. 圆弧运动　B. 直线运动　C. 整圆运动　D. 关节运动

10. 从（　　）轨迹规划原理来看，它有两种方式：一种是关节运动速度相同，时间不同，结果是两关节不同时到达；另一种方式是关节运动时间相同，两关节同时到达，但是速度不同。

A. 圆弧运动　B. 线性运动　C. 关节运动　D. 整圆运动

11. 从（　　）轨迹规划原理来看，简单的解决方法是在两点之间画一直线，再将这条线等分，计算出两点之间的插值，可以看出，这时路径是一条直线，而关节角并非均匀变化。

A. 圆弧运动　B. 线性运动　C. 关节运动　D. 整圆运动

12. （　　）指令表示机器人各个关节进行点到点的运动，机器人的末端轨迹为不规则的曲线，并且在该指令运行结束时可进行I/O指令操作。

A. MovL　B. MovCicle　C. MovC　D. MovJ

13. （　　）为直线运动指令，通过该指令可以使机器人TCP点以设置的速度直线运动到目标位置。

A. MovL　B. MovCicle　C. MovC　D. MovJ

14. （　　）为圆弧运动指令，指机器人TCP点从起始位置，经过中间位置到目标位置做圆弧运动。

A. MovL　B. MovCircle　C. MovC　D. MovJ

15. （　　）等待指令用于设置机器人等待时间，其参数可以是int常量或者INT变量类型。

A. WaitIF　B. Wait　C. WaitFinish　D. WaitCondition

16. （　　）指令运用在输入/输出模块的数字信号和模拟信号，数字与模拟信号经常与触发信息一起配合使用。

A. SetTarget　B. MovJSync　C. MovLSync　D. I/O

17. 工业机器人（　　）作业采用坐标式机器人，是机械与计算机程序有机结合的产物，为现代生产提供了更高的生产效率。

A. 码垛　B. 传送带　C. 视觉　D. 控制

18. 当一个跺体在未码放完成而被迫停止时，可调用（　　）码垛重置指令来进行还原。

A. PalletFromGet　B. PalletToPut　C. PalletReset　D. PalletToGet

19. 工业机器人码垛作业时，放置工件指令是（　　）。

A. PalletFromGet　B. PalletToPut　C. PalletReset　D. PalletToGet

20. 码垛作业中进行抓取工件动作时，工业机器人执行（　　）指令，会从当前点移动到目标工件的码垛点进行抓取工件。

A. PalletFromGet　B. PalletToPut　C. PalletReset　D. PalletToGet

【实训操作】熟悉工业机器人操作指令

1. 阅读理解工业机器人操作源代码

下面是一段埃斯顿工业机器人的操作源代码，请仔细阅读正文并借助于网络搜索，尽可能对每条操作指令做出简短解释。

请分析：你对工业机器人操作指令的熟悉程度：

□ 掌握　　□ 理解　　□ 重做

工业机器人作业源代码

```
qullsol
LABEL al
WaitTime(0)
quliaoxinhao2,Wait(TRUE)
PTP(yuquliaodian,,or0)
IF jishu>= 12 THEN
baojing. Set(TRUE)
Stop(ALLAXES)
END_IF
Lin(quliaodian,d0,or1)
WaitTime(0)
xipan. Set(TRUE)
WaitTime(200)
Lin(yuquliaodian,d0)
CALL maduo1()
jishu: =jishu + 1
PTP(yuquliaodian,,orl)
Goto al
>>>EOF<<<
```

请记录你对操作指令的解释：

2. 实训总结

3. 教师实训评价

第13课

工业机器人系统保养

学习目标

（1）熟悉工业机器人系统保养相关知识；掌握工业机器人维护计划的制订方法。

（2）掌握工业机器人维护保养操作流程；熟悉工业机器人本体的维护操作。

（3）熟悉制订控制柜维护计划，可以规范进行控制柜周期维护与元件维修更换操作。

（4）掌握不同维护项目的操作步骤。

学习难点

（1）工业机器人维护计划。

（2）工业机器人的维护保养操作流程。

13.1 工业机器人维护分析

工业机器人是智能制造领域中最具代表性的设备之一（见图13-1），其社会需求量和保有量日益增长。工业机器人通常工作在相对恶劣的工况条件下，或者是工作强度和持续性要求较高的场合。在长期运行过程中，由于机件磨损、自然腐蚀和其他原因，技术性能会有所下降，工业机器人的故障率也常有发生。长期缺乏必要的维护，不仅会缩短工业机器人本身的寿命，还会成为影响生产安全和产品质量的一大隐患。因此，要严格按照工业机器人设备的运转规律，正确使用，精心、科学维护，保证工业机器人完好率，提高生产效率。

图 13-1　工业机器人

13.1.1 不同维护方式

工业机器人的维护方式主要包括：

（1）事后维护：在设备发生故障或性能下降时采取的非计划性维护。其特点是设备维护费用不高，但会造成生产的非计划性中断，间接费用高。

（2）改善性维护：适用于设备先天不足（材料变形、严重磨损、故障频繁等）。这种维护方式要求在系统的性能和材料退化之前采取维护措施，减少整体维护需求，延长设备使用寿命。

（3）预测性维护：通过先进的状态监测与诊断，识别故障的早期征兆，根据诊断结果决定对设备的维护过程。其特点有预知性、针对性、及时性、维护方案灵活多变。

（4）预防性维护：这是以时间为基础的维护方式。根据设备的磨损规律，预先确定维护类别、维护间隔期、所需备件等，对设备进行周期性维护。

未来针对工业机器人的维护，应该着重于工业机器人设备信息化管理、数据维护、设备运维可视化、精益维护管理。

13.1.2 基本保养内容

工业机器人的日常预防性维护检查一般包括：备份控制器内存，定期监视工业机器人，检查机器人、导线和电缆，检查制动装置，检查工业机器人的结构紧凑程度，听声音检查振动和噪声，根据使用手册查看工业机器人的润滑关节，目视检查示教器和控制器等电缆连接，检查冷却风扇、电源、安全设备和其他运行设备，如果需要可测试、更换RAM和电池。检查后若有必要，维修人员应该报告问题，以便安排维修。企业需要采取科学、合理的保养和维护措施，保证工业机器人安全、稳定、健康、经济运行，从而提升企业生产整体效益。

工业机器人保养是个精细的技术活，很多检查工作都需要专业工具和经验。例如，给工业机器人换油、更换损耗备件等，应该选择专业的维护人员，以免因操作不到位而造成设备损伤。

工业机器人产品配置的使用说明中都有保养手册，不同品牌保养要求会有略微的不同，如外部轴换油，更换电池等。工业机器人保养时要认真阅读保养手册。可以制作一个保养登记表格，登记好每次保养的项目和日期，这样有助于统计资料。工业机器人的保养周期可以分为日常、三个月、六个月、一年、三年等，见表13-1。

表 13-1 工业机器人保养内容

保养周期	检查和保养内容	备注
日常	不正常的噪声和振动，发动机温度	
	周边设备是否可以正常工作	
	每根轴的抱闸是否正常	视具体机器型号确定
三个月	控制部分的电缆	
	控制器的通风	
	连接机械本体的电缆	
	接插件的固定状况是否良好	
	拧紧机器上的盖板和各种附加件	
	清除机器上的灰尘和杂物	

续表

保养周期	检查和保养内容	备注
六个月	更换平衡块轴承的润滑油，其他参见三个月保养内容	某些型号的工业机器人不需要，具体见随机的机械保养手册
一年	更换工业机器人本体上的电池，其他参见六个月保养内容	
三年	更换工业机器人减速器的润滑油，其他参见一年保养内容	

13.2 更换电池与润滑油

工业机器人各轴编码器的位置数据通过后备电池支持保存，此电池是不可充电的一次性电池，一般只在控制柜外部电源断电的情况下才工作，使用寿命大约为7 000 h，电池应定期更换。此外，若后备电池显示电压下降报警信息时，更应及时更换电池。否则，会导致工业机器人不能动作。通常当遇到这种情况时再更换电池，还需要对工业机器人做零点复位。

13.2.1 更换本体电池

更换工业机器人本体电池的步骤如下：

（1）保持工业机器人电源开启，按机器急停按钮。

（2）打开电池盒盖子，拿出旧电池。

（3）换上新电池，注意电池的正负极（电池盒盖上有标识）。

（4）盖好电池盒盖子，上好螺钉，完成操作。

13.2.2 更换控制器电池

工业机器人工作时的程序和系统变量存储在控制器主板上的SRAM（静态随机存储器）中，由一节锂电池供电以维持数据。当电池电压不足时会显示报警信息，此后，当电压变得更低时，SRAM中的内容将不能维持，这时一定要更换旧电池，并重新加载原先保存的数据。因此，用户平时应注意定期备份数据。控制器主板上的电池一般每两年换一次，更换操作要在通电状态下进行。如果在未通电时更换电池，会导致当前的机器人位置信息丢失。

控制器主板电池的更换步骤如下：

（1）准备一节新的3 V锂电池。

（2）工业机器人通电开机正常后，等待30 s。

（3）工业机器人关电，打开控制器柜子，取出主板上的旧电池。

（4）装上新电池，插好接头，操作结束。

13.2.3 更换润滑油

工业机器人每三年或工作10 000 h后，需要更换各轴减速器的润滑油和轴齿轮盒的润滑油，如图13-2所示。某些型号的工业机器人每半年或工作1 920 h还需更换平衡块轴承的润滑油。

更换润滑油的步骤如下：

（1）关闭工业机器人电源。

（2）拔掉出油口塞子。

（3）从加油嘴处加入润滑油，直到出油口处有新的润滑油流出时，停止加油，如图13-3所示。

图 13-2　更换润滑油

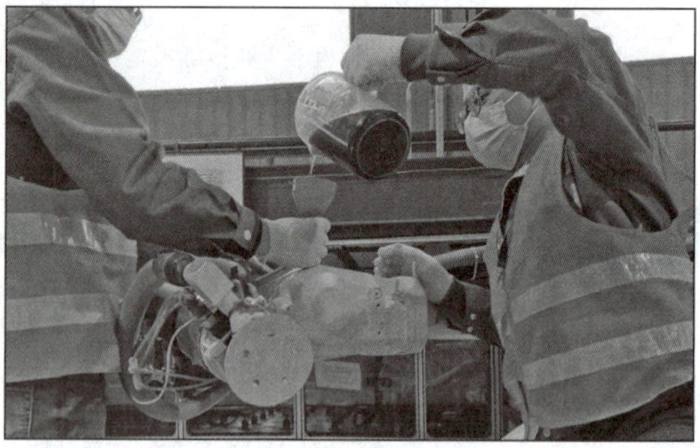

图 13-3　加注润滑油

（4）让工业机器人被加油的轴反复转动，动作一段时间，直到没有油从出油口处流出。

（5）把出油口的塞子重新装好。

操作错误会导致密封圈损坏。为避免错误，操作人员应做到以下几点：

（1）更换润滑油之前，要拔掉出油口的塞子。

（2）使用手动油枪缓慢加入润滑油。

（3）避免使用压缩空气作为油枪的动力源。

（4）必须使用规定的润滑油，避免因不合格润滑油导致损坏减速器。

（5）更换完成，确认没有润滑油从出油口流出，将出油口塞子装好。

（6）为了防止发生滑倒事故，操作人员应将机器人本体和地板上的油迹清除干净。

13.3　本体保养

工业机器人的一般性保养是指操作者在开机前对设备进行点检，确认设备的完好性以及工业机器人的原点位置；在工作过程中注意工业机器人的运行情况，包括油标、油位、仪表压力、指示信号、保险装置等，之后清理整理现场，清扫设备。

13.3.1　本体日常保养

机器人本体的日常维护如图13-4所示。

维护内容如下：

（1）一般维护，1次/1天。

（2）轴制动测试，1次/1天。

（3）润滑三周副齿轮和齿轮，1次/1 000 h。

（4）润滑中空手腕，1次/500 h。

图 13-4　机器人本体的日常维护

（5）各齿轮箱内的润滑油，第一次1年更换，以后每5年更换一次。

定期检查要点：

（1）检查是否漏油，若发现严重漏油，应向维修人员求助。

（2）检查齿轮游隙是否过大，若发现游隙过大，应向维修人员求助。

（3）检查系统各部件之间的电缆是否受损。

13.3.2　本体清洁保养

在日常运行系统时，操作人员要对工业机器人本体外表面的各个部位进行日常清洁（见图13-5）和维护工作，并检查各部位有无裂缝或损坏情形。

图 13-5　清洁工业机器人外表面

控制装置通气口的清洁。通气口上若黏附大量灰尘，会严重影响控制器、通信装置的有效散热，应定期检查并将其清除。本体保养的时间间隔主要取决于其工作环境条件，视机器人运行时数和温度而定，适当确定机器人的运行顺畅与否。

13.3.3　检查本体基础

紧固螺钉将机械手固定于基础上，紧固螺钉和固定夹必须保持清洁，不可接触水、酸碱溶液等腐蚀性液体，以避免腐蚀紧固件。如果基础的镀锌层或涂料等防腐蚀保护层受损，需要清洁相关零件并涂以防腐蚀涂料。

13.3.4 轴制动测试

主流的机器人关节（轴）都应用“模块化”思想设计，采用直驱电机+谐波减速器的方式。每个关节的内部结构基本一致，只是大小不一样。例如，每个轴分解基本都如图13-6所示。

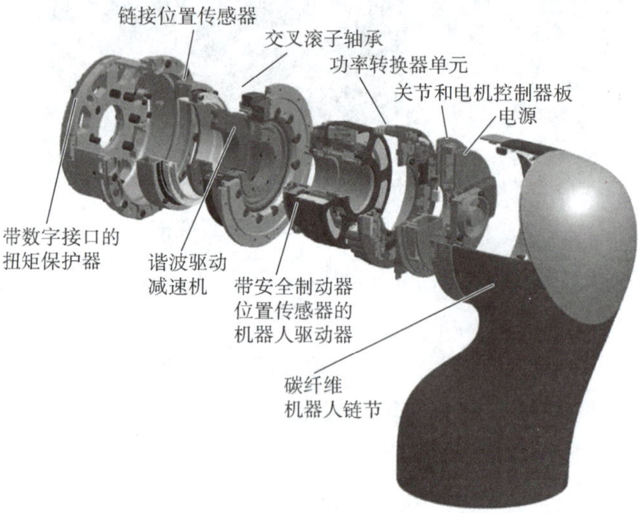

图 13-6 工业机器人关节（轴）分解图

每一个关节（轴）中都包含电机、伺服驱动、谐波减速器、电机端编码器、关节端位置传感器和力矩传感器，电机和减速器采用直连。整个关节在工业机器人内部布局如图13-7所示。

在操作过程中，每个轴电机制动器都会产生磨损。进行工业机器人的轴制动测试可以确定制动器是否正常工作。

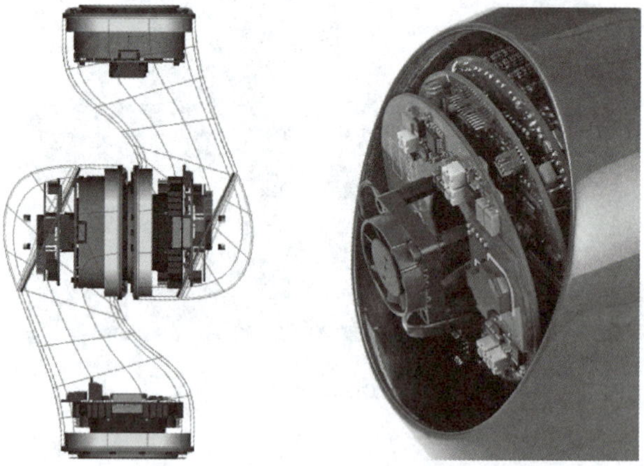

图 13-7 关节（轴）在工业机器人内部的布局

可按以下步骤检查每个轴电机的制动器：

（1）运行机械手轴至相应位置，使其总重及所有负载量达到最大值（最大静态负载）。

（2）电机断电。

（3）检查所有轴是否维持在原位。如果电机断电时机械手没有改变位置，则制动力矩足够。还可手动移动机械手，检查是否还需要进一步的保护措施。

当机器人紧急停止时，制动器会帮助停止，因此可能造成磨损。所以，在机器使用寿命期间需要反复测试，以检验机器是否维持着原来的能力。

13.3.5 润滑齿轮与检查油位

在开始执行下列程序前，确保机器人及相关系统关闭并处于锁定状态。

（1）将指定类型润滑脂注入润滑脂泵。

（2）每个油嘴中挤入少许（1 g）润滑脂，润滑副齿轮滑脂嘴和各齿轮的滑脂嘴。

（3）润滑中空手腕。针对多个润滑点，将轴分别转动90°、180°、270° 后再润滑。

（4）检查齿轮箱内油位。注意轴臂必须水平放置。

13.4 控制柜保养

工业机器人控制柜的保养包括一般清洁，更换滤布（500 h），更换测量系统电池（7 000 h），更换计算机风扇单元、伺服风扇单元（50 000 h），检查冷却器（每月）等。保养时间间隔主要取决于环境条件，以及工业机器人运行时数和温度。

定期检查控制器的散热情况，确保没有被塑料或其他材料所覆盖，周围有足够间隙且远离热源，控制器顶部无杂物堆放，冷却风扇口无堵塞。冷却器回路一般为免维护密闭系统，需要按要求定期检查和清洁外部空气回路的各个部件，环境湿度较大时，需要检查排水口是否定期排水。

13.4.1 制订保养计划

工业机器人控制柜应该进行定期保养以保证其功能的正常实现。表13-2规定了维护活动及相应时间间隔。

表 13-2 工业机器人控制柜保养计划表

设　备	维护活动	间　隔
示教器	清洁	定期
系统风扇	检查	6个月
完整的控制器	检查	12个月
紧急停止（操作面板、示教器）	功能测试	12个月
模式开关	功能测试	12个月
使动装置	功能测试	12个月
电机接触器	功能测试	12个月
制动接触器	功能测试	12个月
自动停止（如果使用则测试）	功能测试	12个月
常规停止（如果使用则测试）	功能测试	12个月
安全部件	翻新	20年

根据保养计划制订日常点检表（见表13-3）和定期点检表（见表13-4）。

表 13-3　控制柜日常点检表

类别	编号	检查项目	要求标准	方法	1	2	3	4	5	6	...	26	27	28	29	30	31
日点检	1	控制柜清洁，四周无杂物	无灰尘异物	擦拭							…						
	2	保持通风良好	清洁无污染	查看							…						
	3	示教器功能	显示正常	查看							…						
	4	控制柜运行状态	正常控制	查看							…						
	5	检查安全防护装置、紧急按钮	运行正常	测试							…						
											…						
	确认签字：										…						

注：要求每日开工前进行日点检。设备点检、维护正常画“√”；出现异常画“△”；设备未运行画“/”。

表 13-4　控制柜定期点检表

类别	编号	检查项目	1	2	3	4	5	6	7	8	9	10	11	12
定期点检	1	清洁示教器												
	确认签字：													
每6个月	2	检查控制柜散热风扇												
	确认签字：													
每12个月	3	清洁控制柜散热风扇												
	4	检查电动机接触器												
	5	检查制动接触器												
	确认签字：													

注：设备点检、维护正常画“√”；出现异常画“△”；设备未运行画“/”。

13.4.2　日常点检维护操作

日常点检是指每天对工业机器人的关键部位的声响、振动、温度、油压等运行状况通过感官进行的检查，并将检查结果记录在点检表（卡）中。

日常点检项目1：控制柜清洁，四周无杂物。

在控制柜周边要保留足够的空间与位置，以便于操作与维护。根据表13-5所示步骤检查并清洁控制柜。

表 13-5　控制柜检查与清洁

步　骤	操　作	附注 / 图示
1	在机柜内进行任何作业之前，请先确保主电源已经关闭	
2	静电放电（ESD），该装置易受ESD影响。在操作该装置之前，请先消除静电	
3	检查控制柜周边	
4	检查系统风扇和机柜表面的通风孔以确保其干净清洁	

日常点检项目2：保持通风良好。

对于电气元件来说，保持一个合适的工作温度尤为重要。环境温度过高，会触发工业机器人本身的保护机制而报警。并且，持续长时间的高温运行会损坏机器人电气相关的模块与元件。

日常点检项目3：示教器功能。

正式操作之前，必须先检查示教器的所有功能是否正常（见表13-6），以免因为误操作而造成人身安全事故。

表 13-6　示教器功能测试

序　号	对　象	检　查
1	触摸屏幕	显示正常，触摸对象无漂移
2	按钮	功能正常
3	摇杆	功能正常
4	使能键	第一挡位：电动机开启 第二挡位：防护装置停止

日常点检项目4：控制柜运行状态。

控制器正常上电后，查看示教器有无报警，并且注意控制器背面的散热风扇运行是否正常。

日常点检项目5：检查安全防护装置、急停按钮。

在紧急情况下，应第一时间按下急停按钮。工业机器人的急停按钮有两个标准配置，分别位于控制柜及示教器上。可以在手动或自动状态下对急停按钮进行测试并复位，确保功能正常。

如果使用安全面板上安全保护机制AS、GS、SS、ES侧对应的安全保护功能，需要进行测试。

（1）手动急停功能测试，见表13-7。

表 13-7 手动急停功能测试

序号	操作	注释
1	对紧急停止按钮进行目视检查，确保没有物理损伤	如果发现紧急停止按钮有任何损坏，则必须更换
2	启动机器人系统	—
3	按下紧急停止按钮	如果在示教器日志中显示“紧急停止状态”事件消息，则测试通过； 如果在示教器日志中未显示“紧急停止状态”事件消息或显示了“紧急停止冲突”），则测试失败，必须找到导致失败的根本原因
4	测试后，松开紧急停止按钮并按下上电/复位按钮来解除紧急停止状态	—

（2）自动停止功能测试，见表13-8。

表 13-8 自动停止功能测试

序号	操作	注释
1	启动机器人系统并将模式开关转到自动模式	—
2	激活自动停止，例如打开安全门（安全门的信号接入安全面板的AS信号），机器人即自动停止	如果示教器日志中显示事件消息“自动停止开”，则测试通过； 如果示教器日志中未显示“自动停止开”事件消息或显示了“自动停止冲突”，则测试失败，必须找到导致失败的根本原因

13.4.3 定期点检维护操作

注意使用静电保护（ESD），按照规定使用清洁设备。清洁操作前，应先检查是否所有保护盖都已安装到装置，确保没有异物或液体能够渗透到装置中。

注意切勿进行以下操作：

（1）在清洁示教器之前卸除任何盖子。

（2）用高压清洁器进行喷洒。

（3）用压缩空气、溶剂、洗涤剂或擦洗海绵来清洁装置、操作面板和操作元件。

维护操作所需装备主要是带静电放电保护的标准工具包。针对机柜进行作业之前，应先确保主电源已经关闭，并断开输入电源与墙壁插座的连接。

定期点检项目1： 清洁示教器触摸屏（每1个月）。

（1）清洁屏幕之前，先单击机器人控制面板上的“锁定屏幕”按钮并锁定屏幕，禁用全部按键，以方便清洁触摸屏。

（2）使用软布和水或温和的清洁剂来清洁触摸屏和硬件按钮。

（3）要解除对屏幕的锁定，请遵循屏幕上的说明进行操作。

定期点检项目2： 检查控制柜散热风扇（每6个月）。

（1）卸下散热风扇，拆下保护罩。

（2）检查制动电阻、叶片是否完整，必要时进行更换。

定期点检项目3：清洁控制柜散热风扇（每12个月）。

清洁控制柜时，在控制柜周边要保留足够的空间与位置，以便于操作与维护。

（1）卸下散热风扇，拆下保护罩。

（2）使用小清洁刷清扫灰尘并用小托板接住灰尘。

（3）使用手持吸尘器对遗留的灰尘进行清理。

（4）清洁后，暂时打开控制器的电源→检查风扇以确保其正常工作→关闭电源。

定期点检项目4：检查电动机接触器（每12个月）。

（1）启动机器人系统并将模式开关转到手动模式。

（2）如果在示教器日志中显示事件消息“按下使动装置到第一挡位，电动机上电状态”，则测试通过，然后保持使动装置在此位置。

如果在示教器日志中显示事件消息“电动机上电激活错误”，则测试失败，且必须找出问题的原因。

如果在示教器日志中显示事件消息“安全保护停止状态”，则测试通过。

（3）松开使动装置。

如果在示教器日志中显示事件消息“电动机接触器冲突”，则测试失败，且必须找出问题的原因。

定期点检项目5：检查制动接触器（每12个月）。

（1）启动机器人系统并将模式开关转到手动模式。

（2）按下使动装置到第一挡位，然后保持使动装置在此位置。

如果制动器松开且操纵器可以被移动，则测试通过。

（3）保持注视操纵器，稍稍朝任意方向移动摇杆以松开制动器。

如果在示教器日志中显示事件消息“关节碰撞”，则测试失败，且必须找出问题的原因；如果在示教器日志中显示事件消息“安全保护停止状态”，则测试通过。

（4）松开制动装置进行制动。

如果在示教器日志中显示事件消息“制动器故障”，则测试失败，且必须找出问题的原因。

13.4.4 检查控制器散热

定期检查控制器的散热情况，确保控制器没有被塑料或其他材料所覆盖，控制器周围留有足够的间隙（>120 mm），并且远离热源，控制器顶部无杂物堆放，冷却风扇正常工作，风扇进出口无堵塞现象，避免空气滤布过脏等。

冷却器回路一般为免维护密闭系统，需按要求定期检查和清洁外部空气回路的各个部件，环境湿度较大时，需检查排水口是否定期排水。

控制器内不执行作业时，其前门必须保持关闭。

13.4.5 清洁控制器内部

清洁控制器内部前一定要切断电源。应该根据环境条件按适当间隔清洁控制器内部，如每年一次；需要特别注意冷却风扇和进风口/出风口清洁。清洁时使用除尘刷，并用吸尘器吸去刷下的灰尘。请勿用吸尘器直接清洁各部件，否则会导致静电放电，进而损坏部件。

清洁和更换滤布的操作步骤如下：

（1）找到控制器背部驱动系统冷却单元的滤布。

（2）提起并去除滤布架。

（3）取下滤布架上的旧滤布。

（4）将新滤布插入滤布架。

（5）将装有新滤布的滤布架滑入就位。

除更换滤布外，也可选择清洗滤布。在加有30~40 ℃的清洁剂中，清洗滤布3~4次。不得拧干滤布，可放置在平坦表面晾干。还可以用洁净的压缩空气将滤布吹干净。

13.5 周边设备保养

实际生产中，工业机器人的应用成千上万种，每种应用所需周边设备都有所不同，并且经常会出现一台工业机器人需要进行多种工作、安装或切换多个工具的情况（见图13-8）。这样，只要是工业机器人下挂的设备或者由工业机器人控制的设备都算作其周边设备。

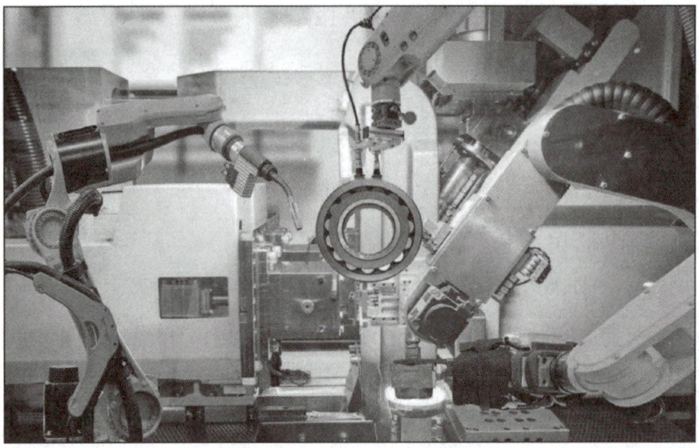

图 13-8　工业机器人工作

1. 清洗机械手

应定期清洗机械手底座和手臂。为防止产生静电，必须使用浸湿或潮湿的抹布擦拭非导电表面，如喷涂设备、软管等。注意：勿使用干布。

使用清洁溶剂时需谨慎操作，避免使用强溶剂。可使用高压清洗设备，但应避免直接向机械手喷射。如果机械手有油脂膜等保护（避免使用塑料保护），应按要求去除。

检查机械手包括各螺栓是否有松动、滑丝现象；易松动脱离部位是否正常；变速是否齐全，系统安全保护、保险装置是否可靠；设备有无腐蚀、碰砸、拉离和漏油、水、电等现象，周围地面清洁、整齐，无油污、杂物等。

中空手腕一般需要经常用不起毛的布料进行清洁，以避免灰尘和颗粒物堆积。手腕清洗后，可在手腕表面添加少量凡士林或类似物质，以后清洗时将更加方便。

2. 清洁示教器

应该从实际需要出发，按适当频度清洁示教器。尽管示教器面板的漆膜能耐受大部分溶剂腐蚀，但清洁时仍应避免接触强溶剂。若有条件，示教器不使用时应拆下并放置在干净的场所。

3. 检查冷却器

工业机器人应用的冷却器种类很多。一般冷却回路采用免维护密闭系统设计，需按要求定期检查和清洁外部空气回路的各个部件。环境湿度较大时，需检查排水口是否定期排水。

4. 检查电缆状态

观察机构电缆的可动部分，检查电缆的包覆有无磨损，是否发生局部弯曲或扭曲（见图13-9），若有则应该进行包扎或更换。检查工业机器人运动时，电缆有无干涉机器人本体，若有要进行调整。检查各电机及配线板的连接器是否松动。确认示教器连接电缆无过度扭曲，确认控制装置及外围设备无异常。

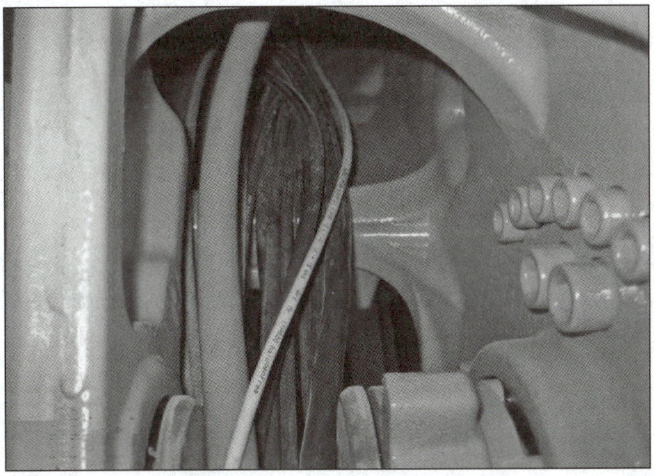

图 13-9 检查电缆状态

作 业

1. 工业机器人通常工作在（　　），若长期缺乏必要的维护，不仅会缩短工业机器人本身的寿命，还会成为影响生产安全和产品质量的一大隐患。

①相对恶劣的工况条件下　　②工作持续性要求较高

③工作强度要求较高　　④防尘、恒温、干燥的场合

A. ②③④　　B. ①②③　　C. ①②④　　D. ①③④

2.（　　）指在设备发生故障或性能下降时采取的非计划性维护。其特点是设备维护费用不高，但会造成生产的非计划性中断，间接费用高。

A. 事后维护　　B. 预防性维护　　C. 改善性维护　　D. 预测性维护

3.（　　）适用于设备先天不足（材料变形、严重磨损、故障频繁等）。这种维护方式要求在系统的性能和材料退化之前采取维护措施，减少整体维护需求，延长设备使用寿命。

A. 事后维护　　B. 预防性维护　　C. 改善性维护　　D. 预测性维护

4.（　　）指通过先进的状态监测与诊断，识别故障的早期征兆，根据诊断结果决定对设备

的维护过程。其特点有预知性、针对性、及时性和维护方案的灵活多变。

A. 事后维护　B. 预防性维护　C. 改善性维护　D. 预测性维护

5. (　　)是以时间为基础的维护方式。根据设备的磨损规律，预先确定维护类别、维护间隔期、所需备件等，对设备进行周期性维护。

A. 事后维护　B. 预防性维护　C. 改善性维护　D. 预测性维护

6. 工业机器人保养是个(　　)的技术活，很多检查工作都需要专业工具和经验。应该选择专业的维护人员，以免因操作不到位而造成设备损伤。

A. 轻松　B. 简单　C. 精细　D. 粗放

7. 工业机器人产品配置的使用说明中都有(　　)，保养时要认真阅读。不同品牌保养要求会有略微的不同，如外部轴换油，更换电池等。

A. 保养手册　B. 安装要求　C. 用户须知　D. 用户必读

8. 除日常保养之外，工业机器人不同部件的保养周期还可以分为(　　)、甚至三年等。

①每时每刻　②三个月　③六个月　④一年

A. ①③④　B. ①②④　C. ①②③　D. ②③④

9. 工业机器人各轴的(　　)通过后备电池支持保存，此电池一般只在控制柜外部电源断电的情况下才工作，应定期更换。

A. 用户手册　B. 位置数据　C. 型号资料　D. 功能信息

10. 工业机器人一般(　　)需要更换各轴减速器的润滑油和轴齿轮盒的润滑油。某些型号的工业机器人每半年或工作1 920 h还需更换平衡块轴承的润滑油。

A. 每年　B. 每天　C. 每三年　D. 每半年

11. 工业机器人的(　　)是指操作者在开机前，对设备进行点检，确认设备的完好性以及工业机器人的原点位置。

A. 一般性保养　B. 例行保养　C. 开机保养　D. 固定保养

12. 本体保养主要是(　　)的清洗和检查、减速器的润滑以及轴制动测试等。

A. 基座　B. 驱动器　C. 控制柜　D. 机械手

13. 固定机械手的紧固螺钉和固定夹必须保持清洁，不可接触水、酸碱溶液等腐蚀性液体，以避免(　　)。如果镀锌层或涂料等防腐蚀保护层受损，需清洁相关零件并涂以防腐蚀涂料。

A. 影响美观　B. 腐蚀紧固件　C. 表面受损　D. 破坏工件

14. 在开始检查润滑齿轮与油位之前，应确保机器人及相关系统关闭并处于(　　)状态。

A. 活动　B. 任意　C. 锁定　D. 开放

15. 静电放电(　　)，是指具有不同静电电位的物体互相靠近或直接接触引起的电荷转移。如果携带正电荷的手接触到电路元件，会在接触瞬间产生极大的电压和电流，从而损害电路元件。

A. SED　B. LSB　C. JDFD　D. ESD

16. 清洁控制器内部前一定要切断电源。清洁时使用(　　)，并用吸尘器吸去刷下的灰尘。请勿用吸尘器直接清洁各部件，否则会导致静电放电，进而损坏部件。

A. 除尘刷　B. 钢丝球　C. 喷雾器　D. 湿抹布

17. 应定期清洗机械手底座和手臂。为防止产生（　　），勿使用干布，应该使用浸湿或潮湿的抹布擦拭非导电表面，如喷涂设备、软管等。

A. 磨损　　B. 起球　　C. 静电　　D. 漏电

18. 在清洁示教器面板时，应（　　）强溶剂。若有条件，示教器不使用时应拆下并放置在干净的场所。

A. 视情况使用　　B. 偶尔采用　　C. 经常使用　　D. 避免接触

19. 工业机器人的中空手腕一般需要经常用（　　）的布料进行清洁，以避免灰尘和颗粒物堆积。

A. 油性硬质　　B. 不起毛　　C. 多毛柔软　　D. 多纤维软性

20. 工业机器人应用的冷却器种类很多。一般冷却回路采用（　　），需按要求定期检查和清洁外部空气回路的各个部件。

A. 免维护密闭系统设计　　B. 勤维护开放系统设计

C. 免维护开放系统设计　　D. 勤维护密闭系统设计

【实训操作】熟悉工业机器人系统保养作业

1. 清洁工业机器人本体、控制柜、末端执行器及周边设备

仔细阅读正文，并参考网络搜索结果，参考13.2~13.5节相关内容，尝试开展工业机器人本体、控制柜和周边设备等的保养作业。

请选择：□ 掌握　　□ 理解　　□ 重做

2. 清洁和整理外部线缆、气管和外部作业环境

仔细阅读正文，并参考网络搜索结果，尝试进行工业机器人外部线缆、气管和作业环境等的清洁作业。

请选择：□ 掌握　　□ 理解　　□ 重做

3. 检查机器人本体外观

仔细阅读正文13.3节，参考网络搜索结果，尝试检查工业机器人本体外观作业。

请选择：□ 掌握　　□ 理解　　□ 重做

4. 检查工业机器人渗漏油状况

仔细阅读正文13.3节，参考网络搜索结果，尝试检查工业机器人渗漏油状况。

请选择：□ 掌握　　□ 理解　　□ 重做

5. 对工业机器人齿轮箱进行润滑保养

仔细阅读正文，主要参考网络搜索结果，尝试对工业机器人齿轮箱进行润滑保养作业。

请选择：□ 掌握　　□ 理解　　□ 重做

6. 填写工业机器人系统保养记录

仔细阅读正文，并参考网络搜索结果，尝试按表13-3和表13-4，模拟在工业机器人系统保养作业完成后，正确填写保养记录。

请选择：□ 掌握　　□ 理解　　□ 重做

7. 实训总结

8. 教师实训评价

第14课

工业机器人系统维护

学习目标

（1）掌握工业机器人本体维护的知识、内容与操作。

（2）熟悉工业机器人控制器运维的知识、内容与维修规范方法。

（3）掌握示教器升级、回零等技术内容的操作方法。

学习难点

（1）工业机器人控制器的运维内容。

（2）示教器的升级与系统回零。

14.1 工业机器人本体运维

除了日常对工业机器人系统的清洁保养之外，运维人员还有一些系统维护工作。具体来说，就是使用工具、量具、检测仪器及设备，针对工业机器人应用的实际问题，对其工作站或系统进行数据采集、状态监测、故障分析与诊断、维修及预防性维护作业。

工业机器人的例行维护分为本体维护和控制器维护等。

14.1.1 检查本体和六轴工具端固定情况

检查安装位置和紧固状态（见图14-1），检查紧固末端执行器安装螺栓，检修松脱的螺栓，将露在外部的螺栓加以紧固。

安装螺栓时，要采用安装力矩（见图14-2）工具。有的螺栓上涂敷有防松接合剂，当紧固时使用的力矩超过了所建议的安装力矩，可能会导致防松接合剂脱落。

机械式制动器、机械式可变制动器的检修。要检查制动器固定螺栓是否松动，如果松动需予以紧固。特别要检查轴振子制动器固定螺栓是否松动，确认振子制动器的旋转是否平顺。

作业运行结束时，应当操作工业机器人返回适当的位置，并切断控制装置的电源，防止机器人本体龟裂或损坏。

图 14-1　检查安装位置和紧固状态

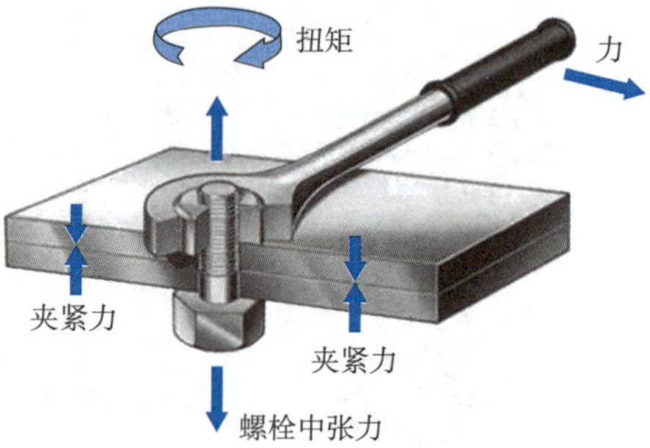

图 14-2　安装力矩

14.1.2　检查密封状态

检查工业机器人本体齿轮箱、各加放油孔有无漏油、渗油现象，如图14-3所示。

图 14-3　检查本体齿轮箱

通电前，检查是否有油分从密封各关节的油封中渗透出来。根据动作条件和周围环境，油封的油唇外侧会有油分渗出（微量附着），当该油分累积成为水滴状时，会随着动作而滴下。在运转前清扫油封下侧的油分，可以预防油分的累积。此外，频繁进行反转动作和高温环境中使用时，电机会成为高温部件，润滑脂和油槽内压在某些情况下会上升。在运转刚刚结束后开启排脂口、排油口，就可以恢复内压。打开排脂口、排油口时，应避免润滑脂、油的飞散。

14.1.3　检查各轴限位挡块

1、2、3、5轴安装有限位挡块（见图14-4）。应查看挡块有无磨损及松动，4、6轴无限位挡块，仅通过编码器识别转径的方式进行限位及报警。

图 14-4　检查各轴限位挡块

14.1.4　检查电机抱闸和制动状态

检查电机抱闸的操作包括：

（1）动态检查：查看运动坐标是否准确，是否出现制动不及等状况。

（2）静态检查：查看静止时机工业器人本体是否有晃动等状况。

（3）2轴齿轮箱下方有制动试验板，六个按钮从左到分别为1~6轴，按下制动试验板上对应的各轴按钮，将松开该轴制动。在工业机器人制动异常，或无法移动，需要进行手动移动维修时，先保护好各轴，方可按下此制动试验板上的按钮。其他情况下切勿触摸按动此按钮，否则会导致各轴自由运动、坠落的安全事故。

（4）检查每个轴的电机制动。运行前，维修人员检查每个轴的电机制动的方法如下：

①运行每个机械手的轴到其负载最大的位置。

②控制器的电机模式选择开关打到电机关（MOTORS OFF）的位置。

③检查轴是否在其原来的位置，如果电机关掉后，机械手仍保持其位置，则说明制动良好。

14.1.5　检查电机噪声

检查工业机器人电机噪声，要求维护人员对设备运作十分熟悉。在电机低速运转时，耳听各轴电机是否有异音。通电后，检查工业机器人的振动、异常声音及电机的温度异常增高，确认各轴在没有异常振动、异常响声下平滑运动。检查是否与上次再现位置偏离，停止位置是否出现离差等。确认基于工业机器人、周边设备发出的指令动作正确。确认断开电源后，末端执行器安装面的落下量在0.5 mm以内。

14.2　控制器运维

工业机器人控制器（见图14-5）的主要作用是根据用户指令对本体进行操作和控制。控制器控制各关节的运动、示教信息的传输、外部报警及传感器信息的采集。控制器的硬件体系结构一定程度上决定了它采用何种操作系统。生产厂家各有自己的控制器，专用性强，互不兼容，控制器大多采用分级方式。

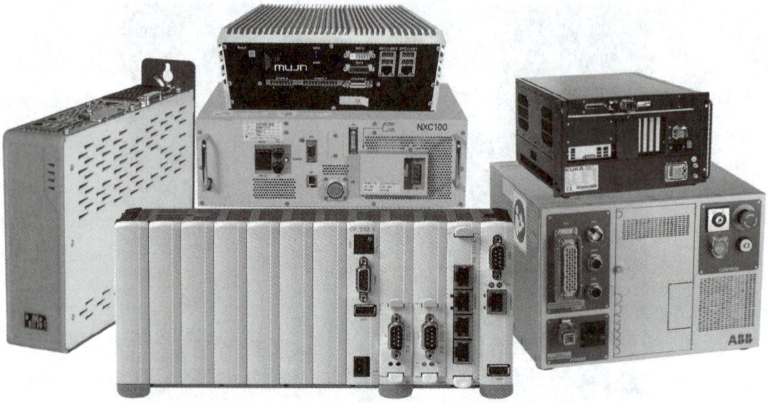

图 14-5　工业机器人控制器

工业机器人的先进性在很大程度上取决于其控制器，其硬件配置可控制六自由度机器人及外围设备，具有联网功能，也可根据需要扩展至九个自由度。通用控制器采用高性能的工控机，有五个ISA扩展槽，三个PCI扩展槽，不仅满足配置中的要求（需要多个扩展槽），同时使系统具有一定的可扩展性，并且IPC（网络摄像机）有特殊的电源和很好的散热性。

14.2.1　检查控制器连接状态

伺服动力线（外部轴驱动电源）连接伺服驱动（控制器）跟伺服电机（本体），起到通电、控制作用。伺服编码线也是伺服驱动（控制柜）与伺服电机（本体）的连接线，主要检测伺服电机运行的位置和运转速度，让机器稳定运行，如图14-6所示。

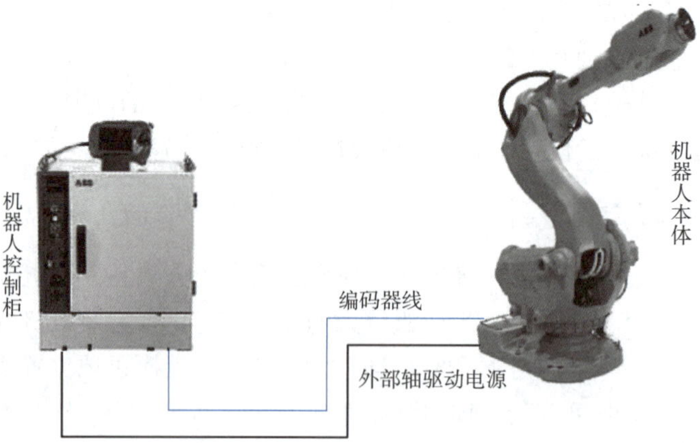

图 14-6　连接控制器与本体

工业机器人上电前的准备如下：

（1）检查本体与控制器是否连接完好。

（2）检查示教器与控制器之间是否连接完好。

（3）检查控制器电源电缆是否连接完好。

（4）确认控制器电源开关在电源未接通时处于关闭状态。

（5）确认示教器急停开关处于弹起状态。

（6）确认模式选择按钮处于正确的位置。

（7）确保工业机器人不会碰到周围人员或其他设备。

必须开启控制器才能给系统上电。把电源电缆品字插头插到工频交流电源插座上，然后把电源开关从OFF按至ON状态，电源指示灯亮，机器人系统上电成功。

14.2.2　检测电气元件接通及安全状况

工业机器人目前绝大多数仍然是示教再现型机器人，通常由机械手臂和电气系统两个基本部分组成。其电气系统由控制系统和驱动系统组成：控制系统包括控制器、机器人操作系统、功能安全系统、示教器等软件和硬件，根据系统设置和信号反馈发出指令；驱动系统包括配电保护、驱动器等，根据控制指令，输出功率驱动机械手臂。

1. 规范使用电力安全器具

电力安全工器具使用前应检查确认绝缘部分无裂纹，无老化、无绝缘层脱落、无严重伤痕等现象以及固定连接部分无松动、无锈蚀、无断裂等现象。对其绝缘部分的外观有疑问时应经绝缘试验合格后方可使用。

（1）安全工器具的保管。安全工器具宜存放在-15~35 ℃、相对湿度为80%以下、干燥通风的安全工器具室内。

（2）安全工器具室内应配置适用的柜、架，不准存放不合格的安全工器具及其他物品。

（3）绝缘隔板和绝缘罩应存放在室内干燥、离地面200 mm以上的架上或专用的柜内，使用前应擦净灰尘。如果表面有轻度擦伤，应涂绝缘漆处理。

2. 安全工器具的使用和检查

安全工器具使用前应进行外观检查。

（1）绝缘操作杆、验电器和测量杆：允许使用电压应与设备电压等级相符。

（2）携带型短路接地线等使用前应检查是否完好，若发现绞线松股、断股、护套严重破损、夹具断裂松动等均不准使用。

（3）绝缘隔板只能在35 kV以下电压等级上使用。

（4）规范使用电力安全器具。安全帽使用前应检查其是否完好，腰带和保险带、绳应有足够的机械强度。

3. 安全工器具试验

“电力安全工器具”是指为防止触电、灼伤、坠落、摔跌等事故，保障人身安全的各种专用工具和器具。安全工器具经试验合格后，应在不妨碍绝缘性能且醒目的部位粘贴合格证。

各类安全工器具应经过国家规定的型式试验、出厂试验和使用中的周期试验，并做好记录。新购进的安全工器具经试验合格后方能入库。

安全工器具的电气试验和机械试验可由各使用单位根据试验标准和周期进行，也可委托有资质的试验研究机构试验。各类绝缘安全工器具试验项目、周期和要求应符合有关规定。

4. 检测电气元件

由专业部门开展的检测工业机器人电气元件接通及安全状况的工作内容包括：

（1）整机检测：包括耐温度测试、耐盐雾测试、防尘防水测试。

（2）线缆检测：包括外观尺寸；绝缘电阻、导体电阻、耐电压等电性能测试；曲挠、弯曲、荷重断芯等机械性能测试；高低温、抗燃延、气体腐蚀等环境模拟测试。

（3）传感器检测：包括振动测试、冲击测试、IP等级测试、耐温度湿度测试、电性能测试。

（4）控制器检测：包括耐气候环境测试、耐机械环境测试。

（5）伺服电机检测：包括绝缘电阻、耐电压、温升等电性能测试；耐振动、冲击等机械性能测试；防尘防水、耐温度、耐盐雾等耐环境性能测试。

（6）校准及检测：包括对机器人的24项D-H参数校准与补偿；检查机器人各项性能指标。

14.2.3 安全使用示教器功能

安装在示教器设备上的使能按钮，当按下一半时，系统变为电机开（MOTORS ON）模式。当松开或全部按下按钮时，系统变为电机关（MOTORS OFF）模式。

为了安全使用示教器，必须遵循以下原则：

（1）进行功能编程或调试，当机器人不需要移动时，立即松开使能按钮。

（2）编程人员进入安全区域后，必须随身携带示教器，以避免其他人意外移动机器人。

（3）不要在示教器上改变齿轮变速比或运动参数，以免影响减速运行（250 mm/s）功能。

14.2.4 在机械臂工作范围内工作

为确保机械臂在工作范围内运作，需遵守以下几点：

（1）控制器的模式选择开关必须打到手动位置，以便操作使能设备断开计算机或遥控操作。

（2）模式选择开关设置在250 mm/s的位置，使最大速度限制在250 mm/s。进入工作区时，开关一般都打到这个位置，只有对机器人十分了解的人才可以使用全速。

（3）注意工业机器人各臂的旋转轴，当心头发或衣服搅到上面，另外注意机械臂上其他选择部件或其他设备的运作。

14.2.5 控制器程序更新与还原

1. 控制器程序更新

更新控制器运行程序，按照以下步骤操作：

（1）将准备更新的控制器运行程序（.runtime或.patch格式文件，该文件通常由开发人员提供）放入U盘根目录。

（2）将U盘插入示教器USB接口，选择进入系统主页中高级设置，单击“高级设置”进入控制器更新界面，如图14-7所示。

（3）根据需要确定是否勾选“后台自动备份”功能，若勾选则在更新前在控制器端备份现有的系统软件，在进行系统还原时将使用该备份的系统软件进行还原。

（4）单击“更新”按钮，输入管理员密码进行确认后将提示是否需要导出现有运行时，选择“是”将控制器现有的运行时导出来，选择“否”则跳过该步骤，继续下一步操作。

（5）选择更新文件后将进入自动更新状态，然后等待更新完成即可。

①当进行控制器程序更新时，若勾选“后台自动备份”，将在更新过程中看到有备份运行时的过程，如图14-8所示。

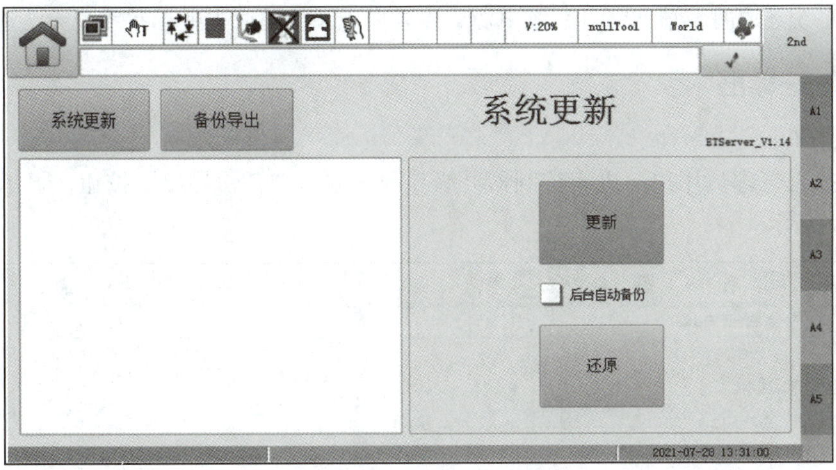

图 14-7　控制器运行程序更新界面

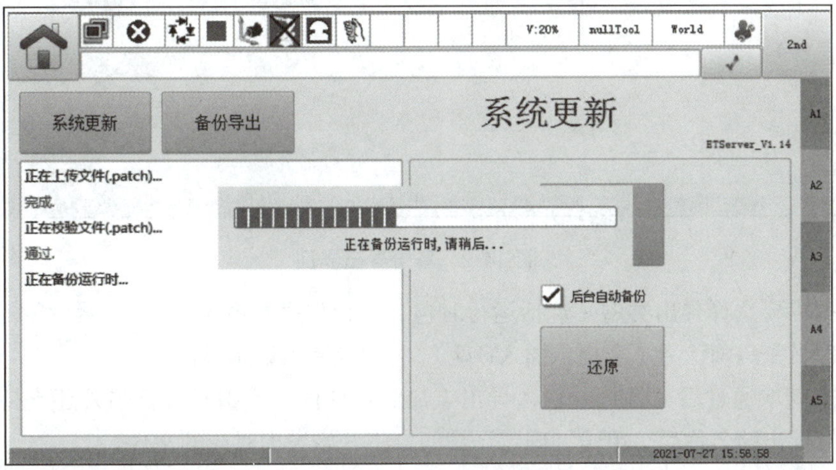

图 14-8　更新状态显示

②若使用实际示教器通过U盘更新，则U盘格式必须是FAT32格式。

③不论是U盘还是虚拟示教器，更新包名称以及更新包所在路径不能包含中文字符。

④在系统更新期间，请勿断开系统电源，以防系统更新尚未完成而导致系统无法正常运行。

2. 控制器程序还原

控制器程序还原按照以下步骤操作：

（1）切换至管理员用户，进入控制器升级界面，单击“还原”输入管理员密码进行确认后，弹出确认提示框，单击“确认”按钮开始向控制器请求还原。

（2）控制器通过还原请求后，开始还原操作，示教器端将与控制器断开连接。

（3）耐心等待一段时间后，示教器提示还原即将结束的提示信息框，为确保数据同步需要重启示教器。对于虚拟示教器无法做到自动重启，所以在单击“确认”按钮后，虚拟示教器将自动关闭，需要人为地重新打开运行，而对于实际示教器，单击“确认”按钮后，实际示教器将会自动重启。

在等待系统还原时，请勿断开系统电源，以防由于系统还原失败导致系统无法正常运行。

14.2.6　备份导出

操作步骤如下：

（1）切换至管理员用户，进入控制器升级界面，单击“备份导出”按钮，显示备份导出界面，如图14-9所示。

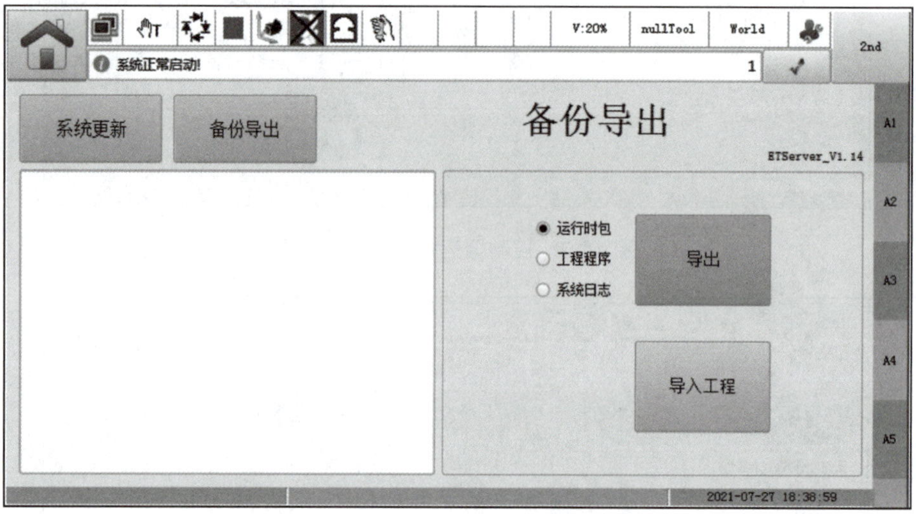

图 14-9　备份导出界面

（2）根据需要选择导出类型（包括运行时包、工程程序及系统日志），然后单击“导出”按钮，输入管理员密码确认后（会提示插入U盘），将向控制器请求导出。

（3）请求获取通过后，将打开输入导出重命名对话框，虚拟示教器另外还支持选择保存的目录，设置好导出的名称后，单击“确定”按钮，将开始导出对应的文件。

（4）导出完成后如图14-10所示。若使用实际示教器，在导出完成前请勿拔出U盘。

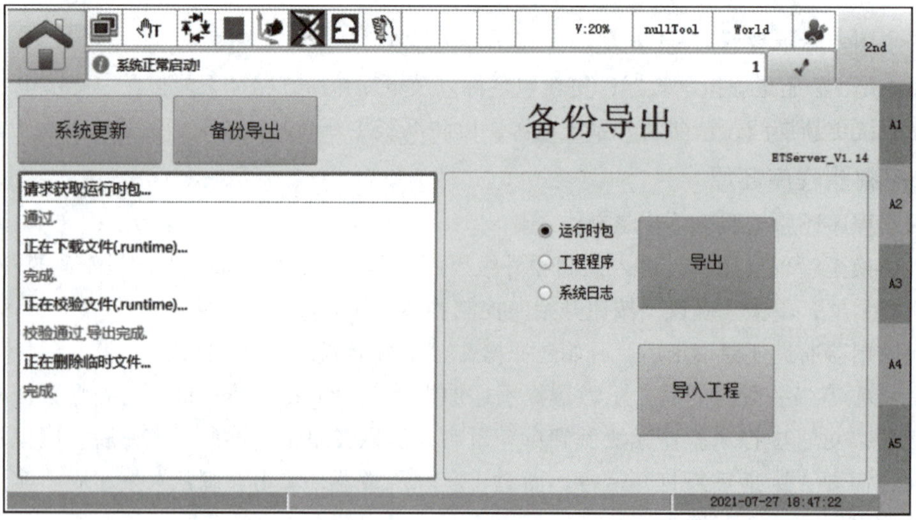

图 14-10　导出完成界面

14.2.7 工程导入

为导入工程信息，可按以下步骤执行：

（1）将准备好的工程文件（.project格式的文件，可由备份导出功能导出工程程序获得）放入U盘根目录下，将U盘插入示教器。

（2）切换至管理员用户，进入控制器升级界面单击“备份导出”，单击“导入工程”，输入管理员密码确认后，显示界面，提示导入工程将覆盖现有工程，是否需要导出现有工程。单击“是”按钮，则请求获取现有工程程序，该流程同备份导出工程程序，导出完成后将打开工程程序文件对话框；若单击“否”按钮，则直接打开选择工程程序文件对话框。

（3）选择导入的工程程序，开始导入。待导入完成后将提示导入成功，请刷新工程。

（4）单击右侧的“工程”按钮，进入工程界面，单击“刷新”按钮即可显示导入的工程。

14.3 示教器升级与备份

示教器的升级有两种方式：ESTool操作和TP更新插件操作。按以下步骤，可实现对示教器程序进行升级和备份。

操作方法：切换用户为管理员，单击高级设置插件组（参见图9-13）。

1. ESTool 更新

通过ESTool操作，可直接将示教器程序更新到示教器系统中，当上电启动时直接加载运行示教器系统中的程序。

（1）启动ESTool。在示教器连接且用户类型已切换为“管理员”的情况下，单击“高级设置”中的“本地设置”。

（2）在图14-11所示界面单击其中“电源管理”下的“关闭示教器”选项。

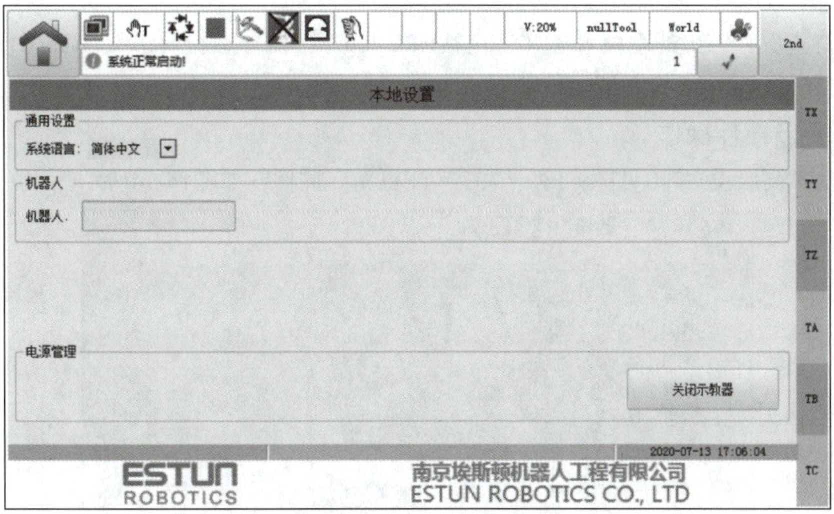

图 14-11 关闭示教器

（3）进入示教器的维护模式（见图14-12），单击启动ESTool，之后，显示ESTool登录界面，如图14-13所示。

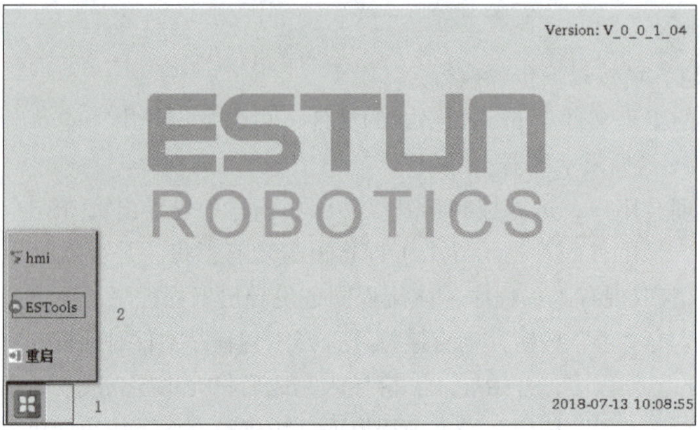

图 14-12　启动 ESTool

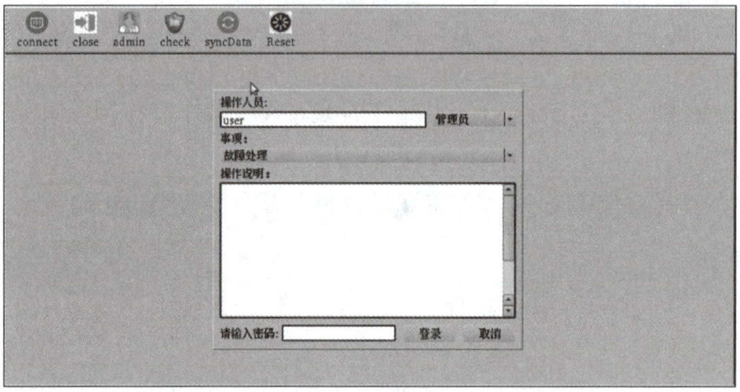

图 14-13　ESTool 登录界面说明

启动ESTool后，可单击logView，在界面左侧选择想要查看的系统日志，单击“刷新”即可查看日志信息。

目前支持查看和导出的系统日志文件包括ERC.log（控制器运行日志）、RTstart.log（控制器启动日志）、RTdata.elog（控制器运行数据日志）。

2. TP 更新插件操作

（1）单击“高级设置”（见图9-13）中的“TP更新”插件，如图14-14所示。

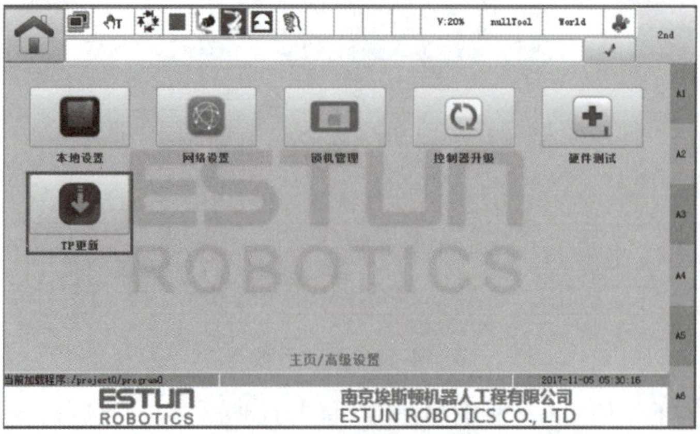

图 14-14　TP 更新插件

（2）在TP更新界面（见图14-15），选中“开机同步更新示教器”复选框，启用同步更新。

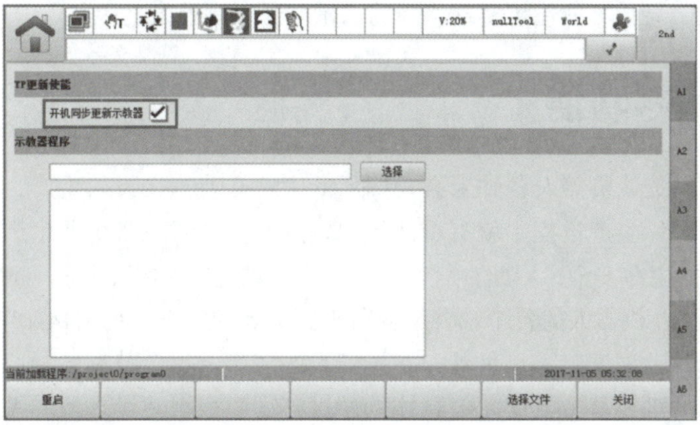

图 14-15　TP 更新界面

（3）登录后显示HMI更新界面（见图14-16），选择HMI功能模块，示教器插入U盘，在左侧选择要更新的文件，单击“一键更新”按钮即可实现示教器的更新。

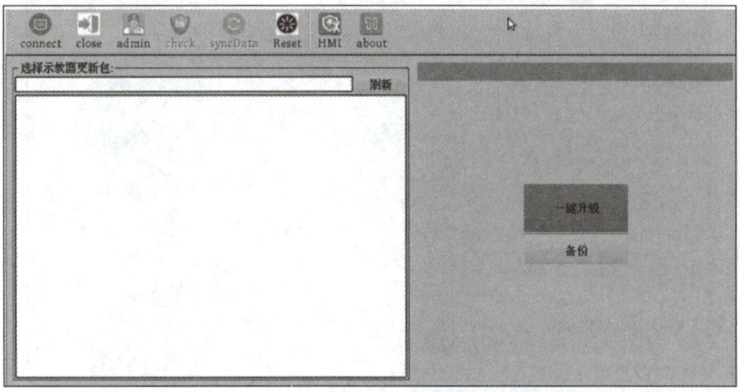

图 14-16　HMI 更新界面

（4）通过TP更新插件操作。将示教器程序更新到控制器系统中，选中“开机同步更新示教器”复选框，当上电启动时同步加载控制器系统中的程序运行。选择这种方式时，控制器系统版本升级，示教器也会自动同步更新，如图14-17所示。

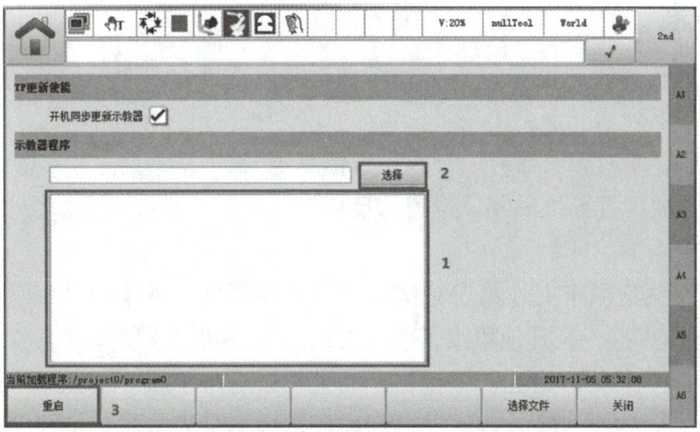

图 14-17　TP 更新步骤

3. 示教器程序备份

单击图14-16的“备份”按钮可实现将当前的示教器程序导出至U盘。

14.4 回零功能

在安装出厂时，工业机器人各轴未必是归零的，这样若直接投入生产，各轴重心可能没有准确固定在支撑点上，生产过程中就有可能倾斜，这不仅会对正常工业生产造成影响，甚至可能会危及工作人员的生命安全，因此，对工业机器人各轴进行回零（归零）调试是十分必要的。

通常情况下，工业机器人的各个轴臂上会留下回零点的标志（见图14-18），只需操作各轴回到该位置，就表示各轴调试归零。另外，在机器人的底座上也会贴有各轴原点六个轴对应的角度，这都是调试中的重要参考依据。但具体的调试还需要根据现场环境和需要完成的任务做出特定的分析，如在这个过程中，相关的调试人员可以特定规划出一条合理的归零“路线”，再通过示教器依次将机器人移动到各个点，然后对相关数据进行记录，最后调试人员结合自身的校对经验反复实验，将工业机器人各轴按照实际生产作业要求进行归零调试。

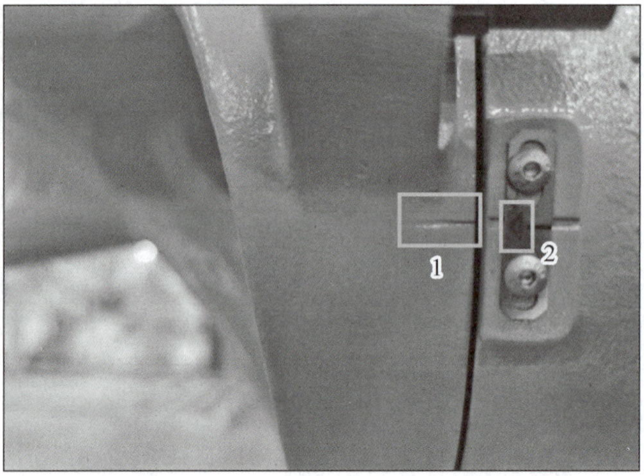

图 14-18　本体上轴的零标刻度线

14.4.1 零位校准

零位校准是伺服控制将机器人位置与绝对编码器位置进行对照的操作。回零操作一般是在出厂前进行的，但在下列情况下会出现零位丢失，必须再次进行零位校准。

（1）更换了电机、绝对编码器时，导致零位信息丢失。

（2）编码器电池故障等导致的零位位置信息丢失。

（3）其他情况。

这里介绍的操作仅适用于上述第二种情况，不更换器件时的零位找回（即编码器电池故障等导致的零位位置信息丢失），其他更换了部件之后，需要利用仪器或其他校准方法找回零位。

为零位信息丢失的状态（unRef：零位信息丢失）如图14-19所示。

系统对回零的要求各种各样，各厂家运动控制器或驱动器支持的回零方式各不相同，且伺服电机也有多种反馈类型，由此衍生出多种回零方式。在伺服励磁状态下，单击“回零”按钮，在打开的对话框中输入正确的管理员密码，界面将显示回零界面。系统提供了两种回零方式：整体回零和单轴回零。一般推荐使用单轴回零，因为整体回零可能导致机器人零位精度丢失。

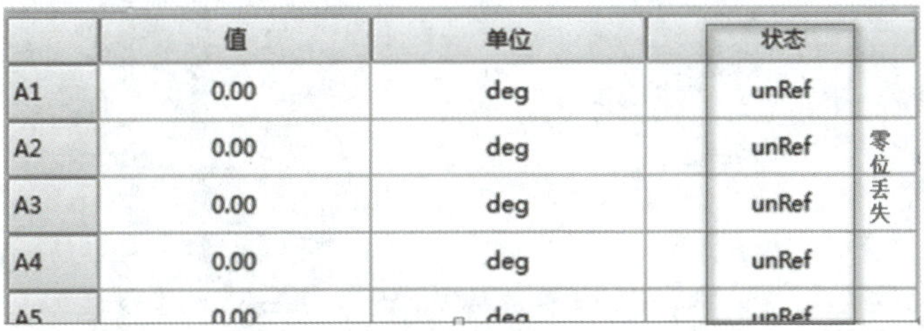

图 14-19　机器人零位丢失状态图

14.4.2　整体回零

整体回零，即执行所有轴回零操作。整体回零会让机器人轴组内所有轴同时进行回零操作，一般这样做会造成一定的精度丢失，只有在对精度要求不高时才采用，如图14-20所示。

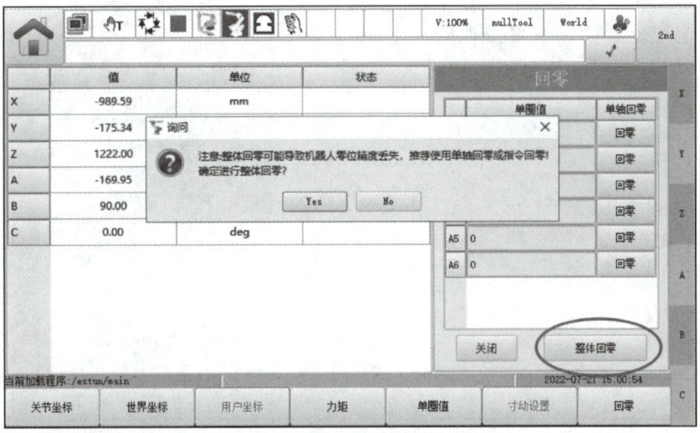

图 14-20　整体回零

14.4.3　单轴回零

单轴回零是通过对应轴　键回零或RefRobotAxis指令进行零位校准的方式。这种形式可以保证机器人原有的精度。可以单击对应轴的“回零”按钮，执行单轴回零操作。

（1）将机器人轴点动到本体上对应轴的零标刻度线附近。

一般机器人标定后，会调整零标贴2的腰型孔位置，使得与1处的刻线对齐，并将标定后各轴的单圈绝对值数据信息存档。该值可在点动界面的“单圈值”界面“设置单圈值”中看到。

2处的箭头要通过点动使得与1处的刻线尽可能精确对齐。如果1处的刻线宽度太大，则在点动到刻线附近时要注意观察，是否箭头走过1处的刻线区域时会导致对应轴的单圈值跨过一圈（例如从第20 000个脉冲达到最高值后又跨过20 000脉冲值）。假如1的刻线区域使得单圈值跨越一圈，则该轴以单轴回零方式进行回零后仍可能存在精度丢失的问题。

（2）在示教器“点动管理→位置管理”界面中，选择“单圈值”项查看出厂校准时记录的单圈值信息，如图14-21所示。

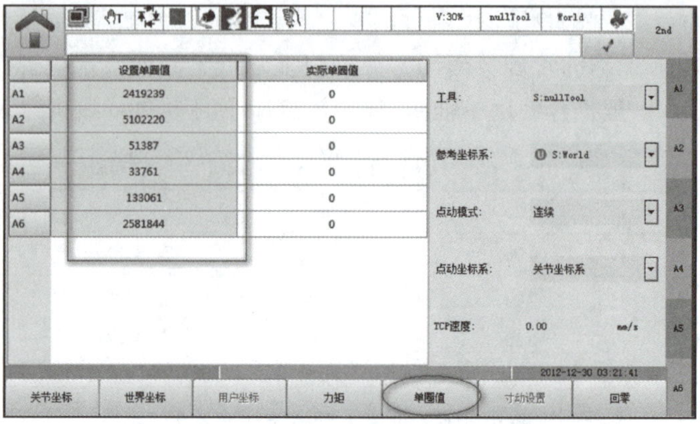

图 14-21 单圈值信息图

（3）执行一键回零或指令回零。

①一键回零：将出厂设置的单圈值数据填充到指令参数中，单击需要回零的轴号后的“回零”按钮，一键回零，如图14-22所示。

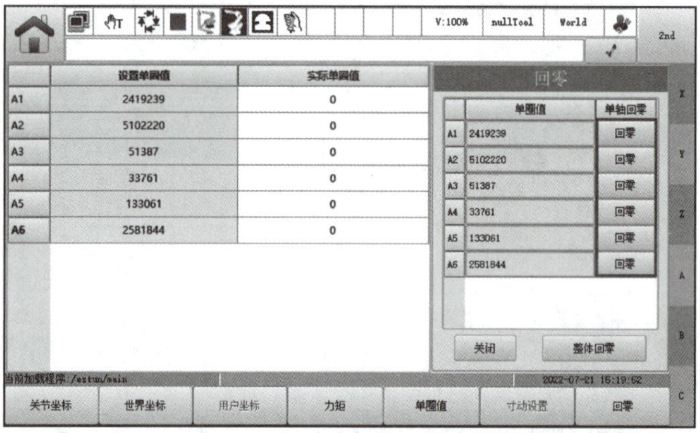

图 14-22 一键回零界面

②指令回零：编辑RefRobotAxis指令，指定需要回零的轴号，并将出厂设置的单圈值数据填充到指令参数中，如图14-23所示。

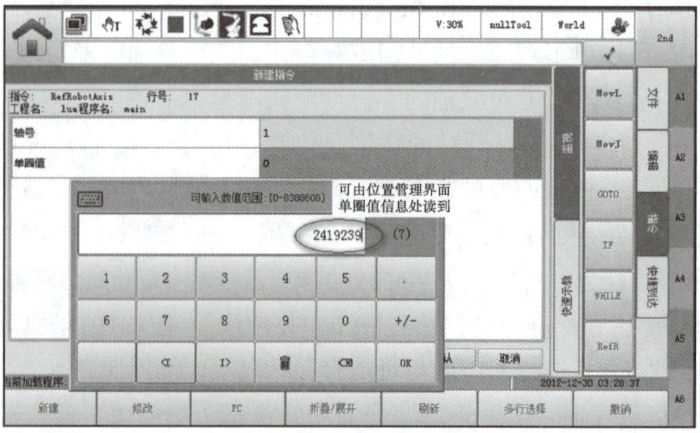

图 14-23 指令释义图

运行RefRobotAxis指令（机器人指定轴会走到单圈值位置，然后进行回零操作）。

```
RefRobotAxis(1,2419239)
/*执行该指令,机器人1轴将在单圈值为 2419239 处进行零点校准*/
```

当关节存在耦合时，需要注意回零顺序，即从耦合的源端轴开始顺次回零。例如，456存在耦合（4对5、6有耦合，5对6有耦合）时，回零顺序应为4→5→6。

作　业

1. 工业机器人的系统维护工作，具体来说，就是针对实际问题，使用工具，对工业机器人系统进行（　　）以及维修及预防性维护作业。

①因果分析　②数据采集　③状态监测　④故障诊断

A. ①③④　B. ①②④　C. ②③④　D. ①②③

2. 工业机器人的维护中，要使用工具检查安装位置和紧固状态，具体包括（　　），紧固露出在外部的螺栓。

①检查紧固末端执行器安装螺栓　②末端执行器的手指

③检查工业机器人设置螺栓　④检修松脱的螺栓

A. ①②④　B. ①③④　C. ①②③　D. ②③④

3. 在给工业机器人安装螺栓时，要采用建议的（　　）工具。有的螺栓上涂敷有防松接合剂，当使用紧固力量过大时，要注意可能会导致防松接合剂脱落。

A. 梅花扳手　B. 尖嘴钳　C. 活扳手　D. 安装力矩

4. 要检查工业机器人本体齿轮箱、各加放油孔有无漏油、渗油现象。在通电前，要检查是否有（　　）从密封各关节的油封中渗透出来。

A. 油分　B. 油花　C. 油料　D. 柴油

5. 六轴工业机器人的1、2、3、5轴安装有（　　），维护时，要检查其有无磨损及松动。

A. 机动部件　B. 制动装置　C. 限位挡块　D. 阻尼铁块

6. 工业机器人轴齿轮箱下方有（　　），其上六个按钮分别对应各轴，按下将松开该轴制动。除非进行手动维修，其他情况下切勿按动此按钮，否则会导致各轴自由运动的安全事故。

A. 启动踏板　B. 制动试验板　C. 测量三角板　D. 调速仪表板

7. 检查工业机器人电机噪声要求维护人员对设备运作十分熟悉，其工作包括（　　）。

①电机低速运转时，耳听各轴电机是否有异常声音

②通电后，检查工业机器人的振动、异常声音及电机温度异常增高

③确认各轴在没有异常振动、响声下平滑运动

④是否与上次再现位置偏离，停止位置是否出现离差

A. ①②④　B. ②③④　C. ①②③　D. ①②③④

8. 工业机器人控制器的主要作用是根据用户指令对本体进行操作和控制。控制器控制（　　）。

①各关节运动　②示教信息传输　③外部报警　④传感器信息采集

A. ①②③④　B. ①②③　C. ②③④　D. ①②④

9. 工业机器人的先进性在很大程度上取决于（　　），其硬件配置可控制六自由度机器人及外围设备，具有联网功能，也可根据需要扩展至九个自由度。

A. 示教器　　B. 控制器　　C. 测试仪　　D. 驱动器

10. 伺服动力线与伺服编码线是伺服驱动与伺服电机连接线，（　　）。

①连接伺服驱动与伺服电机　　②起到通电，控制作用

③检测电机运行位置和运转速度　　④传送自动编程信息

A. ①③④　　B. ①②④　　C. ①②③　　D. ②③④

11. 示教再现型机器人通常由机械手臂和电气系统组成。其电气系统由控制系统和驱动系统组成，而控制系统包括（　　）等软件和硬件。

①控制器　　②操作系统　　③示教器　　④功能安全系统

A. ①②③④　　B. ①②④　　C. ①③④　　D. ②③④

12. 电力安全工器具在使用前应检查确认绝缘部分无裂纹、无老化、无绝缘层脱落、无严重伤痕等现象，以及固定连接部分（　　）等现象。

①无松动　　②无增生　　③无锈蚀　　④无断裂

A. ②③④　　B. ①②③　　C. ①②④　　D. ①③④

13. 绝缘隔板和绝缘罩应存放在室内干燥、离地面（　　）mm以上的架上或专用的柜内。

A. 50　　B. 200　　C. 500　　D. 1 500

14. “电力安全工器具”是指为防止触电、灼伤、坠落、摔跌等事故，保障人身安全的各种专用工具和器具。安全工器具经试验合格后，应在不妨碍绝缘性能且醒目的部位粘贴（　　）。

A. 使用手册　　B. 产地证明　　C. 合格证　　D. 说明书

15. 由专业部门开展的检测工业机器人电气元件接通及安全状况的工作内容包括（　　）以及控制器检测、伺服电机检测、校准及检测。

①基座检测　　②整机检测　　③线缆检测　　④传感器检测

A. ②③④　　B. ①②③　　C. ①②④　　D. ①③④

16. （　　）包括耐温度测试、耐盐雾测试、防尘防水测试。

A. 控制器检测　　B. 线缆检测　　C. 传感器检测　　D. 整机检测

17. （　　）包括外观尺寸；绝缘电阻、导体电阻、耐电压等电性能测试；曲挠、弯曲、荷重断芯等机械性能测试；高低温、抗燃延、气体腐蚀等环境模拟测试。

A. 控制器检测　　B. 线缆检测　　C. 传感器检测　　D. 整机检测

18. （　　）包括振动测试、冲击测试、IP等级测试、耐温度湿度测试、电性能测试。

A. 控制器检测　　B. 线缆检测　　C. 传感器检测　　D. 整机检测

19. （　　）是伺服控制将机器人位置与绝对编码器位置进行对照的操作。

A. 对照检查　　B. 手臂归零　　C. 异常恢复　　D. 零位校准

20. （　　）是通过对应轴一键回零或RefRobotAxis指令进行零位校准的方式。这种形式可以保证机器人原有的精度，推荐在应用中使用。

A. 单轴回零　　B. 整体回零　　C. 异常回复　　D. 零位校准

【实训操作】熟悉工业机器人运行维护作业

1. 检查安装位置和紧固状态

仔细阅读正文14.1节，参考网络搜索结果，检查：

（1）工业机器人的固定情况。

（2）检查工业机器人限位挡块安全性。

请记录：设备当前 □ 正常 □ 有问题 □ 问题严重

知识学习 □ 掌握 □ 理解 □ 重做

2. 检查工业机器人零位位置

仔细阅读正文14.4节，参考网络搜索结果，尝试执行工业机器人回零功能。

请记录：设备当前 □ 正常 □ 有问题 □ 问题严重

知识学习 □ 掌握 □ 理解 □ 重做

3. 检查机器人本体、控制器和示教器连接状态

仔细阅读正文14.2.1节，参考网络搜索结果，检查本体、控制器和示教器连接状态。

请记录：设备当前 □ 正常 □ 有问题 □ 问题严重

知识学习 □ 掌握 □ 理解 □ 重做

4. 检测电气元件接通以及安全防护状况

仔细阅读正文14.2节，参考网络搜索结果，检查电气元件接通以及安全防护状况。

请记录：设备当前 □ 正常 □ 有问题 □ 问题严重

知识学习 □ 掌握 □ 理解 □ 重做

5. 机器人控制系统检查

仔细阅读正文14.2节，参考网络搜索结果，检查：

（1）检查示教器功能的有效性。

（2）检测机器人控制器备份与恢复接口。

（3）检测末端执行器电气回路状态与传感器有效性。

（4）使用示教器查阅末端执行器报警日志。

请记录：设备当前 □ 正常 □ 有问题 □ 问题严重

知识学习 □ 掌握 □ 理解 □ 重做

6. 实训总结

____

____

7. 教师实训评价

____

____

第15课

常见故障处理

学习目标

（1）识别工业机器人常见故障，遇到故障能快速定位和排查发生原因。

（2）掌握按故障症状、按单元和按事件日志进行故障排除的方法。

（3）掌握控制柜故障诊断技巧。

学习难点

（1）工业机器人常见故障。

（2）按单元、事件日志进行故障排除的方法。

15.1 故障诊断分析

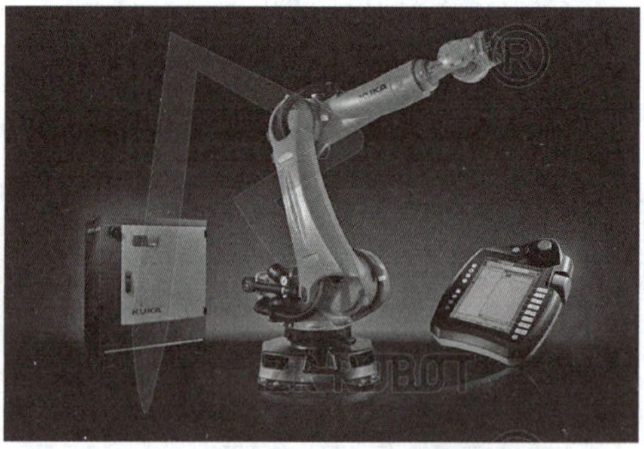

图 15-1 工业机器人工作现场

工业机器人在现代制造业中起着越来越重要的作用（见图15-1），但是，由于集多种高新技术于一体，工业机器人机构精密复杂，对维护提出了极高的要求。工业机器人的应用企业普遍不具备自主、完全的维护能力，当出现故障停机时，往往需要通知外部供应商到现场进行诊断和维护。这个过程需要大量等待时间，并且由于维护技术人员到达现场前不能全面、详尽地获取故障工业机器人的日常运行状况、故障现象和故障发生前后的运行数据，因此往往也不能迅速地对故障做出精确的诊断和处理，从而延长了恢复正常生产的时间，严重影响企业的生产进程。因此，先进的故障诊断和智能维护对于保证工业机器人高效稳定地运行是非常必要的。

工业机器人的常见故障处理可以分为三类：按故障症状，按设备单元，或者按事件日志进行故障排除。

15.2 按症状排除故障

15.2.1 启动故障与引导

1. 启动故障

启动故障就是系统启动时遇到的问题，它可能会有以下各种症状：

（1）任何单元上的LED均未亮起。

（2）接地故障保护跳闸。

（3）无法加载系统软件。

（4）示教器没有响应。

（5）示教器能够启动，但对任何输入均无响应。

（6）包含系统软件的磁盘未正确启动。

针对启动故障建议采纳的措施见表15-1。

表 15-1 针对启动故障建议采纳的措施

序 号	措 施	备 注
1	确保系统的主电源通电并且在指定的极限之内	工厂文档可提供此信息
2	确保主变压器已经正确连接到主输入电路	产品手册中详细说明了如何固定主变压器
3	确保打开主开关	—
4	确保控制器的电源供应处于指定的范围内	如有必要，可对电源单元进行故障排除
5	如果LED没有亮，请参考排除控制器故障操作	—
6	如果系统没有响应，请参考排除控制器故障操作	—
7	如果示教器没有响应，请参考排除示教器故障操作	—
8	如果示教器启动，但是不与控制器通信，请参考排除示教器故障操作	—

2. 引导程序强制启动

通常，工业机器人控制器始终以下列模式之一运行：

（1）正常操作模式（选择用户创建的系统以运行）。

（2）引导应用程序模式（高级维护模式）。

在较少见的情况下，严重错误（所选系统的软件或配置）可能会导致控制器无法进入正常操作模式。故障现象为系统有启动问题或示教器无法连接到系统。例如，在网络配置更改后，某台控制器重启，导致该控制器无法得到示教器、工业机器人组件或FTP响应。要解决此故障，可以通过操作主电源开关，强制启动进入引导应用程序模式。

建议重复下列操作三次：

（1）打开主电源开关。

（2）等待大约20 s。

（3）关闭主电源开关。

当前的活动系统会被取消选择，在后续启动中将执行引导应用程序模式的强制启动。这可以用于从无法正常启动的系统拯救部分数据。对于被取消选择的系统目录下的文件，此操作不会有任何影响，且如果控制器已经处于引导应用程序模式，此操作也不会有任何影响。

15.2.2　控制器症状故障

1. 控制器没有响应

控制柜（见图15-2）故障的现象：控制器没有响应，LED指示灯不亮，导致使用示教器无法操作系统。可能的原因见表15-2。

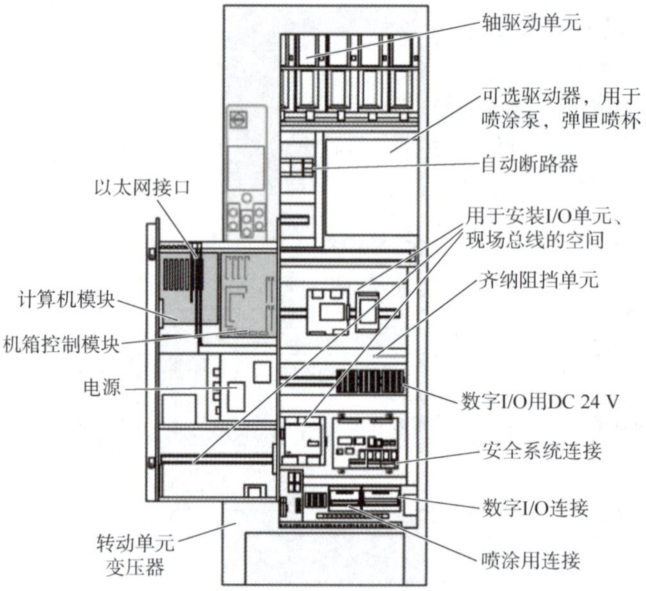

图 15-2　ABB 机器人控制柜示意图

表 15-2　控制器无响应原因

序　号	症　状	建 议 措 施
1	控制器未连接主电源	确保主电源工作正常，并且电压符合控制器的要求
2	主变压器出现故障或者连接不正确	确保变压器正常连接电源电压
3	主熔丝可能已经断开	确保控制器内部的主电路熔丝没有熔断

2. 维修插座中无电压

某些控制器配备了为外部维修设备供电的维修电力输出插座，并且此插座仅适用于这些模块。故障表现：控制器维修输出插口没有电，导致连接到该插口的设备不工作。该故障可能由以下原因引起：

（1）电路断路器跳闸。

（2）接地故障保护跳闸。

（3）主电源断电。

（4）变压器连接不正确。

建议的操作见表15-3。

表 15-3　插座无电压时的解决步骤

序　号	操　作	参考信息
1	确保控制器的断路器没有跳闸	确保与维修插座连接的任何设备没有消耗太多的功率，造成电路断路器跳闸
2	确保接地故障保护未跳闸	确保与维修插座连接的任何设备未将电流导向地面，成接地故障保护跳闸
3	确保系统电源符合规范要求	
4	确保为插座供电的变压器连接正确，即输入和输出电压符合规范要求	

3. 控制器性能不佳

控制器性能低且无法正常工作，但控制器没有完全“死机”，可能出现程序执行迟缓，看上去无法正常执行并且有停止现象。产生这种情况，有可能是由于计算机系统负荷过高，也可能因为以下一个或多个原因造成：

（1）复杂的程序逻辑将造成扫描周期超时，使处理器过载。

（2）I/O更新间隔设置为低值，造成频繁更新和过高的I/O负载。

（3）内部系统交叉连接和逻辑功能使用太频繁。

（4）外部PLC或者其他监控计算机对系统寻址太频繁，造成系统过载。

处理方式见表15-4。

表 15-4　控制器性能不佳的处理方式

序　号	操　作	参考信息
1	检查程序是否包含逻辑指令（或其他“不花时间”的指令），因为此类程序在未满足条件时会造成执行循环。要避免此类循环，可以通过添加一个或多个WAIT指令来进行测试。仅使用较短的WAIT时间，以避免不必要地减慢程序	适合添加WAIT指令的位置： 在主例行程序中，最好是接近末尾；在WHILE/FOR/GOTO循环中，最好是在末尾，接近指令ENDWHILE/ENDFOR等部分
2	确保每个I/O板的I/O更新时间间隔值不会太小	例如，ABB机器人有建议不同的轮询率
3	检查PLC和工业机器人系统之间是否有大量的交叉连接或I/O通信	与PLC或其他外部计算机过重的通信可造成系统主机中出现重负载
4	尝试以事件驱动指令而不是使用循环指令编辑PLC程序	系统有许多固定的输入和输出可用于实现此目的 与PLC或其他外部计算机过重的通信可造成系统主机中出现重负载

4. 控制器的所有 LED 全灭

控制器LED等不亮，系统无法操作或者没有启动，该症状可能由以下原因引起（见图15-3）：

（1）未向系统提供电源。

（2）可能未连接主变压器以获得正确的主电压。

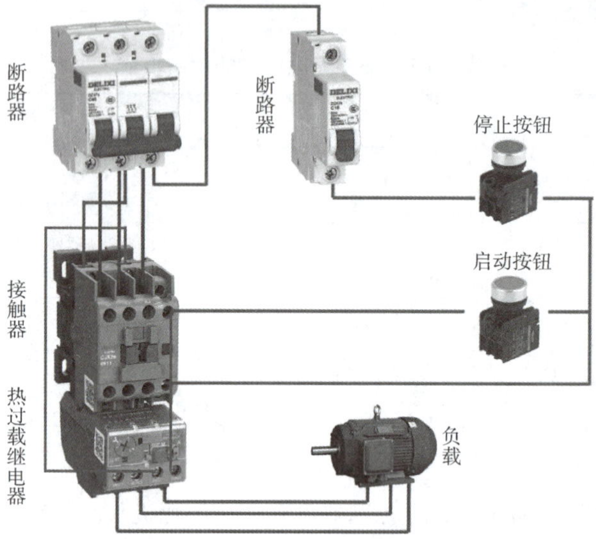

图 15-3 接触器、断路器与继电器连接示意

（3）电路断路器（如有使用）存在故障或者因为其他原因开路。

（4）接触器出现故障或者因为其他原因断开。

处理方式见表15-5。

表 15-5 控制器所有 LED 全灭时的处理方式

序号	操作	参考信息
1	确保主开关已打开	—
2	确保系统通电	使用电压表测量输入的主电压
3	检查主变压器连接	在各终端上标记电压，确保它们符合市电要求
4	确保电路断路器（如有使用）于位置3闭合，控制器产品手册的电路图中显示电路断路器	从电源断开连接器并测量输入电压。如果电压正确（AC 230 V）但LED 仍无法工作，则更换电源

15.2.3 示教器症状故障

1. 示教器启动问题

示教器完全没有响应或间歇性无响应，导致不能使用示教器进行操作，如图15-4所示。该故障可能由以下原因引起：

（1）系统未开启。

（2）示教器没有与控制器连接。

（3）到控制器的电缆损坏。

（4）电缆连接器损坏。

（5）示教器控制器的电源出现故障。

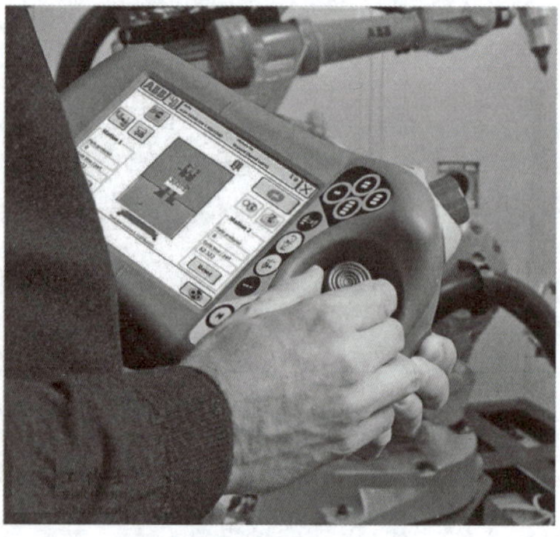

图 15-4 操控示教器

建议的操作见表15-6。

表 15-6　解决示教器无响应问题

序　号	操　作	备　注
1	确保系统已经打开，示教器连接到控制器	—
2	检查示教器电缆是否存在任何损坏迹象	如有故障，则更换示教器
3	通过连接不同的示教器进行测试，以排除导致错误的示教器和电缆	—
4	用不同的控制器来测试示教器，以排除控制器错误	—

2. 示教器与控制器之间的连接问题

示教器启动，但没有显示屏幕图像，系统不能使用示教器操作。该症状可能是由以太网络或者主计算机引起的。建议的操作如下：

（1）检查电源到主计算机的全部电缆，确保它们正确连接。

（2）确保示教器与控制器正确连接。

（3）检查控制器中所有单元的各个LED指示灯。

（4）检查主计算机上的全部状态信号。

3. 工业机器人微动问题

系统可以启动，但示教器上的控制杆不能工作，无法通过手动微动控制工业机器人。该症状可能是由以下原因引起，即控制杆故障或者控制杆可能发生偏转。

建议的操作如下：

（1）确保控制器处于手动模式。

（2）确保示教器与控制模块正确连接。

（3）重置示教器。按下示教器背面的重置按钮进行重置。此操作不会重置控制器上的系统。

4. 示教器的偶发事件消息

所谓偶发事件，是指示教器上显示的事件消息具有不确定性，似乎并不与机器上的任何实际故障相对应。如果系统没有正确执行，在主操纵器拆卸或者检查之后可能会发生此类故障，因为不断显示消息而造成较大的操作干扰。该症状可能的原因是：内部操纵器接线不正确，如连接器连接欠佳、电缆扣环太紧使电缆在操纵器移动时被拉紧、因为摩擦使信号与地面短路造成电缆绝缘擦破或损坏等。

建议的操作如下：

（1）检查所有内部操纵器接线，尤其是所有断开的电缆、在近期维修工作期间连接的重新布线或捆绑的电缆。

（2）检查所有电缆连接器以确保它们正确连接并且拉紧。

（3）检查所有电缆绝缘是否损坏。

15.2.4　硬件故障

1. 更新固件故障

在类似工业机器人这样的机电一体化装备中，介于设备的软件和硬件之间，还有一些“不软不硬”的部件存在，那就是固件。所谓固件，其实也是一种软件，但它被“固化”了，一般不能随便修改，固件常常是连接设备中软件和硬件的桥梁。在数字电路设备中，写固件程序是免不了的，因为需要通过控制芯片（比如单片机）来控制所有的外围设备（比如传感器）。

在更新固件时，自动过程被中断且系统停止，固件故障经常在硬件和软件不兼容时发生。

建议的操作如下：

（1）检查事件日志，查看显示发生故障单元的消息。也可从访问工业机器人日志，检查最近是否更换了相关的单元。

（2）如果“是”，则确保新旧单元的版本相同；如果“否”，则检查软件版本，检查最近是否更换了工业机器人组件。

（3）如果“是”，则确保新旧单元的版本相同；如果“否”，继续以下步骤。

（4）与当地的工业机器人供应商代表联系，检查固件版本是否与现在的硬件/软件兼容。

2. 机械噪声或失调

以前未观察到的机械噪声或失调表明轴承、电机、变速箱等可能有问题。请仔细留意随时间流逝发生的任何变化。有问题的轴承在失效前经常发出刮擦声、摩擦声或者咔嚓声。失效的轴承造成路径精确度不一致，并且在严重的情况下接头会完全抱死。这种问题可能是由以下原因引起的：

（1）轴承磨损、轴承没有润滑。

（2）污染物进入轴承油槽。

（3）散热片、叶片或金属零件松动。

（4）如果是变速箱发出噪声，可能是由于过热。

建议采取以下措施：

（1）在接近可能发热的机器人组件之前，注意安全。

（2）确认是否按维修计划进行修理。

（3）如果轴承发出噪声，确定是哪一个轴承，并确保充分润滑该轴承。

（4）如有可能，拆开接头并测量间距。

（5）电动机内的轴承不能单独更换，只能更换整个电动机；确保轴承正确装配。

（6）如果散热片、叶片或金属片松动，应拧紧螺钉。

此外，齿轮箱过热可能是由以下原因造成：

（1）油的品质或油面高度不正确。

（2）工业机器人周期运行特定轴太困难。考虑在应用编程中写入小段的“冷却周期”。

（3）齿轮箱内出现过大的压力。

（4）对于执行特定极重负荷工作周期的工业机器人，可以装配生油插销（正常负荷的工业机器人一般不装配此类排油插销）。

3. 制动器释放问题

在开始工业机器人操作或者微动控制时，必须松开内部制动器以允许移动。如果没有松开制动器，工业机器人不能移动，会发生许多错误记录信息。该症状可能由以下原因引起：

（1）制动器接触器没有正确工作。

（2）系统未正确进入Motors ON状态。

（3）工业机器人轴上的制动器发生故障。

（4）制动电源断电。

建议采取以下措施：

（1）确保制动接触器已激活，听到“嘀”声，可以测量接触器顶部辅助触点之间的电阻。

（2）确保激活了两个接触器。应听到“嘀”声，可以测量接触器顶部辅助触点之间的电阻。

（3）使用工业机器人的按钮测试制动器，如果任一接触器未吸合，接触器很有可能发生故障，则需要检查并更换；如果未激活任何制动器，很可能没有制动电源。

（4）检查电源，确保制动电压正常。

（5）系统内许多其他的故障可能会造成制动器一直处于激活状态。在此情况下，事件日志消息会提供更多的信息。也可访问事件日志消息。

4. 关机时操纵器崩溃

在Motors ON活动时操纵器能够正常工作，但在Motors OFF活动时，操纵器会因为自身的重量而损毁。与每台电动机集成的制动器不能承受操纵臂的重量。该故障可能会对在该区域工作的人员造成严重的伤害甚至死亡，或者对操纵器和周围的设备造成严重的损坏。这种问题可能是由于以下原因引起的，即有故障的制动器，或者制动器的电源故障。

建议采取以下措施：

（1）确定造成损毁事故的电动机。

（2）在Motors OFF状态下参考电路图检查损毁电动机的制动器电源。

（3）拆下电动机的分解器，检查是否有任何漏油的迹象。如果发现故障，必须将电动机作为一个完整的装置进行更换。

（4）从齿轮箱拆下电动机，从驱动器一侧进行检查。如果发现故障，必须将电动机作为一个完整的装置进行更换。

5. 路径精确性不一致

工业机器人TCP（传输控制）的路径不一致，经常变化且有时会伴有轴承、变速箱或其他位置发出的噪声，导致无法进行生产。该症状可能是由以下原因引起的：

（1）工业机器人没有正确校准。

（2）未正确定义工业机器人TCP。

（3）平行杆被损坏（仅适用于装有平行杆的工业机器人）。

（4）电动机和齿轮之间的机械接头损坏。它通常会使出现故障的电动机发出噪声。

（5）轴承损坏或破损（当耦合路径不一致且一个或多个轴承发出滴答声或摩擦噪声时）。

（6）连接到控制器的工业机器人类型错误。

（7）制动器未正确松开。

为矫正该症状，建议采用的操作见表15-7。

表 15-7　解决不一致的路径精确性问题的操作

序　号	操　作	参考信息
1	确保正确定义工业机器人工具和工作对象	参见操作手册

续表

序　号	操　作	参考信息
2	检查各轴零点的位置	必要时更新转数计数器
3	如有必要，重新校准工业机器人轴	参见操作手册
4	通过跟踪噪声找到有故障的轴承	根据产品手册更换有故障的轴承
5	通过跟踪噪声找到有故障的电动机 分析TCP路径以确定问题轴进而确定可能的问题电机	根据产品手册的说明更换有故障的电动机/齿轮
6	检查平行杆是否正确	根据产品手册的说明更换有故障的平行杆
7	确保根据配置文件连接正确的工业机器人类型	—
8	确保机器人制动器可以正常工作	根据“机器人制动器释放问题”中的说明进行操作

15.2.5　间歇性错误

在操作期间，有的错误和故障的发生可能是随机的，操作被中断，并且偶尔显示事件日志消息，有时并不像是实际系统故障。这类问题有时会影响紧急停止或运行链，并且可能难以查明原因。此类错误可能会在工业机器人系统的任何地方发生，可能的原因有：

（1）外部干扰。

（2）内部干扰。

（3）连接松散或者接头干燥，例如未正确连接电缆屏蔽。

（4）热现象，例如工作场所内很大的温度变化。

建议采取以下措施：

（1）检查所有电源，尤其是紧急停止以及运行链中的电缆，确保所有连接器连接稳固。

（2）检查任何指示LED信号是否有故障，可为该问题提供一些线索。

（3）检查事件日志中的消息。有时，一些间歇性的特定错误会显示在事件日志消息中。

（4）此类错误发生时，检查工业机器人的行为，如有可能，以日志形式或其他类似方式记录故障。

（5）定期检查工业机器人和控制柜的工作环境，例如控制柜散热风扇区域有无杂物覆盖。

（6）调查环境条件（如环境温度、潮度等）与该故障是否有关系。如有可能，以日志形式或其他类似方式记录故障。

15.3　按功能单元排除故障

在进行故障排除时，可以根据控制柜的内部组成（见图15-5），按模块进行故障排除。控制器配有一些LED指示灯，能为故障排除提供重要信息。

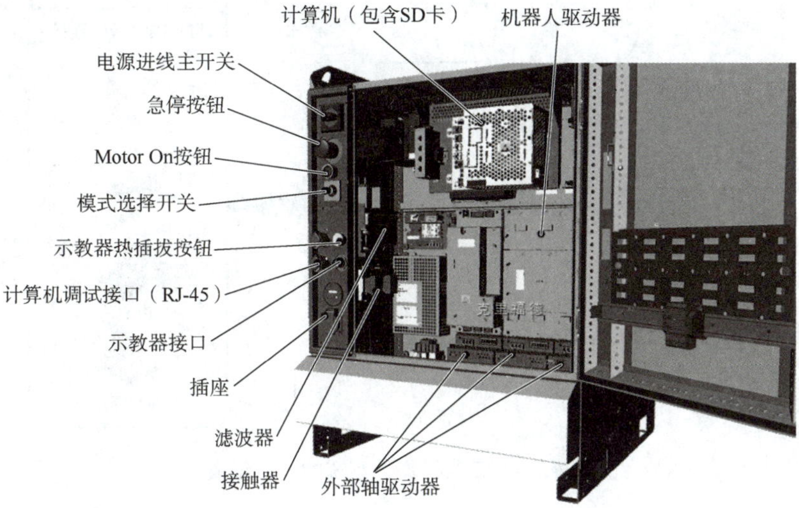

图 15-5　工业机器人控制柜内部组成

15.3.1　排除示教器故障

示教器通过配电板与控制模块主计算机进行通信，具有+24 V电源和两个使动设备链的电缆物理连接至配电板和紧急停止装置。

在示教器无法正常工作时应采取的操作如下：

（1）检查电缆的连接和完整性。

（2）检查24 V电源。

（3）阅读错误事件日志消息并按参考资料的说明进行操作。

在因为软件错误或误用而锁定示教器的情况下，可以使用控制杆或重置按钮（位于带有USB端口的示教器背面）解除示教器锁定。操作步骤如下：

（1）将控制杆向右完全倾斜移动三次。控制杆必须移到其极限位置，因此，移动必须缓慢而明确。

（2）将控制杆向左完全倾斜移动一次。

（3）将控制杆向下完全倾斜移动一次。

（4）出现一个对话框，单击Reset（重置）按钮，重新启动示教器。

15.3.2　排除计算机故障

1. 排除通信故障

在排除通信故障时，按以下步骤进行操作：

（1）检查有故障的电线（如发送和接收信号混淆）。

（2）检查传输速率（波特率）。

（3）检查数据宽度设置是否正确。

2. 排除主计算机装置故障

工业机器人系统的一般组成如图15-6所示。

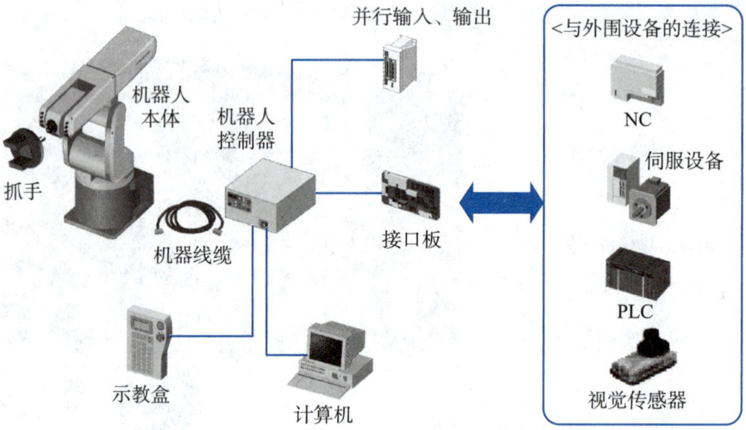

图 15-6　工业机器人系统的一般组成

其中，接口说明与类型主要包括计算机单元、带有引导加载程序的存储器、扩展板、现场总线适配器、以太/IP现场总线适配器、带插座的风扇等。

计算机单元上LED状态说明见表15-8。

表 15-8　工业机器人计算机单元上 LED 状态说明

描　述	含　义
POWER（绿）	正常启动： （1）关，在正常启动期间，此LED熄灭，直到计算机单元内的COM快速模块启动。 （2）长亮，启动完成后LED长亮。 启动期间遇到故障（闪烁间隔熄灭），一到四短闪，1 s熄灭。这将持续到电源关闭为止： （1）检查电源、FPGA和/或COM快速模块。 （2）更换计算机装置。 运行时电源故障（闪烁间隔快速闪烁），一到五快速闪烁。这将持续到电源关闭为止： （1）暂时性电压降低，重启控制器电源。 （2）检查计算机单元的电源电压。 （3）更换计算机装置
DISC__Act（黄）	磁盘活动（表示计算机正在写入SD卡）
STATUS（黄绿）	启动过程： （1）红灯长亮，正在加载 bootloader。 （2）红灯闪烁，正在加载镜像。 （3）绿灯闪烁，正在加载 RobotWare。 （4）绿灯长亮，系统就绪。 故障表示： （1）红灯始终长亮，检查SD卡。 （2）红灯始终闪烁，检查SD卡。 （3）绿灯始终闪烁，查看示教器或CONSOLE的错误消息
NS（红/绿）	网络状态（未使用）
MS（红/绿）	网络状态（未使用）

3. 排除轴计算机故障

轴计算机单元模块一般位于控制柜右侧，用于接收主计算机的运动指令和串行测量（SMB）

的工业机器人位置反馈信号，然后发出驱动工业机器人运动的指令给驱动单元模块。轴计算机上的LED各状态含义见表15-9。

表 15-9　轴计算机上的 LED 各状态含义

描　述	含　义
状态LED	启动期间的正常顺序： （1）持续红灯：加电时默认。 （2）闪烁红灯：建立与主计算机的连接并将程序加载到轴计算机。 （3）闪烁绿灯：轴计算机程序启动并连接外围单元。 （4）持续绿灯。启动序列持续，应用程序正在运行。 以下的情况指示错误： （1）熄灭：轴计算机没有电或者内部错误（硬件/固件）。 （2）续红灯（永久）：轴计算机无法初始化基本的硬件。 （3）闪烁红灯（永久）：与主计算机的连接丢失、主计算启动问题或者RobotWare安装问题。 （4）闪烁绿灯（永久）：与外围单元的连接丢失或者RobotWare启动问题
以太网LED	显示其他轴计算机（2、3或4）和以太网电路板之间的以太网通信状态： （1）绿灯熄灭：选择了10 Mbit/s数据传输速率。 （2）绿灯亮起：选择了100 Mbit/s数据传输速率。 （3）黄灯闪烁：两个单元正在以太网通道上通信。 （4）黄色持续：LAN链路已建立。 （5）黄灯熄灭：未建立LAN链路

15.3.3　排查安全面板故障

安全面板模块主要负责安全相关信号的处理。LED状态指示灯位于安全面板模块的右侧，如图15-7所示。安全面板LED顺序描述见表15-10。

图 15-7　安全面板 LED

表 15-10　安全面板 LED 顺序描述及含义

描　述	含　义
状态LED	闪烁绿灯：串行通信错误。 持续绿灯：找不到错误，且系统正在运行。 红灯闪烁：系统正在加电 / 自检模式中。 持续红灯：出现串行通信错误以外的错误
指示LED：ES1	黄灯在紧急停止（ES）开关链1关闭时亮起
指示LED：ES2	黄灯在紧急停止（ES）开关链2关闭时亮起
指示LED：GS1	黄灯在常规停止（GS）开关链1关闭时亮起
指示LED：GS2	黄灯在常规停止（GS）开关链2关闭时亮起
指示LED：AS1	黄灯在自动停止（AS）开关链1关闭时亮起
指示LED：AS2	黄灯在自动停止（AS）开关链2关闭时亮起
指示LED：SS1	黄灯在上级停止（SS）开关链1关闭时亮起
指示LED：SS2	黄灯在上级停止（SS）开关链2关闭时亮起
指示LED：EN1	黄灯在ENABLE1＝1且RS通信正常时亮起

15.3.4　排除驱动系统故障

驱动单元模块一般位于控制柜正面的中间位置，用于接收上位机指令，然后驱动工业机器人运动。通常包括附加整流器单元（仅用于搭配小型机器人的附加轴）、小型机器人的主驱动单元、大型机器人的主驱动单元和附加驱动单元（用于附加轴）。

15.3.5　排除配电故障

1. 排除系统电源故障

系统电源模块一般位于控制柜左下方的位置，用于为控制柜中的模块提供直流电源，其LED状态指示灯位于系统电源模块右边的位置。

系统电源模块指示灯：绿灯亮代表所有直流输出都超出指定的最低水平，绿灯灭代表在一个或多个DC输出低于指定的最低水平时。

故障排除所需设备：电阻表、阻抗型负载（如+24 V的主计算机）、电压表。排除系统电源故障需要的准备工作如下：

（1）检查示教器是否有错误和警告。

（2）确保控制系统电源处于运行时模式，上电后等待30 s再执行此操作。

故障排除程序见表15-11。

表 15-11　系统电源故障排除程序

序　号	测　试	注　释	操　作
1	检查系统电源模板上的LED指示灯	LED 指示灯标记为DC OKLED	该灯为绿色时，系统电源模块应正常工作。 该灯为脉冲绿色时，直流输出没有正确连接任何单元（负载）或者输出短路，继续步骤2。 该灯熄灭，说明系统电源模块有故障或者输入电压不足，继续步骤4
2	检查直流输出和所接单元之间的连接情况	确保电源正确连接。 为使系统电源模板正常工作，要求DC输出连接器上带有最低2 A的负载	如果连接正常，继续步骤3。 如果连接有故障或者电源未正确连接，应维修将其正确连接。 检查确认故障已经排除，必要时重新开始本程序
3	检查直流输出是否存在短路	检查系统电源模块上的DC输出连接器和输入连接器。 测量电压引脚和地之间的电阻。该电阻不应小于100 Ω。 注意不要测量两个引脚之间的电阻。对电源和地都使用双引脚	如果没有发现短路，继续步骤4。 如果发现系统电源模块短路，继续步骤10。 如果发现输入短路，维修该设备使其正常工作。检查确认故障已经排除，若有必要，重新开始本故障排除程序
4	在输出正确连接或其他负载的情况下测量DC电压	系统电源模块需要至少2 A的负载以输出+24 V。 在DC输出连接器X2处用电压表测量电压。该电压应为+24 V<U<+27 V。 如果在负载处测得的电压低于+24 V，说明电缆和连接器中有电压降	如果检测到电压正确且DCOKLED为绿色，则电源工作正常。 如果检测到电压正确且DCOKLED熄灭，则认为电源有故障但不必立即更换。 如果检测到没有电压或者电压错误，继续步骤5
5	测量输入电压	使用电压表测量电压。电压应为172 V<U<276 V。 产品手册中的电路图上显示了AC输入连接器	如果输入电压正确，继续步骤10。 如果检测到没有电压或者输入电压错误，继续步骤6。
6	检查开关	确保它们是闭合的。有关它们实际位置的信息，请参阅IRC5产品手册中的“电路图”部分	如果开关闭合，继续步骤7。 如果开关是开路的，则将它们闭上。验证故障已经修正，如果有必要，重新启动本程序
7	检查主熔丝和可选熔丝（如有使用）	确保它们是接通的。有关它们实际位置的信息，请参阅产品手册中“电路图”部分	如果熔丝接通，继续步骤8。 如果熔丝断开，则应更换。 验证故障已经修正，如果有必要，重新启动本故障排除程序
8	确保到机柜的输入电压是该特定机柜的正确电压	—	如果输入电压正确，继续步骤9。 如果输入电压不正确，请进行调整。 验证故障已经修正，如果有必要，重新启动本故障排除程序

续表

序　号	测　试	注　释	操　作
9	检查电缆	确保电缆正确连接且无故障	如果电缆正常，问题很可能是由变压器或输入滤波器引起的。尝试使这部分电源工作。验证故障已经修正，如果有必要，重新启动本故障排除程序。 如果发现电缆没有连接或者有故障，应连接或更换。验证故障已经修正，如果有必要，重新启动本故障排除程序
10	系统电源模块可能有故障，更换并检查确认故障已经排除	请参阅产品手册	

2. 排除配电板故障

配电板位于控制柜左边的位置，用于为控制柜里的模块分配直流电源。LED状态指示灯位于电源分配模块中下方位置。

配电板指示灯：绿灯亮代表所有直流输出都超出指定的最低水平，绿灯灭代表在一个或多个DC输出低于指定的最低水平。

故障排除所需设备：电阻表、阻抗型负载（如+24 V的主计算机）、电压表。

相关准备工作如下：

（1）检查示教器是否有错误和警告；

（2）确保配电板处于运行模式，加电后等待1 min再执行此操作。在关闭交流电之后，检查指示灯状态LED变为红色并保持到UltraCAP空为止。这可能需要很长时间且是完全正常的。

有关直流输出的信息和故障排除程序，请参阅产品手册中的“电路图”部分。

3. 排除接触器接口板故障

接触器模块用于控制工业机器人各轴电动机上电与控制机制。接触器接口电路板上的LED各状态含义如下：

（1）闪烁绿灯：串行通信错误。

（2）持续绿灯：没有错误，且系统正在运行。

（3）闪烁红灯：系统正在加电/自检模式中。

（4）持续红灯：出现串行通信错误以外的错误。

15.4 按事件日志排除故障

除了按症状进行故障排除和按单元进行故障排除之外，工业机器人本身有完善的监控与保护机制，当机器人自身模块发生故障时，就会输出对应的代码，示教器可以列出所有可用的事件日志消息，可在示教器上或者用RobotStudio显示出来。在故障排除的同时可以访问这些消息，将会给对应故障的诊断带来很多便利。

作 业

1. 工业机器人的常见故障处理可以分为三类，分别为（　　）进行故障排除。

①按故障症状　②按技术难度　③按设备单元　④按事件日志

A. ①③④　B. ①②④　C. ①②③　D. ②③④

2. 启动故障就是在启动系统时遇到问题。下列选项中，属于启动故障的是（　　）。

①任何单元上的 LED 均未亮起　②接地故障保护跳闸

③无法加载系统软件　④主电源断电

A. ①③④　B. ①②④　C. ①②③　D. ②③④

3. 下列选项中，属于启动故障的是（　　）。

①接触器出现故障或者因为其他原因断开

②示教器没有响应

③示教器能够启动，但对任何输入均无响应

④包含系统软件的磁盘未正确启动

A. ①③④　B. ①②④　C. ①②③　D. ②③④

4. 在较少见的情况下，严重错误导致控制器无法进入正常操作模式，即系统启动有问题或示教器无法连接到系统。要解决此故障，可以通过（　　）进入引导应用程序模式。

A. 调整开关　B. 强制启动　C. 关机重启　D. 重复开机

5.（　　）可用于从无法正常启动的系统拯救部分数据。此操作不会影响被取消选择的系统目录下的文件，也不会影响控制器已经处于的引导应用程序模式。

A. 拔掉 U 盘　B. 关闭显示　C. 强制启动　D. 强行关机

6. 当出现控制器无法得到示教器等严重故障时，可以通过操作主电源开关进入引导应用程序模式，具体方法是（　　），此操作重复执行三次。

③打开主电源开关　②等待大约 20 s

①关闭主电源开关　④插拔电源插头

A. ③②①　B. ①②③　C. ④①②　D. ②③④

7. 控制柜没有响应的故障表现为：控制器不响应，LED指示灯不亮，后果是无法使用示教器操作系统。可能的原因是（　　）。

①控制器未连接主电源　②主变压器出现故障

③主熔丝可能已经断开　④未正确安装末端执行器

A. ①③④　B. ①②④　C. ②③④　D. ①②③

8. 为外部维修设备供电的维修电力输出插座没有电。该故障可能是由（　　）原因引起。

①电路断路器跳闸　②接地故障保护跳闸

③主电源断电　④变压器连接不正确

A. ①②④　B. ①②③④　C. ①②③　D. ②③④

9. 若出现控制器性能低，程序执行迟缓的现象，产生这种情况有可能是由于计算机系统（　　）。

A. 情绪不高　B. 消极怠工　C. 负荷过高　D. 供电不足

10. 示教器完全没有响应或间歇性无响应，导致不能正常使用。该故障的原因可能是（　　）。

①示教器没有与控制器连接　　②到控制器的电缆损坏

③电缆连接器损坏　　④示教器控制器的电源出现故障

A. ①②③④　　B. ①②③　　C. ②③④　　D. ①②④

11. 示教器启动，但没有显示屏幕图像，系统不能使用示教器操作。该症状可能是由以太网络或者主计算机引起的。建议按以下操作（　　）。

①检查主计算机上的全部状态信号

②检查电源到主计算机的全部电缆，确保正确连接

③检查控制器中所有单元的 LED 指示灯

④确保示教器与控制器正确连接

A. ④③②①　　B. ①③②④　　C. ①②③④　　D. ②④③①

12. 示教器上显示的事件消息具有不确定性，但似乎并不与机器上的任何实际故障相对应。如果没有正确执行，会因为不断显示消息而造成重大操作干扰。该症状可能的原因是（　　）。

① 显示器受外界信号干扰出现混乱

② 内部操纵器接线不正确，如连接器连接欠佳

③ 电缆扣环太紧使电缆在操纵器移动时被拉紧

④ 因为摩擦使信号与地面短路造成电缆绝缘擦破或损坏

A. ①②③　　B. ②③④　　C. ①②④　　D. ①③④

13. 系统可以启动，但示教器控制杆不能工作，无法通过手动微动控制工业机器人。该症状可能是由（　　）引起的。

A. 手动力不足　　B. 示教器缺电　　C. 控制杆故障　　D. 机器供电不足

14. 在更新固件时自动过程可能会失败，自动更新过程被中断并且系统停止。这个故障经常在硬件和软件（　　）时发生。

A. 不兼容　　B. 存在缺失　　C. 操作失误　　D. 人为破坏

15. 工业机器人TCP路径精确性不一致，有时会伴有轴承、变速箱或其他位置发出的噪声，导致无法进行生产。该症状可能是由（　　）原因引起的。

①工业机器人没有正确校准

②未正确定义工业机器人 TCP

③将错误类型的工业机器人连接到控制器

④制动器未正确松开

A. ①③④　　B. ①②④　　C. ②③④　　D. ①②③④

16. 有问题的轴承在失效前经常发出刮擦声、摩擦声或者咔嚓声。失效的轴承会造成路径精确度不一致，严重时接头会完全抱死。这种问题可能是由（　　）等原因引起的。

①轴承磨损　　②污染物进入　　③轴承没润滑　　④散热片松动

A. ①②③④　　B. ①②③④　　C. ①②③④　　D. ①②③④

17. 工业机器人作业时齿轮箱过热，可能是由（　　）原因造成的。

①油的品质或油面高度不正确

②工业机器人工作周期运行特定轴困难

③齿轮箱内出现过大的压力

④执行极重负荷工作的机器人可以装配生油插销

A. ①②③④　　B. ①③④　　C. ①②④　　D. ②③④

18. 工业机器人在关机时操纵器崩溃，造成与电动机集成的制动器不能承受操纵臂的重量。该故障可能会产生严重伤害，或者对设备造成损坏。这个问题可能是由于（　　）引起的。

A. 机械手脱落　　B. 主电源短路　　C. 制动器故障　　D. 外部干扰

19. 在开始工业机器人操作或者微动控制时，必须松开内部制动器以允许移动。这时如果制动器没有松开，机器人不能移动，并且发生错误记录信息。该症状可能的原因是（　　）。

①制动器接触器没有正确工作

②系统未正确进入 Motors ON 状态

③机器人轴上的制动器发生故障

④制动电源断电

A. ①②③　　B. ①②③④　　C. ②③④　　D. ①②④

20. 在工业机器人作业期间，有的错误和故障的发生可能是随机的，导致操作被中断，并且偶尔显示事件日志消息。此类错误可能的原因有（　　）等。

①外部干扰　　②内部干扰　　③接头松散　　④热现象

A. ①②③　　B. ①③④　　C. ①②④　　D. ①②③④

【实训操作】典型故障描述与分析处理

1. 控制器性能不佳

请参考15.2.2节。

简单描述可能的故障现象：____

____

建议采取维修措施：____

____

2. 工业机器人运行时路径精确性不一致

请参考15.2.4节。

简单描述可能的故障现象：____

____

建议采取维修措施：____

____

3. 工业机器人出现机械噪声或失调

请参考15.2.4节。

简单描述可能的故障现象：____

____

建议采取维修措施：____

____

4. 系统电源发生故障

请参考15.3.5节。

简单描述可能的故障现象：____________________

____

建议采取维修措施：____________________

____

5. 接触器模块发生故障

请参考15.3.5节。

简单描述可能的故障现象：____________________

____

建议采取维修措施：____________________

____

在实训操作之后，请简单回顾操作过程，并对自己的操作和实践能力进行测评（打√）。

□ 掌握　　□ 理解　　□ 重做

6. 实训总结

____

____

7. 教师实训评价

____

____

附录　作业参考答案

第 1 课

1. C	2. A	3. D	4. C	5. B	6. D
7. A	8. D	9. A	10. B	11. D	12. C
13. B	14. A	15. D	16. C	17. B	18. A
19. D	20. C				

第 2 课

1. C	2. A	3. D	4. C	5. B	6. B
7. A	8. C	9. D	10. C	11. A	12. D
13. A	14. B	15. C	16. D	17. A	18. B
19. A	20. D				

第 3 课

1. B	2. D	3. C	4. A	5. B	6. D
7. C	8. A	9. B	10. D	11. C	12. A
13. B	14. D	15. C	16. A	17. B	18. D
19. C	20. A				

第 4 课

1. A	2. C	3. B	4. D	5. A	6. B
7. C	8. A	9. D	10. C	11. B	12. D
13. A	14. C	15. B	16. D	17. C	18. B
19. A	20. D				

第 5 课

1. C	2. B	3. A	4. D	5. C	6. B
7. D	8. A	9. C	10. B	11. D	12. A
13. B	14. D	15. B	16. D	17. B	18. C
19. A	20. D				

第 6 课

1. C	2. B	3. A	4. D	5. C	6. B
7. A	8. C	9. B	10. D	11. A	12. C
13. D	14. B	15. C	16. A	17. D	18. B
19. C	20. A				

第 7 课

1. B	2. D	3. C	4. A	5. B	6. D
7. C	8. A	9. B	10. D	11. C	12. A
13. B	14. D	15. C	16. A	17. B	18. D
19. C	20. A				

第 8 课

1. A	2. C	3. B	4. D	5. A	6. C
7. B	8. D	9. A	10. C	11. B	12. D
13. A	14. C	15. B	16. D	17. A	18. B
19. C	20. A				

第 9 课

1. D	2. B	3. C	4. A	5. D	6. B
7. C	8. A	9. D	10. B	11. C	12. A
13. D	14. B	15. C	16. A	17. D	18. B
19. C	20. A				

第 10 课

1. B	2. A	3. B	4. C	5. D	6. B
7. A	8. B	9. C	10. D	11. B	12. A
13. C	14. D	15. B	16. A	17. C	18. D
19. A	20. C				

第 11 课

1. A	2. C	3. B	4. D	5. C	6. A
7. B	8. D	9. C	10. A	11. B	12. D
13. C	14. A	15. B	16. B	17. C	18. D
19. C	20. A				

第 12 课

1. A	2. C	3. B	4. D	5. A	6. C
7. B	8. D	9. A	10. C	11. B	12. D
13. A	14. C	15. D	16. D	17. A	18. C
19. B	20. D				

第 13 课

1. B	2. A	3. C	4. D	5. B	6. C
7. A	8. D	9. B	10. C	11. A	12. D
13. B	14. C	15. D	16. A	17. C	18. D
19. B	20. A				

第 14 课

1. C	2. B	3. D	4. A	5. C	6. B
7. D	8. A	9. B	10. C	11. A	12. D
13. B	14. C	15. A	16. D	17. B	18. C
19. D	20. A				

第 15 课

1. A	2. C	3. D	4. B	5. C	6. A
7. D	8. B	9. C	10. A	11. D	12. B
13. C	14. A	15. D	16. D	17. A	18. C
19. B	20. D				

参考文献

[1] 周斌斌，周苏. 人工智能基础与应用［M］. 北京：中国铁道出版社有限公司，2022.

[2] 孟广斐，周苏. 智能制造技术与应用［M］. 北京：中国铁道出版社有限公司，2022.

[3] 周斌斌，周苏. 智能机器人技术与应用［M］. 北京：中国铁道出版社有限公司，2022.

[4] 周苏. 人工智能通识教程［M］. 北京：清华大学出版社，2019.

[5] 周苏，王文. 人工智能概论［M］. 北京：中国铁道出版社，2019.

[6] 周苏，张泳. 人工智能导论［M］. 北京：机械工业出版社，2019.

[7] 周苏，杨凌. 创新思维与TRIZ创新方法：创新工程师版［M］. 北京：清华大学出版社，2023.

[8] 周斌斌，周苏. 创新思维与创新方法［M］. 2版.北京：中国铁道出版社有限公司，2023.